《大危雞》各界好評

「瑪琳・麥肯納這本有趣的書表面上講的是雞肉，
但實際上和我們切身相關：關於我們過去所做的愚蠢選擇，
以及如何把我們最愛的雞肉從美國人強加給它的藥物中解放出來，
迎向一個更快樂、更健康的未來。
她的報導深刻、謹慎而細膩，力道慢慢堆疊到最後，
如同吹起一聲清亮的號角，既發人深省又深具說服力。」

—— 丹・費根（Dan Fagin）——
普利茲獎得獎作品《我們的河》（Toms River）作者

「瑪琳・麥肯納說出了一個駭人的重要故事，
而且充滿了說服力。她清楚點出，
只要把抗生素從日常食物生產過程中移除，
就會讓食物更美味、更安全，
而且有助於對抗全球抗生素抗藥性的問題。」

—— 湯瑪斯・弗利登（Thomas R. Frieden）醫學博士 ——
美國疾病管制中心前主任

「瑪琳・麥肯納是全世界最熟悉抗生素濫用和抗藥性議題的記者，
在《大危雞》書中 她道出了這個故事的一大關鍵：
工廠化畜牧對抗生素的大規模誤用和濫用。
對於任何想要看到現狀有所改變的人，這本書都是必讀之作，
書中對於我們如何走到今天這個地步，要承擔哪些風險，
這本書都提出了清楚而迫切的說明。」

—— 蘭斯・普萊斯（Lance B. Price）——
抗生素抗藥性行動中心創辦人兼主任

「瑪琳・麥肯納好奇心強，從不賣弄，
書中展現出她對人的同理心和對家禽的同情心，
並為確信餵食抗生素的雞會危害美國人飲食的
科學家和農民發聲。」

—— 約翰・艾吉（John T. Edge）——
《美國南方食物史》（The Potlikker Papers）作者

「任何人想了解目前生產食物的方式為何無法永續，
以及必須如何改變作法以免回到使用抗生素之前的時代，
都一定要讀這本重要的書。」

—— 理查・貝瑟（Richard E. Besser）醫學博士 ——
羅伯・伍德 · 強生基金會（Robert Wood Johnson Foundation）
董事長兼執行長

大危雞
BIG CHICKEN

抗生素如何造就現代畜牧工廠，改變全球飲食方式？

瑪琳・麥肯納——著
Maryn McKenna
王惟芬——譯

Boulder Media 大石文化

大危雞

抗生素如何造就現代畜牧工廠，改變全球飲食方式？

作　　者：瑪琳・麥肯納
翻　　譯：王惟芬
主　　編：黃正綱
資深編輯：魏靖儀
美術編輯：謝昕慈
行政編輯：吳怡慧
發 行 人：熊曉鴿
總 編 輯：李永適
印務經理：蔡佩欣
發行經理：曾雪琪
圖書企畫：黃韻霖　陳俞初

出 版 者：大石國際文化有限公司
地 址：台北市內湖區堤頂大道二段 181 號 3 樓
電 話：(02) 8797-1758
傳 真：(02) 8797-1756
印 刷：群鋒企業有限公司

2019 年（民 108）12 月初版
定價：新臺幣 390 元 ／ 港幣 130 元
本書正體中文版由
National Geographic Partners, LLC
授權大石國際文化有限公司出版

ISBN：978-957-8722-53-8(平裝)
＊ 本書如有破損、缺頁、裝訂錯誤，
請寄回本公司更換

總代理：大和書報圖書股份有限公司
地址：新北市新莊區五工五路 2 號
電話：(02) 8990-2588
傳真：(02) 2299-7900

國家地理合股有限公司是國家地理學會與二十一世紀福斯合資成立的企業，結合國家地理電視頻道與其他媒體資產，包括《國家地理》雜誌、國家地理影視中心、相關媒體平臺、圖書、地圖、兒童媒體，以及附屬活動如旅遊、全球體驗、圖庫銷售、授權和電商業務等。《國家地理》雜誌以 33 種語言版本，在全球 75 個國家發行，社群媒體粉絲數居全球刊物之冠，數位與社群媒體每個月有超過 3 億 5000 萬人瀏覽。國家地理合股公司會提撥收益的部分比例，透過國家地理學會用於獎助科學、探索、保育與教育計畫。

國家圖書館出版品預行編目（CIP）資料

大危雞 抗生素如何造就現代畜牧工廠，變全球飲食方式？ 瑪琳・麥肯納 Maryn McKenna 作；王惟芬 譯 . -- 初版 . -- 臺北市：大石國際文化，民 108.12　336 頁；14.8 × 21 公分
譯自：Big chicken : the incredible story of how antibiotics created modern agriculture and changed the way the world eats
ISBN 978-957-8722-75-0(平裝)

1. 抗生素 2. 家禽業 3. 雞
399.51　　108020318

獻給

鮑伯・勞德（Bob Lauder）

地球上有瘟疫，有受害者，

我們可以選擇盡可能不與瘟疫聯手。

艾伯特・卡繆（Albert Camus）

《瘟疫》（The Plague, 1947）[1]

我認為任何行業只要能生產出近乎麵包價格的肉類，

都有宏大的未來。

亨利・薩格里歐（Henry Saglio）

美國衆議院議員[2]

目次

自序

每年我都會去巴黎的一間小公寓住一陣子，就在第十一區的區公所辦公室上面的七樓。這個地方離爆發法國大革命的巴士底廣場不遠，只要沿著一條狹窄街道步行十分鐘，就會到達那個引發政治變革進而改造全世界的地方，但如今這條街上滿是學生經常光顧的夜店和華人開的布料批發店。每週兩次，會有數以百計的巴黎人一起沿著這條街，走向位於理查勒努瓦大道（Boulevard Richard Lenoir）中島上的巴士底廣場市集（marché de la Bastille），有許多攤販在這裡擺攤。

幾條街之外就能聽到這個市集的聲音，在低沉的爭論和閒聊聲中夾雜著手推車重重壓過人行道的聲響和攤販的叫賣聲。不過在聽到這些聲音之前，你會先聞到它的味道：有踩在腳下發爛的甘藍菜葉味，供人試吃的現切水果的鮮甜味，還有鋪在玫瑰色扇貝下方的海藻散發出來的刺鼻碘味。穿過這些味道，就能接收到我滿心期待的香味。那裡的空氣飄盪著一點金屬味、香草味，聞起來鹹鹹的，帶點焦香，十分有份量，感覺就像實體的東西，像有人搭著你的肩膀催促你稍微走快一點。它引領你到市集中間的一座帳篷，那裡早已排了一條長長的人龍，繞著帳篷桿一圈延伸到市集的走道上，與花販前的客人混雜在一起。

攤位中間是一個壁櫥大小的金屬櫃，用鐵輪和磚塊架著。櫃子裡擺著一隻隻扁平的雞，都是在天還沒亮就插到這台旋轉的烤肉架上。每隔幾分鐘，一個雞販就會取下一根鐵桿，把上面不斷滴著汁的銅色烤肉滑下來，放入扁平的鋁箔襯袋中，然後交到隊伍最前方的客人手中。幾乎等不及回到家，我就想吃手中的烤雞了。

這種扁扁的烤雞外型類似蟾蜍，所以在法文中又稱為蟾蜍雞（poulet crapaudine），雞皮像雲母一樣脆裂開來；底下的肉連續幾個鐘頭接收了上方滴下來的雞汁，變得非常柔軟，但又有彈性，胡椒和百里香的味道滲入到骨頭裡。我第一次吃到的時候非常震驚，完全沉醉在無言的幸福感之中，沒有餘力思考這麼新穎的感受是從哪裡來的。第二次再吃，我還是很開心，然而事後卻不禁感到悲哀而感慨。

我這輩子都在吃雞：在布魯克林我祖母的廚房裡、在休士頓我爸媽家裡、在大學食堂、朋友家、餐館和快餐店、市區的時髦酒吧，還有美國南方後街的傳統老店。我自認為是很會烤雞的，但我吃過的雞沒有一隻像蟾蜍雞這樣，充滿了礦物質味、豐美又直接。我回想了一下從小到大吃過的雞。那些雞肉的味道取決於廚師的調味：我祖母的派對拿手菜燉雞肉嚐起來是罐頭湯的味道；我大學室友從她姑姑的餐館外帶回來的炒雞肉是醬油和芝麻醬的味道；母親擔心父親的血壓問題開始禁止家裡用鹽之後，雞就變成檸檬汁的味道。

而這道法國雞料理嚐起來就是血和肉的味道，甚至嚐得出牠過的是戶外生活，運動量充足。這樣的雞吃起來，讓人無法假裝它不是動物，不曾是一條生命。

我們已經很習慣不去想雞出現在盤子上、或是從超市冷藏櫃裡拿出來以前是什麼樣子。我大部分的日子都住在距離喬治亞州蓋恩斯維爾（Gainesville）不到一個小時車程的地方，那裡自詡為世界家禽之都，是現代養雞業的發源地。喬治亞州每年養出 14 億隻肉雞，在美國約 90 億隻的年產量中占了最大比例。若是把喬治亞州單獨視為一個國家，它的產雞量大約落在和中國、巴西差不多的規模。然而，就算在這裡開車開上幾個鐘頭，可能都感覺不到這是一個養雞重鎮，除非你碰巧開在堆滿雞籠的卡車後面，這些車子是從遠方那些蓋得密不通風的大型雞舍裡開出來的，準備把雞運往屠宰場，轉變成肉品。

在法國市場遇到的第一隻雞讓我大開眼界，也讓我理解到長久以來雞有多少地方是我看不到的，從此之後，我開始在工作中發現那些看不到的地方隱藏了哪些事情。我在美國的家離疾病管制中心（Centers for Disease Control and Prevention, CDC）的大門大約只有 3 公里，這個中心隸屬於聯邦政府，他們會派遣疾病探員到世界各地爆發疾病的地方。十多年來，身為記者的我養成不少職業病，其中一個就是持續追蹤他們的調查，不論在美國、亞洲還是非洲，我常與醫師、獸醫、流行病學家長談到深夜，過程中逐漸領悟，那隻讓我驚豔的法國雞竟然和我長期追蹤的流行病之間有所關聯，而且密切程度遠超過我之前的理解。

我發現美國雞的味道之所以和我在其他地方吃到的不一樣，是因為美國人養雞在意的事情完全和味道無關——為的是產量、大小一致性、生長速度。這樣的轉變是很多因素造成的，但正如我後來的了解，其中最大的單一影響因子，是我們在養雞、以及幾乎其他每一種肉用動物的飼料中添加常規劑量的抗生素，從牠們出生到死亡幾乎每天不間斷，且數十年來始終如一。抗生素本身並不會養出索然無味的肉，但會創造出讓肉變得索然無味的條件，讓我們能把這種原本養在後院裡，容易警覺而活動力強的鳥，變成一塊生長迅速、行動緩慢、毫無個性的蛋白質，就像卡通裡那些肌肉發達、倒三角體格的健美先生一樣。

目前地球上畜養的肉用動物，一生中大多數日子吃的都是加了抗生素的飼料，每年的抗生素使用量大約是 5700 萬公斤。[1] 農民最初開始使用這些藥物，是因為抗生素能讓動物更有效率地把飼料轉化成美味的肌肉；這樣的結果讓他們抗拒不了誘惑、牲口開始愈養愈多之後，又可以靠抗生素來降低動物染病的機率。這項最初由養雞業發現的現象所創造出來的畜養方式，「我們決定稱之為工業化農業」，一位住在喬治亞州的家禽歷史學者曾在 1971 年自豪地寫道。[2] 雞肉價格大跌，變成美國人吃得最多的肉類，也成了最容易傳播食源性疾病和抗生素抗藥性的肉類，並且慢慢地醞釀出我們這個時代最大的健康危機。

我在拼湊這件事的來龍去脈時，先是感到困惑，後來是難以置信，我得知有少數幾位具先見之明的科學家早在一開始就警告過，農用抗生素會造成預期之外的後果。但我也發現到了最近這幾年，終於有人把這些警告聽進去。畜牧業者一方面承受到來自廚師和消費者的壓力，另一方面也日漸意識到自身長久以來忽視的責任，開始有人放棄使用抗生素，重整飼養方式。

本書的故事由兩條平行的敘事軸交織而成，一條講述我們如何開始固定使用抗生素，後來的質疑又是怎麼出現的；另一條是我們如何創造出工業雞，然後開始有所反思——以及從這些歷史可以看出，我們決定飼養方法時，實際上提升了哪些，又犧牲了哪些。在寫書過程中，我當面和美國十幾個州以及其他多個國家的雞農聊過，也訪談了化學家、律師、歷史學者、微生物學者、官員、疾病探員、政治人物、廚師，和時尚有型的法國禽肉商。

曾經有一段時間，地球上所有的雞肉都像我在巴黎街頭買到的那隻烤雞一樣，安全無虞、貨真價實且風味完整。若是我們能充分關注市場壓力、全世界的蛋白質需求、疾病風險、動物福利，以及我們自己對美味食物的真正渴望，那樣的時代是找得回來的。

第一部

雞肉如何成為民生必需品

第一章

疾病與壞年頭

瑞克・席勒（Rick Schiller）從來沒有覺得這麼不舒服過。[1]

席勒那時 51 歲，是個身高 185 公分，體重 104 公斤的大塊頭，跆拳道黑帶，固定健身，這輩子都還沒住過醫院。但是 2013 年 9 月最後一天上午，他卻進了加州聖荷西南邊自家附近的醫院，躺在急診室的輪床上，發著高燒，痛苦地扭著身子，難以置信地瞪著他的右腿。這條腿已經腫到正常大小的三倍，發紫又發熱，因為發炎而腫大變硬，感覺好像快要爆開了。

就是這條腿把席勒逼去了急診室。那天凌晨 3 點，他被火一般的疼痛弄醒，拉開被子一看，不禁放聲大叫，他的未婚妻羅恩・特蘭（Loan Tran）也尖叫起來。兩人急急忙忙出門，他穿著內衣，手撐著牆用跳的，她則設法把他跑車的座位椅背壓下來，讓他那條硬得跟木頭一樣的腿有地方放。到醫院時，一群醫護人員把他從車裡抬出來，吃力地放到輪床上，推進一個房間，幫他接上點滴和嗎啡。

這是星期一上午的黎明前夕，通常是急診室裡最平靜的時段，一位醫師迅速拿了放有消毒針筒的托盤過來。

這位住院醫師告訴席勒，腫脹的情況太嚴重，他們擔心他的皮膚會裂開。「我得在你的腿上戳幾個洞，舒解一下壓力。」她說。席勒點點頭，咬緊牙關。她用針尖刺破繃緊的皮膚表面，插入組織內，原本以為會有血液或膿液湧上來回推她手裡的針筒。但什麼也沒流出來。她皺了皺眉，向護士要了一根針頭較粗的注射器，再試一次，尋找堵在血管裡的血池，或是造成他腿腫大的膿瘍。但依然什麼都沒有。她再換了一根注射器，席勒還記得那根針和鉛筆的筆芯一樣粗，然後第三次用酒精棉消毒，把針刺進他皮膚，輕輕地把柱塞往回拉，這時他聽見她倒吸了一口氣。他低頭一看，看到針管吸出了一些看起來沉甸甸的紅色物質。他覺得像肉。

幾個鐘頭後，席勒裹著退燒的冰塊，因鎮靜劑的作用還在頭昏腦脹，腿也一樣僵硬，但仍設法釐清究竟發生了什麼事。他認為是他在十天前吃的速食宵夜引起的，那晚他吃了三明治、炸玉米餅和奶昔。當時他覺得味道有點怪，沒有全部吃完，他很少這樣。午夜過後他開始嘔吐，之後就一直病懨懨的，不時還會嘔吐和急性腹瀉，經常反胃到幾乎連喝水都會吐。

從那天晚上到這天早上，他去過當地的急診室，也看了他的基層醫療醫師。醫師採集了他的糞便樣本，以防萬一席勒是感染了寄生蟲，也說他應該幾天就會好。但席勒並沒有好轉。他只能躺在沙發上，步履蹣跚地來回在起居室和浴室之間，幾乎無法進食。不過就在前一天，他有了進展：食慾回來了。他請未婚妻幫他煮一點湯，喝了幾湯匙，又吃了兩片餅乾。結果之後又疲憊到昏死過去，直到被腿痛醒為止。

針頭抽樣結果並沒有發現什麼問題，緊急安排的超聲波，或MRI的放射性檢查也看不出個所以然。他的腿裡沒有膿瘍可以清除，沒有血液凝塊可以溶解，也找不到可以解釋他高燒和腫脹的原因。醫護人員現在只能等待，看看開給他的藥是否有作用，還有檢驗報告回來，才有辦法決定下一步該怎麼做。

席勒在檢驗室裡痛苦又疲憊地顫抖著，全身包著毯子，此時急診室人員也開始在他周圍忙碌起來。他的衣服之前被拿走了，但手機一直留在身邊，他把手機滑開，點了一下錄音應用程式。他的聲音因為之前的嘔吐和恐懼而變得粗啞，但他努力保持聲調平穩。「Q，」他說，他用寵物的名字來叫他的未婚妻，「這是我的遺言和遺囑。我想我快死了。」

後來在同一天，席勒在醫院病床上醒來時，腿仍然很痛。他身上顯然有某個地方有感染，而且已經進入血液。他的免疫系統辨識出入侵者並採取反應，因而引起發燒和發炎，阻斷了他的血液循環，所以他的腿才會整個腫起來。醫院讓他住院時，醫務人員入已經在他的點滴中加入廣效抗生素，可以對付多種致病菌。之後就只能等待，看看這些藥物是否會產生任何作用，以及醫院的實驗室是否可以從他的血液中培養出細菌，以決定後續更好的治療方式。

一天過後，腫脹消退了。席勒醒過來，在床上把身體撐起來，想試試看把重量施加在那條有毛病的腿上，這時手機響了。電話是他的基層醫療醫師打來的，要告訴席勒在他上急診室的前幾天，因為嘔吐和腹瀉就醫時他安排的糞便檢驗結果。

他的醫師說：「你知道你是沙門氏菌中毒嗎？」

席勒回答：「你知道我現在人在醫院，差點就死了嗎？」

他的醫師掛了電話，打給醫院裡席勒的主治醫師。他們現在不用再等待檢查報告了。沙門氏菌是食源性疾病的常見原因，在美國每年有 100 萬人、全世界有近 1 億人感染沙門氏菌。[2] 大多數人度過痛苦的一週後就會康復；但在美國，每年有數以千計的人因此入院，將近 400 人死亡。確定病因後，醫療人員就能幫席勒制定專屬的治療方法。幾天後，儘管依舊疼痛、顫抖和疲憊，但他的燒退了，腿也幾乎可以走，席勒就出院回家了。

席勒從頭到尾都把自己的病，歸咎於他症狀開始那天吃的速食快餐。幾個星期後，他接到州立衛生部門的調查員打來的電話，改變了他對病因的理解。調查員名叫亞達・岳（Ada Yue），她想要更詳細了解席勒感染的情況。席勒告訴她某天晚上他吃了速食，到了深夜就開始嘔吐，但即使在電話上，他也可以感覺到她在搖頭。「時間點不對，」她告訴他，「不會這麼快。」

岳進一步向他解釋，人吃下任何受到沙門氏菌汙染的食物，都要經過幾天才會發病；短短幾個小時不可能出現像他這樣嚴重的症狀。所以她表示要繼續問他幾個問題，是關於他生病前幾週在哪裡購物和吃東西的。結果她問了遠不只幾個問題。他問她為什麼需要問這麼多，她說在加州其他城鎮也有人在差不多同一時間發病，這些人可能都是吃了同樣的食物而生病的。監測全國疾病發生的美國聯邦機構，也就是疾病管制中心，正在和州衛生部門合作，想要縮小可能的範圍，他們已經鎖定幾個可能的罪魁禍首。她想知道席勒是否還記得發病前在雜貨店購物的細節。她特別想知道他有沒有買雞肉。

接到那通電話之前，席勒完全不知道還有人也和他一樣。這是美國史上規模最大、歷時最久的一場流行病，他也成了這場食源性流行病的受害者之一。在這場流行病結束前，一共波及了 29 個州以及波多黎各，確診病例有 634 名，[3] 但沒有被診斷出來的可能有好幾千人。[4]

他在 2013 年 6 月生病前幾個月就出現了第一個跡象，顯示情況不太對勁。疾病管制中心的一個電腦程式發出警報，表示美國西部各州出現沙門氏菌的問題。海德堡沙門氏菌（Salmonella Heidelberg）這個菌株，在研究人員的編號中為 258 的這一特定類型，造成的病例數量異常增加。

檢測到異常狀況的是疾病管制中心的「脈衝網（PulseNet）」程式，但是因為當時沒有關於任何病例的細節，因此這個程式除了對可能爆發的事件發布警報外，就無法再提供別的建議。[5] 脈衝網的資料不是來自對患者或醫師的訪談，而是由確診患者身上取出食源性微生物的 DNA，透過它產生的圖像進行篩選所得來的。這個程式的英文名稱就取自產生圖像的「脈衝場凝膠電泳（pulsed-field gel electrophoresis, PFGE）」技術，在切割微生物的 DNA 片段後，利用電流通過一片凝膠來拉動這些遺傳物質片段。這種 PFGE 電泳跑出來的圖看起來像條碼，也跟條碼一樣包含許多細微差異，是用來區分食源性病菌中許多菌株和亞型的良好工具。流行病學家稱這種條碼為指紋，PFGE 圖就好比罪犯在犯罪現場留下的指紋一樣，可幫助科學家判斷微生物何時引發了流行病。

在過去，要知道食物何時導致疾病是很容易的，因為病例會自然聚集在一起。如果有一百個使用同一口井、或是在同一間教堂吃飯的人生病了，社群裡會有人注意到，並通報管理單位。但是在整個 20 世紀下半葉，食物生產的過程變得複雜起來：首先是有了更好的運輸方式，後來是由於企業整合，最後透過經濟手法，使得在國家的這一頭畜養和屠宰的動物可以送到另一頭，或是在某個地方種植和收穫的水果可運到半個地球以外的地方出售。若是食物在宰殺、包裝或加工的地方受到汙染，再配送到數千公里外，那麼它引起的病例就會像是隨機出現的。脈衝網能夠比較病原體的 DNA 指紋，從中找出聯繫，即使是在相距甚遠的時空條件下。

席勒被送進聖荷西急診室時，疾病管制中心已經開始在追蹤一條線索。該中心的流行病學家得知那一年自 3 月以來已有 278 人患病，年齡層從嬰兒到 93 歲都有，分布在全美 17 個州，南至佛羅里達州，東至康乃狄克州。沒有人死亡，但幾乎有一半的病例都住院了，就沙門氏菌感染來說這樣的比例算是高得很不尋常。實驗室以患者身上採集的檢體進行細菌培養與分析，發現相同的 DNA 指紋不斷出現。有超過 100 個病人填寫了冗長的調查問卷，內容如同席勒回答的那些問題，目的是盡可能縮小病源範圍。結果不斷浮出檯面的食物是雞肉。

先前美國食品藥物管理局（FDA）就已經研究過自己的數據，對全國各地超市購買的肉類進行食源性病菌分析，發現雞肉中的沙門氏菌都有相同的遺傳指紋。美國農業部（USDA）鎖定了一家可能是源頭的屠宰廠，這家工廠屬於一家肉品包裝公司，該公司的雞肉品牌在 FDA 的資料庫有記錄，病人吃的正是這個品牌的雞肉。

這場流行病還有另一個讓人覺得必須加緊調查的面相。造成感染的這株沙門氏菌不僅導致的病情比平常嚴重，還對多種常見的藥物產生抗藥性，包括安比西林（ampicillin）、氯黴素（chloramphenicol）、健大黴素（gentamicin）、康黴素（kanamycin）、鏈黴素（streptomycin）、磺胺藥物（sulfa drugs）和四環黴素（tetracycline）等。使席勒受到感染的這場流行病，是細菌發展出抗生素抗藥性的一項例證，聯合國稱這是一場「最嚴重和最緊迫的全球危機」，目前正透過食物傳播開來。[6]

對大多數人來說，抗生素抗藥性是一場看不見的流行病，除非他們自己、或是身邊有親朋好友不幸遭到感染。抗藥性感染缺乏名人代言，也沒有什麼政治支持力，很少有患者組織起來對此發聲。在我們的觀念裡，抗藥性感染好像是很罕見的事，只有非我族類的人才會遇到，不管我們是誰；或許是療養院裡那些行將就木的老人家，或是衰弱的慢性病患者，再不然就是受到嚴重創傷而住進加護病房的人。但是，抗藥性感染其實是一個廣泛而普遍的問題，日常生活中的每個層面都可能發生，從日托中心的嬰幼兒、參加競賽的運動員、打耳洞的青少年，到上健身房鍛鍊身體的人，全都可能遇到。普遍存在的抗藥性細菌儼然成了一項嚴重的威脅，而且情況愈演愈烈，每年在全球各地至少造成 70 萬人死亡，[7] 在美國有 2 萬 3000 人因此喪生，[8] 歐洲是 2 萬 5000 人，在印度則有 6 萬 3000 多名嬰兒因此死亡。[9] 除了造成死亡外，抗藥性細菌每年還造成數百萬個病例，光是美國就有 200 萬，[10] 帶來巨額的醫療支出、工資損失和國家生產力損失，總計達數十億美元。估計到 2050 年，抗生素抗藥性將耗費全球 100 兆美元，每年還會導致 1000 萬人死亡。[11]

從抗生素問世的那一刻起，致病性的微生物就一直在針對抗生素發展防禦措施 [12]。盤尼西林（青黴素）在 1940 年代問世，1950 年代能抵抗盤尼西林的細菌就傳遍了全世界。四環黴素於 1948 年推出，在 1950 年代結束前，抗藥性就讓它的效果大打折扣。1952 年發現的紅黴素（erythromycin），到 1955 年就出現了抗藥性細菌。1960 年研發出來的甲氧西林（methicillin），或稱二甲苯青黴素，是在實驗室合成出來的一種抗生素，算是盤尼西林類的藥物，專門用於對付那些對盤尼西林有抗藥性的細菌，但在一年之內，葡萄球菌也發展出對它的抵抗力，這種細菌因此稱為 MRSA，也就是「耐甲氧西林金黃色葡萄球菌（methicillin resistant Staphylococcus aureus）」的英文首字母縮寫。在 MRSA 之後，又出現 ESBLs，這是「超廣效 β- 內醯胺酶（extended-spectrum beta-lactamases）」的英文縮寫，這些酵素不僅擊敗了盤尼西林類抗生素，連頭孢菌素（cephalosporins）這一大類抗生素也敗下陣來。頭孢菌素失效後，人類又推出新的抗生素，然後再度被細菌破解。

每當藥物化學發明具有新的分子形狀和新的作用模式的新型抗生素，細菌總是能演化出抵抗力。事實上，幾十年下來，細菌的適應速度似乎比以前更快，它們的不屈不撓恐將迫使人類進入「後抗生素時代」，到了那個時代，手術可能因為感染風險過高而無法施行，連處理擦傷、拔牙、骨折之類的普通問題都有致命風險。

有很長一段時間，大家都以為世界各地大量出現的抗藥性問題純粹是濫用藥物所導致，例如雖然孩子罹患的是病毒性疾病，父母還是要求醫師開立抗生素藥物；醫師在開立抗生素時沒有去查核藥物和疾病是否匹配；患者因為感覺病況好轉就擅自停藥，或是把藥留給沒有健康保險的親友服用；或者自行到藥局購買抗生素服用，有很多國家都可以這樣做。

但是早在抗生素時代初期，這類藥物就有另一種用途：讓肉用動物服用。在美國銷售的抗生素有 80％用於動物，[13] 而不是人類，世界各地銷售的抗生素中，也有一半以上的比例流入畜牧業。[14] 那些養來吃的動物會固定在飼料和飲水中攝取抗生素，這些藥大多數時候都不是用來治病——和人類服藥的目的不同——而是為了讓肉用動物加速長肉，或是預防這些牲口在擁擠的飼養環境中染病。[15] 問題出在養殖業使用的抗生素，有將近三分之二和用來治療人類疾病的藥物是一樣的，[16] 也就是說當細菌發展出抗藥性來對付這批農用藥物時，也會連帶破壞這些藥物在人體醫療上的功效。

抗藥性是一種防禦性適應，是一種演化策略，細菌藉此保護自己，免得被抗生素殺死。這是透過細微的遺傳變異創造出來的能力，讓微生物能抵擋抗生素的攻擊，背後的機制基本上是突變的基因促成細胞壁構造改變，防止藥物分子附著或穿透，或者形成微型幫浦，把進入細胞的藥物排出。要減緩抗藥性出現，就必須謹慎使用抗生素，也就是施用正確的劑量，持續一段適當的治療時間，並挑選能夠確實殺死目標病菌的藥物種類，此外不該為了任何理由動用抗生素。絕大多數農用抗生素都違反上述規則，因此造就了抗藥性細菌。

1940 年代在實驗室發現抗生素之後，幾乎馬上就有人把這種神奇的新藥用在動物身上——也幾乎在同一時間就有人開始對這種做法表示擔憂。早在一開始，就有少數深具遠見的研究人員提出警告，表示這種做法會導致會在牲口中出現抗藥性細菌，然後找到出路離開農場，神不知鬼不覺地進入更廣大的世界，但幾十年來這些反對聲音都沒有受到重視。離開農場的最短路線，就是透過變成肉品的農場動物：席勒生病的那一年 ，在政府抽查的超市雞肉中有 26%的沙門氏菌至少對三種不同類型的抗生素具有抗藥性。[17] 不過抗藥性細菌還會依附在糞便、暴雨逕流、地下水、灰塵，或是農場員工或住戶的皮膚、衣服和微生物上離開農場。這些微生物一旦脫逃了，我們根本無法追蹤它的分散方式，於是這些細菌可能在離源頭很遠的地方引起疾病和警報。

疾病管制中心的科學家在追蹤席勒染上的那場沙門氏菌大流行時，有一組研究人員也在世界的另一頭尋找另一種抗藥性病原體。[18] 那時中國的科學家展開一項計畫，檢查集約飼養的豬是否帶有抗藥性細菌；所謂集約飼養就是把動物永久圈養在建築物裡，並定期施用抗生素。2013 年 7 月，中國的團隊在上海近郊發現一頭豬 的糞便中含有一個品系的大腸桿菌。這原本很正常，因為大多數動物的腸道中都有多種品系的大腸桿菌。但這種大腸桿菌裡面有一個非比尋常且令人擔憂的東西，那是一個前所未見的基因，讓這個品系的菌株能抵抗克痢黴素（colistin，又名黏菌素）。

你可能覺得克痢黴素聽起來很陌生，這是有原因的。克痢黴素是在 1949 年發現的舊藥，幾十年來都不受醫學界的青睞，一般認為那是化學技術比較粗陋的年代製造出來的產物，使用不便且有毒性，很少醫師使用，也沒有人在醫院以外的地方開過克痢黴素的處方。正因為它長時間擺在架上乏人問津，病菌也從來沒有機會與它過招，因此從未發展出針對它的防禦系統。在 2000 年代中期，細菌日益精進的抗藥能力又破解了強大的碳青黴烯類（carbapenems）抗生素，這種藥物一般是用來治療多重抗藥性病菌，如克雷白氏菌（Klebsiella）、假單胞菌（Pseudomonas）、不動桿菌（Acinetobacter）等在醫院引發的嚴重感染。現在要對付這些新的抗藥性細菌，唯一可靠的抗生素就只剩下克痢黴素。過去那些被視為粗製濫造、沒人想用的藥物，突然間變得非保存下來不可。

不過有一個麻煩的地方：雖然醫界一直瞧不起這種藥物，但農業界早就開始採用了。因為克痢黴素是很老的藥，價格低廉，能夠很便宜地用來預防動物在擁擠的欄舍中可能發生的腸道和肺部感染。美國的畜牧業並未使用克痢黴素 ，但歐洲和亞洲國家每年的用量達到數百萬公斤。過去沒有人覺得這是問題，一來是因為醫界不需要這種藥，二來是認為不太可能發展出對克痢黴素的抗藥性，因為這種遺傳變化不容易發生，當時還沒有人觀察到過。

但是中國研究人員在 2013 年的發現，推翻了克痢黴素可以安心使用的假定。他們在豬身上發現的這個新的抗藥性基因位於質體（plasmid）上，這是細胞內獨立的環狀 DNA，不僅會在細胞分裂時遺傳給下一代，也會在細菌之間跳躍，從一個傳給另一個。這代表克痢黴素抗藥性可以不著痕跡地在細菌世界中傳播開來——

實際上也確實如此。三年內，亞洲、非洲、歐洲和南美洲的流行病學家陸續在 30 多個國家的動物、環境中和人類身上找到這種抗藥性基因。[19]

美國也包括在內。這個抗藥性基因後來稱為 MCR（mediated colistin resistance），最初在賓夕法尼亞州的一名女性身上找到，[20] 她在不知情的情況下一直帶著這個基因，然後又分別在紐約州和紐澤西州的兩名男性身上發現，[21] 他們也同樣不知道自己帶有這個基因，之後是康乃狄克州的一個幼童，[22] 還有其他人。這些人沒有一個因為感染克痢黴素抗藥性細菌而生病，大多數攜帶這個流氓基因的人都是如此。這是一場不知何時會引爆的流行病，只是暫時還沒爆發而已，因為克痢黴素在醫界依然非常少用。克痢黴素抗藥性基因在全世界散播開來，等於是投下一顆不知引信有多長的定時炸彈，而這種抗藥性的出現和散播，完全是因為農場使用了抗生素。

2013 年秋天，當疾病管制中心在努力處理抗藥性沙門氏菌問題，中國微生物學家在追查克痢黴素抗藥性時，還發生了另一件大事。美國政府有史以來第一次祭出聯邦管制措施來規範農用抗生素。

美國在這方面算是起步得很晚。英國早在 1960 年代就注意到其中的危險，歐洲大部分地區也在 1980 年代開始跟隨英國的腳步。美國 FDA 曾在 1977 年嘗試仿效這些國家的措施，但因國會阻撓而失敗，此後就不再有任何嘗試。一直到 36 年後，FDA 受到巴拉克

·歐巴馬當選總統的鼓舞，才提議將一種用來增加體重農用抗生素，一般叫做生長促進劑，列為非法藥物。

FDA 勢必有一場硬仗要打。在 2013 年，美國用於農場動物的抗生素約 1500 萬公斤，這是用在人類患者身上的四倍。[23] 不過 FDA 也握有難以辯駁的證據，顯示有加以限制的必要性。因為不只是抗藥性問題節節上升，當年還完全沒有新藥進入市場取代失效的抗生素，這是有史以來第一次。[24] 製藥業認為抗生素不再有利可圖，而且他們有充分的理由這樣想。製藥業公認的通則是，一款新藥上市需要 10 到 15 年的研發時間，與約莫 10 億美元的經費，但細菌抗藥性的產生非常快速，讓製藥公司無法在抗生素失效前回收投資，或賺到利潤。要是真的找到非常有效的新藥，醫界又決定暫時擱置不用，好留著因應未來的緊急情況，那麼這些公司根本沒有賺頭可言。

美國食品藥物管理局於 2013 年 12 月開始密集研究新政策，給畜產業三年的調適期，讓他們放棄生長促進劑，其他抗生素的使用則交由獸醫控管。這項改革於 2017 年 1 月 1 日定案，但要再過好幾年才能看出有無成效。

2013 年秋天的這幾起重大事件，從爆發大規模沙門氏菌感染、發現克痢黴素抗藥性，到美國政府對農用抗生素遲來的管控嘗試，共同為一則發展了將近 70 年的故事標示出轉捩點。1940 年代後期，

隨著二次世界大戰結束世人對科學信心的飆升，首次有人把抗生素添加到動物飼料中。儘管反對聲浪愈來愈大，數十年來這種做法依然是肉類生產中的重要環節；最初提出警告的科學家勢單力孤而受到嘲諷，之後開始有小型的報告撰寫委員會，然後是大型醫療學會，最後是各國政府試圖出手對抗這種全球化最徹底的龐大產業。

抗生素之所以這麼難以從現代肉類生產過程中根除，正因為這個產業就是靠抗生素創造出來的。這樣的藥物給了業者很強的誘因去畜養更多動物，讓動物和業者本身都不必承受高密度飼養的後果。不斷遞增的產量造成價格下跌，使肉類成為廉價商品，但也降低利潤，破壞獨立小農的生計，促進全球養殖企業的發展。

抗生素為畜牧業帶來的效應好壞都有，從初期的好處到後來衍生出許多負面影響，這段歷史在家禽的故事中表現得最清楚。雞是最早接受抗生素——後來稱為生長促進劑——的動物，科學家也最早在雞身上證實每日施用抗生素可以預防在密閉環境中飼養所引發的疾病。雞是二戰後被改造得最多的動物，以滿足人類不惜一切代價養活世界人口的目標。今天，肉雞的屠宰體重是 70 年前的兩倍，[25] 且飼養時間只有一半。這幾十年間，雞肉從稀少昂貴、只有假日才享受得到的特殊餐點，變成美國人最常吃的肉，也是世界各地消費量增長最快的肉。直到不久以前，我們還很自豪能把雞改造成這樣。「這對雞農和肉食者來說都是好消息。抗生素可以用更少的飼料養出更多的肉。」1952 年的《財星》雜誌曾經這樣報導。[26] 美國農業部也在 1975 年驕傲地說：「肉雞生產的工業化程度與汽車業並駕齊驅。」[27]

然而在 2013 年這些事件過後，雞開始回頭跟這段歷史作對。幾家大型養雞公司宣告放棄使用抗生素；美國幾間食品零售商龍頭承諾僅販售未固定餵食抗生素的雞肉；經過鼓吹者和已發現雞肉會危害孩子健康的家長的倡導，醫療中心、大學院校、學校系統和連鎖餐廳也紛紛加入拒買這種雞肉的行列。當養牛業和養豬業還在力抗 FDA 的政策時，雞已經大張旗鼓地衝到了改革的前線。

農用抗生素的出現與養雞業的興起與轉型，兩者緊密交織，這段歷史大體上是一則自取滅亡的故事，其中有創新的浪漫，有利潤的誘惑，有可預見的、不在計畫之內的後果。但這個故事也告訴我們一個產業能夠評判自己黑暗的過去，並調整路線，使我們有希望看到世界其他地方的食品生產方式不會再造就出數以百萬計像瑞克・席勒這樣的受害者，不會犯下和美國與歐洲同樣的錯誤。

要理解這兩則故事，有必要回到最初的起點，也就是抗生素時代的早期，那時世界迫切需要找到一種餵養所有人的新方法。

第二章

化學帶來的美好生活

在後來爆發的所有爭論中，有一點是每個人都同意的：雞的體重增加了。

這天是 1948 年的耶誕節，[1] 地點在紐約州珀爾里弗（Pearl River）的街道上，這個小鎮位於和紐澤西州的邊界，距曼哈頓 35 公里。街上非常安靜，尤其立達實驗室（Lederle Laboratories）的各館內更是一片肅靜，占地 200 公頃的園區裡僅剩下維持實驗室運作所需的少數人力，他們健步如飛地進出監控設備，並確保實驗動物都得到餵食。湯馬斯・朱克斯（Thomas Jukes）並不打算在那裡久待。他叫他的研究助理去休假了，想說這一天要做的事不用幾分鐘就能完成。他只需要小心地溜進這群他養來做實驗的 133 隻幼雞中，把牠們趕到角落，然後一一稱重。他料想這用不了多少時間。

他大概沒料到他會改變世界。

朱克斯是英國人，身形纖瘦，頂著一頭黑髮，臉上架著一副超大尺寸眼鏡，後面是一雙機靈的眼睛。精力充沛的他 17 歲就離開家自己出來闖天下，移民到加拿大，並在底特律的一座農場和幾間工廠工作，準備存錢讀大學。他獲得安大略農業學院的學位——就學期間一度住在雞舍裡睡行軍床——之後，又到多倫多大學醫學院取得生物化學博士學位，專門研究雞和鴨的免疫系統。1933 年，他移居到北美洲的另一頭，在加州大學柏克萊分校做博士後研究，不巧碰上經濟大蕭條最嚴重的時期，政府預算緊縮，他的研究獎助金在一年後就被刪了。他在柏克萊的農學院到處找遞補缺， 同時向美國農業部申請資金來研究家禽營養。儘管學術生涯坎坷，經費短缺，但他還是完成了重要的研究，找出雞飼料需要添加何種維生素，讓農民能用人造飼料養出健康的雞。

在 1930 年代，這可是個重要問題。在第一次世界大戰前，幾乎每個農民都會養幾隻母雞來生蛋，下蛋能力耗盡時就宰來吃。而今天的雞肉和雞蛋已經變成一種農作物，是農場存在的目的，而不是副產品。雞不再是養個幾隻，而是成千上萬地養，不再是在穀倉周邊踱步徘徊，而是站在與外界隔離的室內，無法從地上撿食穀物或蟲子吃。要養活這些雞，需要提供人工合成的養分，而在這種條件下壯大的家禽業就需要另一個專家產業來加以支持。

朱克斯就是其中的一位專家。立達公司把他從加州聘請過來，承諾要給他一間實驗室和員工，那時立達已逐漸成為業界的領導者，正大力延攬專業人才發展家禽科學。嚴格來說立達不是農業公司，而是製藥公司，是最早的抗生素製造商之一。

朱克斯於 1942 年加入立達。在此之前的 14 年，蘇格蘭一位研究人員亞歷山大・弗萊明（ Alexander Fleming）在葡萄球菌培養皿上發現一種由黴菌分泌的化學物質，能殺死它周圍的微生物。[2] 在此之前兩年，霍華德‧弗洛里（Howard Florey）和恩斯特‧錢恩（Ernst Chain）兩位研究人員把弗萊明的發現研發成藥物。他們用小鼠實驗，顯示黴菌產生的這種化合物可以殺死感染動物的細菌，但不會傷害動物本身，這是前所未見的發現。前一年，這個新藥以青黴素（或稱盤尼西林）之名問世，[3] 名稱取自發現這種成分的青綠色青黴菌（Penicillium notatum）。青黴素差點就挽救了 43 歲的英國警察阿爾伯特・亞歷山大（Albert Alexander）的生命，他在整理花園時被玫瑰花床刮傷了臉，因而感染了葡萄球菌和鏈球菌，臉上和頭皮都化膿滲水；醫師不得已只得挖掉他的一隻眼睛。1941 年 2 月，他開始接受這種稀有新藥的注射，一個星期內就幾乎完全康復，但當時英國的青黴素供應量極少，藥用完之後，亞歷山大再度出現感染症狀，並因此過世，證明了這種感染非常頑固而致命，但總算有藥物能夠阻擋它。

亞歷山大死後三個月，[4] 弗洛里和錢恩趁納粹襲擊的空檔，把製造青黴素的黴菌偷帶出英國。他們希望當時尚未加入二戰的美國還有足夠的資金和產能，能製造出足夠的青黴素來拯救世人。1942 年，也就是朱克斯搬到珀爾里弗的那年，青黴素把新哈芬（New Haven）的一名護士安妮・夏菲・米勒（Anne Sheafe Miller）從死亡邊緣救回來，[5] 她因為流產後的感染，已經在死神面前徘徊了一個月。接下來，青黴素又因為能預防嚴重燒傷後的感染，挽救了在波士頓椰子林（Cocoanut Grove）夜總會大火中一百多名傷者的生命，這是美國史上最慘重的火災之一。[6] 這些案例足以證明青黴素的功效，因此美國政府決定投資生產，並且送了數百萬劑到二戰的戰場上，使數以千計的人以近乎奇蹟的速度康復。

青黴素的成功點燃了世人對更多抗生素的渴望，科學家把這種由生物製造出來殺死其他生物的化合物統稱為「抗生素（antibiotic）」。它也點燃了另一種渴望，開始有人想要藉這樣的新藥牟利。沒有人申請過青黴素的專利；弗萊明和他的合作者同時與好幾家公司分享配方和方法，以期生產出最大量的藥物供應戰場需求。下一個找到這種神藥並申請專利的人就要發財了。

1943 年，塞爾曼・瓦克斯曼（Selman Waksman）和他的學生艾爾伯特・沙茨（Albert Schatz）從紐澤西州「大量施用糞肥」的土壤裡找到的微生物中分離出鏈黴素，這是第一種能治癒肺結核的抗生素。[7]1947 年，保羅・柏克候德（Paul Burkholder）利用委內瑞拉一處堆肥的細菌，得出氯黴素結晶，這是第一種能對付傷寒的抗生素。[8] 其他研究者和他們的公司也都急切尋找自己的新藥來源：輝瑞（Pfizer Inc.）和禮來（Eli Lilly and Company）等藥廠把無菌樣品管送到世界各地，請求傳教士和軍事人員幫忙採集黴菌或汙泥樣本寄回去給他們。[9] 立達的首席病理學家班哲明・達格加（Benjamin Duggar）曾經在密蘇里大學工作過，他請一位前同事隨機採集校園的汙泥給他，其中一管是在農學院種植各種牧草的試驗田裡挖的，裡面含有一種會分泌金黃色化學物質的細菌。[10] 測試時，這種化合物殺死了大量的病菌，比青黴素還多，而且和鏈黴素能殺死的細菌不同。美國氰胺公司（Cyanamid），也就是立達的母公司，於 1948 年 2 月興高采烈地申請了專利。[11] 或許是因為這個化合物的顏色，也或許是希望後續能夠黃金滾滾來，達格加把這種真菌取名為金色鏈黴菌（ Streptomyces aureofaciens），種小名有「煉金」之意。對於這種化合物他則稱之為「金黴素」（Aureomycin），後來改名氯四環素（chlortetracycline），是四環素這一類藥物中第一個被發現的。

朱克斯並不是在立達的抗生素研發部門任職，而是受聘從事營養方面的研究。他和他的同事找出了合成葉酸的方法，這種維生素可以預防重大的先天缺陷。他們在調整配方的同時，開發出胺甲葉酸（methotrexate）這種早期的癌症化療藥物。不過朱克斯最想解答的問題是另一個，他想要找出飼養在密閉環境中的雞要餵什麼才長得好，基於當時的時空背景，這個問題變得比 15 年前還要重要。二次世界大戰刺激了世界對蛋白質的需求，雞的產量幾乎增加到三倍，雞肉年產量超過4.5億公斤。[12]但是戰爭結束後，家禽市場崩盤，雞肉供過於求，雞農被迫努力削減成本。他們的雞飼料原本是富含維生素的魚粉——用加州南部外海捕獲的鯷魚製成——現在則換成價格便宜得多的大豆。不過，雞對大豆的反應不好。牠們的生長變得緩慢，蛋殼也變薄，孵不出小雞。儘管朱克斯在他第一份工作中了解到，可以在飼料中添加維生素，雞還是長不好。那時大家都在談需要添加營養強化劑，一種「動物蛋白因子」。

然後，立達的競爭對手默克藥廠（Merck & Company）宣布，他們的研究人員找到了這個東西。默克那時在製造鏈黴素，這是先前瓦克斯曼從灰色鏈黴菌（Streptomyces griseus）中製備出來的藥物，這批細菌是他從羅格斯大學（Rutgers University）校園附近一片施用糞肥的土壤中收集到的。默克的研究人員表示，製備鏈黴素時的一種副產物能讓雞長得更好，就算繼續餵食蛋白質較少的傳統飼料也沒關係。在 20 世紀稍早，研究人員已經分離出幾種維生素，並知道合成維生素 B2、B3、B5、B6 的方法。默克的科學家發現的新化合物是這一類維生素中的最後一種：維生素 B12。[13]

朱克斯想要知道立達培養的細菌，也就是製造金黴素的金黃鏈黴菌——這是默克的科學家使用的菌種的遠親——是否也有類似的作用。所以他才會在耶誕節早上進辦公室，那天天氣溫和乾燥，只飄著一點細雪。幾個星期前他設計了一個實驗，測試立達的細菌是否也能產生動物蛋白因子。今天他就會知道答案。[14]

他之前已經從藥廠養的研究用雞中，選了一小群六個月大的母雞和公雞，餵牠們吃一種特殊配方的飼料，營養成分較低，所以生下的小雞會比較虛弱，這樣才容易區分出添加劑的效果。母雞下蛋後，他用孵化器來孵化小雞，分成幾組，每組 12 隻，另外挑出 12 隻當作對照組，讓這些小雞吃缺乏營養的飼料，和餵親代的一樣。其他的組別會加入不同劑量的補充品，全都經過精確測量，有六種不同份量的肝臟萃取物，這是一種天然但昂貴的 B12 來源；六種不同份量的合成維生素 B12；另外是用肝臟萃取物搭配其他營養來源，如苜蓿、魚萃取物、蒸餾剩下的酒糟，或是製備金黴素之後的廢糊料或培養基的一小部分。

耶誕節是小雞孵化後的第 25 天，朱克斯決定在那天秤重，評估實驗結果。幾乎所有養分被剝奪的對照組小雞都死了，一如他的預料。然而，幾乎所有其他組的都活著，證明給牠們的營養品裡面確實有某種東西是小雞成長所需要的。他逐一幫小雞稱重。對照組的三隻倖存者都很瘦小，而且病懨懨的，體重只有 110 克。餵食維生素結晶的雞看起來很健康，在頭部和翅膀上冒出的紅色羽毛之間看得到粉紅色的皮膚，體重從 179 克到 203 克不等。餵食肝臟萃取物的雞中，獲得最高劑量的那一群體重有 216 克。

然後他轉往餵食了含有抗生素廢料的小雞的圍欄。這一組他用了四種不同的劑量，根據每公斤飼料中加入多少廢糊料來計算。他秤了這四群雞，得出體重的平均值，把數據記錄下來，看了看全體的數字。然後他再看了一遍。餵食最高劑量金黴素的那群雞，是所有受試小雞中最重的，體重達到 277 克，是對照組小雞的 2.5 倍，比餵食默克的 B12 的小雞還重三分之一 ，也比吃肝臟萃取物的小雞高出四分之一，那種昂貴的飼料添加物是雞農買不起的。

只吃了 60 克含有微量金黴素的廢糊料，小雞就長到了這個體重。60 克根本不算什麼，就只是幾個銅板、兩片麵包，或一顆雞蛋的重量。然而，這個小小的重量所產生的力量，大到足以改變整個養殖業的結構，並且影響了土地使用、勞動關係、國際貿易、動物福利，以及世界大部分地區的飲食。

沒有人知道朱克斯和他的研究夥伴艾爾・羅伯特・史托克史塔德（E.L. Robert Stokstad）過了多久，才知道朱克斯發現的這種「促進生長」的效應是怎麼來的。幾個月後，他在寫這段實驗紀錄時，猜測「這個『動物蛋白因子』含有維生素 B12 以及某個尚未確定的因子。」[15] 不過不到一年，他們已經確知造成雛雞體重增加的不是維生素，而是那些殘存在立達實驗室廢料裡的微量抗生素。

要了解他們成就了什麼，得稍微認識一下抗生素在以前和現在——甚至今天——是怎麼做出來的。這基本上和釀啤酒很像，一開始先拿到會製造出你想要的化合物的微生物，加到糖水溶液中（如果你是釀啤酒的話，那就是麥汁），然後讓混合物發酵。這些微生物會消耗培養基中的營養物質，排泄出消化過程的副產物：啤酒酵母放出的是酒精和二氧化碳，鏈黴菌的話就是原始抗生素。

釀啤酒是把這些液體副產物和風味導出來裝瓶。如果目標是製藥，那還有一個額外的步驟：首先抽出液體，然後用化學方法萃取其中的抗生素化合物。這些都完成之後，剩下的就是抽取完抗生素的液體，以及一團黏稠的糊狀物，裡面有糖和用來製造抗生素的那些微生物殘骸。

長久以來，釀酒廠都把發酵殘餘物乾燥之後，賣給畜牧業者作為飼料。朱克斯和他的同事也在他們的廢料中看到這個商機，這是無本生意，是一個全新行業的基礎，是從立達不要的東西裡面提煉出來的。

在朱克斯的第一次實驗中，他餵給小雞吃的是乾燥後磨碎的一小部分廢糊料。但他顯然懷疑過那些發酵廢液中可能殘留了金黴素。[16] 立達是用丙酮溶劑來洗去發酵液中的雜質。他把這些要倒掉的溶劑留下來，放進一個叫做「槽室」的巨型熔爐中烤乾，那裡原本是公司的馬屍焚化爐；他們當時生產抗體血清的方式是讓馬感染疾病，然後從其血液中抽取。[17]（多年後他打趣地說，他當時有答應要是易燃的丙酮爆炸的話，他會負責。這可不只是說笑而已，他曾經在為雞的實驗用飼料做熱處裡時，燒掉過加州大學戴維斯分校的一棟附屬建築物。[18]）他從溶劑中找回微量的金黴素之後，將之乾燥、粉化，也當作飼料添加劑使用，獲得比第一次實驗時更好的效果，讓他的實驗雞體重再增加 25%，達到 368 克。確認了第一次實驗時感受到的「促進生長」效應屬實之後，朱克斯把樣本傳給他在美國各州農學院認識的科學家，請他們也做同樣的實驗。[19] 他這些同事都對結果感到震驚，根據他們回報的結果，低劑量的金黴素不僅可治癒導致幼豬死亡的出血性腹瀉，還讓火雞雛雞（poults）的生長速度提高三倍，體重也增加。[20]

於是消息傳了開來。太多研究者都來索取金黴素殘留物，朱克斯在珀爾里弗的工廠發酵殘渣製造量開始跟不上消耗量。他還去翻找公司垃圾場裡廢棄的發酵容器，包括重複使用的可樂玻璃瓶，希望搜刮到一點珍貴的抗生素。不是只有科學家想要，農民也一直來要，立達把他們不要的發酵殘渣乾燥出售，發現這樣做還是供不應求，於是乾脆把發酵後的生鹵水直接送進鐵路槽罐車，一車一車地賣。需求量一度大到引起一位內布拉斯加州的參議員正式投訴，說他們隔壁的愛荷華州農民拿到的產品比他選區的農民多。當時的美國副總統阿爾本・巴克利（Alben Barkley）也訂購了一批，用來餵養他在肯塔基州的家族農場裡的牲畜。明尼蘇達州的奧斯丁市，是推出午餐肉（SPAM）的豬肉大廠荷美爾食品公司（Hormel Foods）所在地，他們公司的一名藥劑師不知透過何種方式，攔截到一批殘渣，將之包裝後轉售，大賺了一筆，然後很快就到佛羅里達州去享受退休生活了。

作為一家製藥公司，立達有義務向 FDA 報告任何新藥，和藥物的任何新用途。他們剛發現金黴素時已經報告過，妥善地註冊為人類用藥；但在金黴素用於動物飼料這方面，就含糊其辭了。立達措辭謹慎地在聲明中表示，這項銷路極佳的發酵產品是當作維生素保健品之用。這樣說或許沒錯，因為製作金黴素的發酵過程有可能產生 B12，只是立達從未測試過這個新產品。但同時也不老實。立達在 1949 年 9 月以在動物飼料中添加金黴素的技術申請過專利，明白表示是作為一種藥物，而不是含糊地說是作為「維生素 B12 的來源」，證明他們早就心知肚明。然而，朱克斯和史托克史塔德一直等到 1950 年 4 月，才在美國化學學會年會上，正式公開他們這項發現的作用機制。一位《紐約時報》的記者碰巧要採訪這場會

議。第二天早上，他的報導登上了頭版頭條，大肆宣傳這項消息：「『奇蹟藥物』金黴素證實能提高 50% 的生長」：[21]

> 金色化學物質金黴素，屬於一類名為抗生素的藥物，這種救命藥物是迄今發現最有效的生長促進物質之一，效果超過任何目前已知維生素的作用……
> 在發布的聲明中，金黴素這項新發現的作用被描述為『十分驚人』，相信『在資源日益減少和人口不斷增加的世界中，對人類的生存具有長遠的巨大影響。』」

從報導中不難看出當時金黴素變得這麼歡迎的線索：它很便宜。「一噸的動物飼料，只要加入五磅未精煉的產品，每磅才賣三、四十分錢……『就能提高豬的成長率達 50%。』」報導這樣寫道。最後還加上一句日後證明顯然說得太滿的話：「沒有觀察到任何不良副作用。」

現在回頭來看，立達公司在完全不知道劑量多寡的情況下，還一心一意把新的抗生素投放給動物食用，是很令人震驚的。但在當時的背景下，朱克斯急於使用金黴素，他的公司則渴望從中獲利，兩者的做法都不無道理。那時抗生素還很新，全世界都和它們陷入熱戀之中。

抗生素之所以被稱為奇蹟藥物是有原因的。在有青黴素以前，即使是輕微感染，也等於是宣判了死刑。員警艾爾伯特・亞歷山大在接受青黴素治療之前、以及藥物用完之後那種毀滅性的病情，雖然十分駭人，但在過去這是再正常不過的事。在沒有抗生素的時代，輕微的割傷和擦傷有時都會演變成嚴重感染而需要截肢。[22] 每十名肺炎患者中有三名會死亡；每千名產婦也有九名死於感染。（這還是在衛生條件最乾淨的醫院；實際的死亡率往往更高。）兒童要是耳朵受到感染而未治療，聽力就會受損；鏈球菌感染未治療會導致風濕熱，使得年紀大以後容易心臟衰竭。過去細菌性腦膜炎由於無法控制，會導致兒童痙攣而死，或造成神經損傷。戰場上的傷兵，每六名就有一名死亡，還有大量軍人——在某些軍營人數達到三分之一——感染梅毒和淋病，最後造成殘疾、關節炎或失明。

人類因為從這樣的束縛中得到解放，而引發了歡樂的過度反應。[23] 當時不僅醫院的患者會得到青黴素，製造商還把它添加到藥膏、潤喉糖、口香糖、牙膏、粉末吸劑，甚至口紅裡。任何人都可以在藥局買到青黴素，而且很多人在買，直到 1951 年青黴素才改成處方藥（而且理由只是過量使用會引起過敏）。那時還不知道抗生素只能對付細菌性疾病，因為早期的研究報告對於抗生素對付病毒的效果也充滿了樂觀。[24] 那時候，似乎任何疾病都要用這種新藥才是聰明的做法，甚至認為不用就太笨了。（金黴素的發現者達格加曾在多年後說，他的實驗室助理會偷拿生藥樣品去「治療他們的感冒」，但抗生素根本沒有這種功效 ，他們應當比誰都清楚。）[25]

那時確實有些研究人員開始猜想，既然抗生素對人的效果這麼神奇，那用在動物身上可能也有好處。事實上早在 1946 年，也就是朱克斯做出那個實驗的兩年前，威斯康辛大學的一個團隊就已經用當時已發現的幾種抗生素來餵養商業養雞場孵化的雄性雛雞，他們一共測試了三種藥物，包含一種磺胺類藥物、新上市的鏈黴素，和藥效較弱的鏈絲菌素（streptothricin）。[26] 他們想要找個辦法殺滅雞的腸道菌，如此一來一旦實驗室需要用到雞就很方便。他們驚訝地發現，磺胺類藥物和鏈黴素都會增加雞的體重；在 28 日齡被宰殺的雞，體重都已達 240 到 300 克。令人不解的是，團隊研究到這裡就把結論擱置，沒有繼續深究，或許是因為威斯康辛州已經是研究維生素的重鎮。但是，立達在 1950 年宣布金黴素的研究結果之後，馬上有大量研究者投入；動物飼料用抗生素成為製藥公司和幾乎所有設有農學院大學的研究重點。朱克斯在 1955 年準備寫一篇回顧文章，總結到那時為止的相關發現，他計算了已發表的研究報告，發現在短短五年內發表了近 400 篇關於餵食動物抗生素的科學論文。[27] 添加抗生素的飼料市場也蓬勃發展。那時美國農民每年對牲畜施用的抗生素約有 22 萬公斤。[28]

幾乎沒有人覺得這樣做不好。

這其實很奇怪。從抗生素時代開始的那一刻，就有擔憂的聲音出現，不知道這種奇蹟藥物的藥效能持續多久。1940 年 12 月——那時還從來沒有人用過青黴素——弗萊明的兩位合作者寫信給一份醫學期刊，表示他們觀察到腸道和實驗室常見的大腸桿菌已經漸漸發展出對抗新藥的能力。[29] 1945 年，弗萊明以發現青黴素而獲頒諾貝爾醫學獎的幾個月前，曾在紐約向一位聽眾說明這種藥物使用不慎的後果。[30]《紐約時報》引述了他的話：

> 自行服藥最危險的地方在於劑量太少，結果非但沒有清除感染，還讓微生物學會怎麼抵抗青黴素，並培育出許

多能耐受青黴素的細菌，這些細菌可能會傳給其他人，
這樣一個傳一個，要是遇到一個得了敗血症或肺炎的人，
青黴素就救不了他了。
在這種情況下，最初那個輕率使用青黴素的人，對於後
來因為感染了具有青黴素抗藥性細菌而死去的人，是有
道德責任的。我希望這種壞事可以避免。

弗萊明的先見之明並未得到重視。到了 1947 年，倫敦就有一家醫院爆發了青黴素完全無法處理的葡萄球菌感染。311953 年，同樣的抗藥性細菌在澳洲引發流行病，[32] 並於 1955 年進入美國，感染了超過 5000 個在西雅圖附近醫院分娩的產婦和新生兒。[33] 這些病例代表了一場致命的蛙跳遊戲的開端，從此抗生素就和微生物不斷地互別苗頭。研究人員用一種藥物來對付病菌，病菌就發展出防禦方法；其他研究人員研發出另一種新藥；細菌再次演化出新的防禦方法。

弗萊明特別警告劑量不足的問題。在醫學上，不論當時還是現在，醫師開立抗生素處方時，會把細菌的防禦變異性，也就是繁殖時遺傳密碼隨機發生的小差錯納入考量，以此來決定劑量。這些變異有的會降低病菌的存活機會，但也有的會增進它抵禦其他細菌或藥物的能力，因此在使用抗生素時，需要施以足夠的劑量與時間，以確保連那些防禦力升級的細菌也一舉殲滅。真正讓弗萊明擔心的是，使用抗生素時沒有達到致死劑量，等於打造出一個達爾文式的演化戰場：較弱的菌都被殺死了，而從遺傳變異中得到抵抗力、能抵擋藥物攻擊的較強細菌活了下來，開始繁殖並進入弱菌死亡後留下來的生存空間。

嚴格來說，以促進生長為目的開給動物服用的抗生素不能叫做劑量不足——只是問題出在這些動物並沒有生病（因為沒有病，所以不須要任何劑量的抗生素），但還是給予微量的藥，相當於每噸飼料中只用了 10 公克。[34] 朱克斯對此毫不擔心，倒是立達公司有人擔心。30 年後朱克斯透露，他們的獸醫曾經擔心公司的新產品會助長抗生素抗藥性。朱克斯寫道，他們「強烈反對」把金黴素當成生長促進劑販售，但被立達的母公司，即美國氰胺公司的總經理威爾伯・馬爾科姆（Wilbur Malcolm）駁回。[35]「我們已經要開始面對競爭。」朱克斯說。

以事後諸葛的角度來看，這項決定十分重大。當時已經不斷有證據顯示，施用金黴素，即使是像生長促進劑所含的這麼微量，也會使動物的腸道菌產生抗藥性。事實上，朱克斯推測這正是抗生素能促進生長的部分原因。[36] 他認為，雞腸中的細菌若未產生抗藥性，就會全部被抗生素殺死，接著這些雞也會死，因為牠們需要腸道菌協助從食物中提取養分。但結果腸道菌反而欣欣向榮，雞也是如此。幾年後朱克斯在解釋這一點時，說這是「不合邏輯」的。「我們沒有預料到⋯⋯那些經過變異並產生抗藥性的菌群在某些方面是有益的。」他寫道。他並不擔心持續餵動物吃一輩子的抗生素會讓腸道菌產生抗藥性，而是認為促進生長的機制中有一個內建的安全閥：若是動物體內的抗藥性細菌超過某個未知的點，這種劑量的抗生素就不再有作用，動物的體重就不會再增加，農民也會放棄用藥。但相反的情況就在他眼前發生，動物不僅在餵食生長促進劑後體重增加，即使停藥，體重還是持續增加。

朱克斯觀察到，無論動物體內是否長出抗藥性細菌，都沒有為這些牲畜帶來任何風險。但他並沒有思考這些細菌是否對人類構成風險。

從今天政府機構作業的角度來看，在限制重重、而且似乎已行使多年的行政程序之下，接下來發生的事情簡直叫人震驚。第一批抗生素（包括金黴素）於 1945 年至 1948 年間問世時，FDA 認為這對百姓有利，因此和藥廠合作，幫他們快速得上市許可。FDA 對於在動物飼料中添加抗生素採取相同的態度，接受各公司的主張，相信生長促進劑安全無虞。1951 年，FDA 在沒有提前公告，也未舉行聽證會的情況下，批准了金黴素和其他五種抗生素可作為生長促進劑用於動物飼料。[37] 在那份公文中，當時監管 FDA 的聯邦安全署（Federal Security Administration）官員表示，這「是與相關產業的利益成員共同擬定的……拖延會妨害公眾利益。」

不用多久，只要十年左右，就可以看出這是否真的有助於公眾利益。

回顧過去發表的研究報告，從當時農牧業歡迎生長促進劑的程度，可以清楚看出沒有人了解這些藥物的作用。有些研究人員假設這樣的抗生素劑量可以促使動物保留體內水分，或是影響脂肪儲存的速度，再不然就是治好沒有明顯症狀、但會降低動物代謝的次臨床感染。[38] 朱克斯本人認為這些藥物影響了永久居住在動物腸道中的細菌，即腸道菌群，或者我們現在所說的腸道微生物體（microbiome）。有好幾十年，科學界都不清楚腸道菌的眾多功能；

在1950年代，科學家也沒有鑑別大多數微生物所需要的分子工具。有幾次觀察朱克斯全憑直覺。生長促進劑在沒有腸道菌群的「無菌」雞身上根本不起作用，這些雞在受控制的無菌環境中孵化，吃的是滅菌過的飼料。對於養在非常衛生的環境中，例如剛清掃過的雞舍中的正常雞隻，抗生素也沒那麼有效，比不上養在任由塵土或糞便積累的穀倉裡的雞。另外對發育遲緩的雞也無效，生長促進劑會幫助養分受到剝奪的動物增加體重，但無法使天生弱小的個體轉變成正常大小。

隨著研究這個問題的科學家日益增多，他們發現使用生長促進劑並不會改變腸道細菌的整體數量；也就是說，藥物不會殺死腸道菌群，也不會促進更多細菌生長。[39]不過以當時研究人員能從動物屠體中萃取、並針對腸道內容物進行研究的深入程度而言——這件事難度不低，因為不是每一種細菌都能在實驗室環境中存活——他們察覺到這些藥物似乎會改變細菌的平衡，促進某些菌種繁殖，並阻止其他菌種生長。抗生素似乎也會改變腸道的生理，讓吸收養分的腸道內壁變薄。研究人員推測，正是這一點有助於動物從飼料中吸取更多養分，儘管無法證明。他們認為沒有餵食生長促進劑的雞腸壁通常較厚，可能減少養分吸收。

但這些關於腸道或是腸道內容物的研究，都沒有發現生長促進劑的任何缺點，因此研究人員開始猜想人類是否也能從中受益。在1950年至1955年間，實驗者找來一些早產兒分成幾小群，餵食常規劑量的抗生素，想要盡快使他們達到較健康的正常體重。[40]也有研究人員設計了其他的人類生長促進劑實驗，這些實驗都不合乎現代醫學倫理標準。他們把抗生素施用在沒有能力簽署同意書的人身上，服藥時間從數週到數年不等，實驗對象包括一批在佛羅里達州一個優生學機構的發育障礙兒童，以及瓜地馬拉和肯亞的營養不良貧童。這類實驗中規模最大的一項，以伊利諾州「五大湖海軍訓練中心」的 220 名新兵為受試者——他們在入伍時宣誓過要絕對服從，所以不太能拒絕——請他們每天服用抗生素近兩個月。這些受試者很幸運，所有的報告都顯示沒有不良反應，而且在所有的試驗中，生長促進劑確實都發揮了效果。所有的受試者，不論成人還是兒童，肌肉量都有所增加，孩子也長高了。

這些結果使研究人員更加確信，施用抗生素不會對動物導致任何負面影響，繼而促成了這類藥物最匪夷所思的用途：防止食物腐壞。在美國的主導下，有好幾個國家讓實驗者在漁船上用來放置漁獲的冷水槽中，以及加工廠貯藏魚用的冰上添加抗生素；[41] 用鏈黴素溶液清洗採收後的菠菜；把肉塊表面塗上抗生素再混入牛絞肉中。還有研究是把抗生素輸入屠宰後的牛隻體內，或是在宰殺前先行注射抗生素到牛的腹部和血管中。（他們的結論是，要讓整頭牛全身都接受到抗生素成本太高，還有要讓牛維持長時間不動等待藥效發作太過困難。），除了實驗過提高飼料中生長促進劑的比例，從朱克斯原來的每噸 10 公克調高到 1000 公克以上，他們也研究過在宰殺前才把大劑量抗生素一次加入雞的飲用水中。最後因為飼料中抗生素含量太高，已經從雞的腸道進入肌肉，被驗出藥物殘留量超過聯邦食品安全標準，這一系列的研究只好終止。

這些實驗導致金黴素發生了類似「範疇潛變」的現象，從最初只是用來讓動物長快一點，變成同時還要幫牠們抵禦疾病。這就需要更大的劑量。立達的業務開始告訴農民，每噸飼料中不能只添加 10 克金黴素，而是可以添加到 200 克，翻了 20 倍。[42] FDA 在 1953 年 4 月對這個做法提供加持，批准金黴素從促進生長的功能擴展到疾病預防，這次同樣既沒有預先公告，也沒有舉行公聽會。[43]

這是龐大的利益，獲利的不只是立即可以指望金黴素銷量大增的立達而已。這項核可准許農民使用比以前更多的金黴素，以及兩年前批准用於促進生長的其他所有抗生素；FDA 為所有抗生素的預防性用途背書。但這也使那些無良、缺乏經驗或粗心的業者無須承擔養殖手法拙劣帶來的後果。他們可以把動物養得更擠，減少欄舍打掃的次數，對營養供給更吝嗇，對害蟲視而不見——因為他們知道反正抗生素會把牲畜保護得好好的，原本這樣做會發生的病害都不會發生。這項決定打開了工廠化養殖，以及未來將會受到指責的違反動物福利行為的大門。同時也增加了細菌對抗生素的抗藥性，儘管這一點是等到多年後有人把各種片段拼湊起來才發現的。

朱克斯於 1999 年去世，享年 93 歲，過世前還第三次轉換職業生涯，回到加州大學柏克萊分校研究分子生物學。晚年他依舊擁護自己的發明，拒絕承認任何缺失。這或許是出於他的控制欲，或是傲慢，再不然就是純粹固執：他似乎以蔑視公認的智慧為樂。有時候他是對的。朱克斯曾向得過兩次諾貝爾獎的化學家萊納斯・鮑林（Linus Pauling）提出質疑，[44] 鮑林支持服用高劑量的維生素 C 來預防感冒和改善癌症，在 1970 年代這是非常流行的醫療建議，而今已經證實是子虛烏有。但他也對政府管制危險食品添加劑嗤之以鼻，說有機食品是「神話」。[45] 他反對聯邦禁止肉牛施打人工合成雌激素 DES 的作法，儘管那時已知 DES 會讓懷孕的女性產下罹患癌症的女嬰。他對 DDT 農藥的禁用，和 1962 年那本促成這項禁令的《寂靜的春天》特別憤怒，這本書在那個時代極具影響力。[46]

他譴責聯邦政府屈服於「反活體解剖人士、反飲水加氟人士和有機農民所代表的社會階層。」[47] 他在《化學週》（Chemical

Week）這份期刊上發表了一篇嘲弄作者瑞秋・卡森的文章，稱她是「科幻恐怖故事」作家。[48]

朱克斯大概是嚴格的實證主義者，對可能使社會享受不到科學利益的預警原則都不感興趣。而且，他顯然也厭惡繁文縟節。發現生長促進劑近 40 年後，他在一篇文章中提到：「如果這樣的發現……是發生在 1985 年，將會有一場又一場的委員會會議，還得擬定計畫應付 FDA 設下的各種路障。接著要開始進行長期和短期毒性試驗，要分離和鑑定代謝物與殘留物。最重要的是，產品還得進行致癌性測試。最後，FDA 會拒絕批准它上市。」[49]

他除了向科學期刊投稿，也在報紙上發表文章，他火力十足的論點出現在《科學》、《自然》、《美國醫學協會期刊》以及《紐約時報》上。朱克斯駁斥所有對於家畜抗生素的擔憂，也不認為集約式的封閉農場會創造任何問題。「對農場動物使用抗生素不會危害公眾健康。」1970 年他在《新英格蘭醫學雜誌》上如此宣稱。[50]1971 年在紐約科學院的會議上，他問道：「我們的牛、豬和雞有多到讓我們可以不採用最經濟的方式來餵養嗎？我不這麼認為。」[51]1972 年他在《紐約時報》上堅稱「抗生素為肉商省下了 4.14 億美元。」[52] 1992 年，他 86 歲時，在可能是他針對這個議題發表的最後一篇文章中這樣寫道：「動物權益運動鼓勵都市民眾相信，有更多空間可以漫遊會讓動物『感覺比較好』。可是我們怎麼知道真的是這樣？人類會自發性地聚集在一起觀看體育比賽，或是參加社交聚會。人群愈多愈密集，代表活動辦得愈成功。」[53]

朱克斯堅信農用抗生素有益大眾，這樣的信念吸引了許多追隨者。但後來的幾十年，有一個更複雜的故事漸漸浮現了出來。

第三章

肉類麵包價

湯馬斯・朱克斯的研究，把雞這種原本隨意放養在美國穀倉邊的動物，變成橫掃市場的肉品，因為他找出了集約飼養的雞需要何種維生素，以及使得這種飼養方式有利可圖又安全的抗生素。不出短短幾十年，美國人吃掉的雞就會遠遠超出其他肉類；這種家禽會變成地球上被研究得最多、雜交育種最多、飼養方式最工業化的肉用動物。但這一切要成真，就要先有一個養雞產業——在 1940 年代，這個產業才剛起步。

在化學家找到合成維生素的方法以前，並沒有持續性的雞肉交易市場。食用雞是生產雞蛋的副產品，一部分是「淘汰母雞」——即年齡太大不再有可靠的產蛋量，又因為常在穀倉邊追逐小雞而肉質老韌的母雞——另一部分是用不到的公雞，農民會留著養幾個月，等長出一些肉，再作為肉質細嫩的「春雞」出售。（每批蛋孵化出來的母雞和公雞原本大約是一比一，但農民想要受過精的蛋，又不想看到雞群打架，會把大多數的公雞丟棄。）春雞以前是豪華料理，[1] 在菜單上都會特別用大寫字母來強調，這樣的需求暗示了可能有個更大的潛在市場。但農民缺乏讓小雞活過冬天的辦法；[2] 養在室內的雞會得到「軟腳病」、「滑腱症」、「麻痺性彎趾病」等奇奇怪怪的病。[3] 合成維生素補充劑解決了這些問題，讓飼養在密閉空間的雞可以活下去，開啟了讓朱克斯得以嶄露頭角的產業，並創造出一個全新的農牧領域：把「肉雞」當作一項新的農產品，與雞蛋生產分開來。[4] 在 1909 年，全美國賣出的肉用雞約 1 億 5400 萬隻，包含活雞和已經著屠宰好的；到了 1949 年——已經有維生素，但還沒有生長促進劑——總數量是 5 億 8800 萬隻。[5]

肉雞的誕生地是在美國的德馬瓦半島（Delmarva Peninsula），涵蓋了幾乎整個德拉瓦州、馬里蘭州東部，以及紐澤西州以南和切薩皮克灣以東的一小塊維吉尼亞州。根據業界傳說，肉雞業的創始人瑟希爾・史蒂爾（Cecile Steele）是個蛋商，一般稱呼她威爾默夫人（Mrs. Wilmer）。[6] 1923 年，她郵購小雞打算用來產蛋，卻意外收到孵化場寄來了十倍數量的雞；她只要 50 隻，但送來 500 隻。在沒有其他選擇的情況下，她決定設法養下來當肉雞賣。結果這些雞每磅賣了 60 美分，比起她原本把蛋雞養到老，再作為淘汰雞賣出，價格高了五倍，於是下次她就訂了 1000 隻。每次她養大並賣掉一批雞，她的生意規模就又擴大一些。很快她的鄰居也開始跟著做。原本當地的主要作物是草莓，但養雞似乎比種草莓可靠，[7] 因為草莓脆弱又容易受到蟲害和暴風雨的傷害。就這樣，在十年內，德馬瓦半島上至少出現了 500 個像史蒂爾夫人這樣的肉雞養殖業者，主宰了美國東岸的雞市，包括華盛頓、費城，尤其是紐約市。

紐約是對肉雞有特殊需求的市場，基於一系列複雜的原因。

[8] 近半數移民到美國的猶太人都住在紐約，有將近 200 萬人，是世界上最大的猶太城市。猶太人過安息日，正規上要準備一些慶祝性的物品，但絕對不會考慮基督徒作為週日晚餐的火雞。當然豬肉是禁止的；牛肉可以，但難以判斷是否按照猶太潔食的方式屠宰，有受騙的可能。雞可以活生生地運到城裡，在客人面前現殺，保證合乎潔食的要求。而且雞肉在當時算是奢侈、特別的東西。這就是 1928 年總統大選時，喊出讓「家家戶戶鍋裡都有一隻雞」的競選承諾的背後意涵，大家都以為這句話出自赫伯特・胡佛（Herbert Hoover），但實際上是一個叫做「共和黨商人」（Republican Business Men）的協會以他的名義在競選廣告中推出的。[9] 肉雞完全符合猶太社群對準備節日餐點的種種要求，光是供應這座城市的雞肉需求，就大大激勵了德馬瓦半島養雞業的興起。[10] 德拉瓦州的農民不僅集體轉變成養雞戶，還聯合起來建造了第一間用於屠宰和包裝雞肉的大型工廠。

到 1942 年，德馬瓦地區每年的肉雞產量已達將近 9000 萬隻。[11] 然而，此時美國宣布加入二次世界大戰，部署了數百萬軍隊到戰場上，那些軍人都需要糧食。負責平民糧食配給和部隊軍需的戰時糧食總署（War Food Administration）看上了德馬瓦的肉雞，他們不只看到這是蛋白質來源，也看中控制生產的獨特機會。這個半島很小，周邊都是水，只有少數幾條道路可以通行，完全符合政府監控人貨進出並阻止黑市交易的條件。於是這個機構決定與半島的整個雞肉生產業合作，切斷他們原有的客戶，把所有的雞匯集到軍糧供應鏈。

對德馬瓦的養雞業來說這是一大打擊，可能要幾十年才能恢復。但對其他農民——還有一個有遠見的雞飼料經銷商——而言，則是千載難逢的好機會。

把德馬瓦地區從美國養雞市場強制移出，對喬治亞州東北部的幾個郡來說，是他們記憶所及第一次有好事從天上掉下來。近一個世紀以來，[12] 約莫從南北戰爭開始，這幾個位於阿巴拉契山區的郡就一直無法休養生息。

首先，散落在山坡上的小型自給自足式農場被撤退的北軍掠奪，又被南軍追捕。為了重建家園，這些本來自食其力、不願舉債的農民只好靠種植棉花來申請信用貸款，陷入了剝削系統，但這個山區石頭多，土壤很薄，根本不適合種棉花。然後是 1903 年，這裡遭到龍捲風襲擊，造成約 100 人死亡。1920 年棉花市場暴跌，讓農民原本就微薄的收益少了一半。1921 年出現棉鈴象鼻蟲害。1929 年股市崩盤，導致棉花價格下跌到十年前的八分之一左右。1933 年，「新政」的撙節措施迫使地主只能耕種不到三分之一的面積，削減了他們的收入，也重創依靠種植作物才能償還地主貸款的佃農。1936 年又遭到雙龍捲風的毀滅性襲擊，這次比 1903 年的龍捲風強得多，席捲了許多丘陵，造成數百人死亡，喬治亞州的蓋恩斯維爾（Gainesville）大部分地區被夷為平地，這是這個地區的火車站和主要市集城鎮所在地。

開店販賣種子和飼料的傑西・迪克森・傑威爾（Jesse Dickson (Dixon) Jewell），是陷入經濟衰退風暴的當地企業之一。龍捲風來襲的那一年，傑威爾 34 歲，在他多災多難的生命中，這只是其中一場災難。傑威爾的父親開了這間家族商店，但在傑威爾七歲時就去世， 接替管理的繼父也在傑威爾 28 歲時往生，他心力交瘁的母親於是把店交給他管理。由於當地經濟一再崩潰，店裡幾乎沒有生意，為了讓妻子和女兒得以溫飽，傑威爾開始另尋他途。那時喬治亞州的丘陵地區已經出現了一些養雞場，但都是季節性的小規模經營，目的是補貼農場收入。在龍捲風襲擊的前一年，這 30 個東北部的郡一共只生產了 50 萬隻雞。

傑威爾認為可以擴大規模，而且他已經有了一套想法。從南北戰爭時期開始（在喬治亞州這場戰爭還是叫做「北方侵略戰爭」，而且不是開玩笑的說法），小農透過所謂的「作物留置權」（crop lien），也就是更常聽到的佃農制（sharecropping）來討生活，在非自有地上耕作。他們先向大地主租一小塊地，然後再去租借或購買工具、種子和肥料。作物成熟時就賣掉來支付地租，以及無可避免的高昂利息，自己靠著所剩無幾的作物過活。這個系統向來飽受憎惡，且經常受到濫用，讓農民永遠無法從債務中翻身。不過這是大家很熟悉的作法，長期以來一直是美國南方農業勞動力最普遍的組織形式。

傑威爾把這套作法改用在家禽上。他說服當地農民轉型養雞：他把雞帶來，以信貸方式讓農民來養，雞賣掉之後的錢扣除開銷，就是農民的收入。他開著他家的飼料車去孵化場買小雞，再用卡車把這些小雞送到農場。他以同樣的留置權系統來供應飼料，並提供現金貸款，讓農民把穀倉改建為雞舍。等他們的肉雞養到市場大小，他就會開著家裡的卡車去收集這些雞，載到市場上賣，不管是 100 公里外的亞特蘭大，還是 1100 公里外的邁阿密。

傑威爾的新想法拯救了他的家族企業，但他還有更遠大的計畫。在讀到養雞雜誌報導德馬瓦農民（在政府接手前）的合作生產方式後，他的下一步就是仿效他們的作法。首先，他以寄售的方式找到附近田納西州邊境的一家磨坊供應飼料，以同樣的信貸方式提供給旗下養雞戶。這給了他更大的可支配庫存，比他的家族企業所能供應的大得多，一次可以買下 5 噸飼料，藉此他又能招募更多養雞戶，購買更多的小雞。1940 年，他蓋了自己的孵化場，1941 年建立了自己的加工廠來屠宰和包裝他的契作雞。喬治亞州的肉雞銷售量在 1940 年增加到 350 萬隻，1942 年增加到 1000 萬隻。[13] 北喬治亞州的農民，包括那些怨恨佃農制而不信任傑威爾計畫的農民，這輩子第一次嘗到獲利的滋味。

政府接管德馬瓦地區的雞，對德拉瓦州的雞農來說是災難一場，但對喬治亞州卻是大禮一件。德馬瓦地區之外 [14] 的肉雞生產不歸政府管轄，雞肉也沒有納入配給。相反地，政府還鼓勵家家戶戶吃雞肉和雞蛋，好省下牛肉和豬肉，留給戰場上的部隊。政府也以高於民用市場的保證價格收購軍用雞。阿肯色州也在此時轉型成養雞中心，挑戰喬治亞州的養雞業，意圖填補德拉瓦州留下的市場空缺。不過喬治亞州持續保持領先：1943 年生產了 1700 萬隻肉雞，1944 年 2400 萬隻，1945 年則有近 3000 萬隻。其中大部分的產量都要歸功於傑威爾。在整個戰爭期間，他不斷收回原屬於分包商的雞肉業務，從種植碾磨成飼料的穀物，到轉賣屠宰廢棄物給其他行業，還有編寫營銷手冊。他重新擬定與養雞戶的協議，縮短合約期限，迫使他們更頻繁地重新議約，並設計一套新公式，不再按照雞的數量來付款給雞農，而是根據單位飼料轉換成的雞體重。

二次大戰對喬治亞州新興的養雞業來說雖然是天賜大禮，但戰爭一結束，幾乎就等於被判了死刑。政府退出採購，解除合約，使德馬瓦地區的全部產能重新回到市場，同時又取消對豬肉和牛肉銷售的限制。養雞業打造的新基礎搖搖欲墜，無法在價格滑落的衝擊下維持開支。喬治亞州熱絡的雞肉買賣也衰退了。自蓋恩斯維爾龍捲風以來，這個地區的雞肉年產量首次少於前一年。

危機四起，再加上價格崩盤，讓朱克斯的發現受到這一行的熱烈歡迎，大家都躍躍欲試，想要以少量抗生素讓雞增重。而傑威爾重整養雞業務的最後一步，是讓雞農非用生長促進劑不可。1954 年，他捨棄了最後一個中間商，建立了自己的飼料碾磨和混合工廠，他的契作雞農現在只能用他提供的飼料，餵養他提供的雞。至此傑威爾已打造出現代養雞公司的模型：這是一家垂直整合的公司，從母雞、小雞、飼料、營養補充品、運輸、加工、鋪貨和銷售一手包辦。雞農擁有的就只有養雞的土地、為了養雞所投入的勞動力、升級養雞設備所承擔的債務 ，以及雞生病的風險。

這種新作法的頭幾年是有利潤的。有人開玩笑說，喬治亞州北部的凱迪拉克比德州還多。[15] 到了 1950 年，喬治亞州的肉雞產量已有將近 6300 萬隻，讓蓋恩斯維爾可以自封為「世界禽肉之都」。1954 年，全美養雞業的肉雞產量首次突破 10 億隻。[16] 這樣組織化、科技化又經過整併的養雞業，似乎可以無限發展下去。但另一場崩盤即將來臨。

1957 年春天，養雞業名人齊聚國會山莊裡一間以木鑲板和鎏金裝飾的奢華簡報室中，[17] 出席的有全美最大的幾家孵蛋公司、飼料公司和肉類加工廠的執行長，還有政府經濟學家和統計學家、銀行家和保險經理。講臺上，主席的議事槌旁邊擺著一堆信件和電報，保留給民眾的座席上也擠滿了竊竊私語的人群。大家來到這裡都是為了同一個目的：想要弄清楚為何養雞業九年前才因為朱克斯的實驗而顯得前途似錦，而今卻出了這麼大的差錯。

就在一年前，雞、雞蛋和火雞的產量還創下歷史新高。但現在雞價卻開始崩盤。1950 年代初期，農民每打雞蛋可獲利 48 美分，現在只有 31 美分；火雞的價格過去是每磅 37 美分，現在是 26 美分；肉雞價格是最低的，從每磅 29 美分跌到 20 美分。一位政府經濟學家解釋了導致價格下跌的力量。自從朱克斯發現生長促進劑以來，美國的雞肉產量增加到三倍，從 1948 年的 3.71 億隻雞，到聽證會前一年的 13.4 億隻。但雞肉的消費量幾乎沒有變化：過去 20 年來，每人每年的攝取量低於 25 磅，有時甚至更低。相比之下，自政府有記錄以來，美國人在一年內吃的紅肉比其他任何時候都多：每人 167 磅。全年平均下來，相當於每天吃掉近半磅的牛肉。但是每週只吃一次相同重量的雞肉，相當於每人在週日烤雞中吃到的份量。

產量上升，但消耗量持平，難怪價格會下滑。「這個行業病了，」新罕布夏州的國會議員帕金斯・巴斯（Perkins Bass）表示：「新罕布夏州已經有好幾十家健康的養雞業者……無法生存或是面臨危機。」馬里蘭州飼料生產商 Dietrich & Gambrill 的副總裁彼得・奇切斯特（Peter Chichester）稱這種情況是「災難」。

這個傳喚證人群的委員會小組並不是要起草立法，而是要找出問題，好讓其他國會議員可以提出立法修正案。在這九個冗長的日子裡，聽證會曝露出肉雞的成長已經變成一場淘金熱。養雞很容易取得貸款，在某些個案中，還提供寬鬆而高額的保險，願意賠償任何損失，甚至是價格下跌的損失，這不僅說服現有雞農擴大規模，還吸引成千上萬的人投入養雞業。有了抗生素和更好的繁殖技術，這些新建和擴建的農場就能飼養更多的雞，而且每隻雞的平均飼養成本變得更低。

「現在只需要一半的飼料，就能養出更大、更好的雞，」伊利諾斯州的代表提摩西・席漢（Timothy Sheehan）解釋道，「這是個永無止境的循環，不斷改善飼料，改善雞的品種，用更少的雞取得更多的肉。」

一些證人表示，養雞業不至於崩潰的唯一原因是傑威爾的新商業模式，已有數十家企業複製了這樣的模式。這些所謂的「整合商」（integrators）把整個養雞產業組織成企業體，統整從雞隻孵化之前到屠宰之後的一切流程，透過合約讓個體養雞戶避免承擔過度擴張的後果。證人之一的傑威爾表示，正是靠公司各部門的截長補短，才讓他沒有受到低價的傷害。他的養雞戶可能會飼養過多的雞，危及自身的收入，但賣給他們雞飼料的工廠因此賺了更多錢，屠宰廠也因為有更多雞要處理而提升業績。因此，整體來說還是有益地方經濟。曾經極度貧困的喬治亞州北部，如今地方銀行的貸款和存款飆升，飼料廠、化製廠、設備經銷商和農場用品店爭先恐後進入這個地區。他告訴委員會：「我們認為，只要有足夠的時間，這行業可以解決自己的問題。」

會議廳裡的經濟學家和銀行家不同意他的講法。他們表示，只有規模非常大的公司才有可能擺脫經濟風暴，因為他們可以平衡公司的損益，同時維持足夠的資金來支撐。（傑威爾就是其中之一。

他說他旗下有 400 名契作養雞戶。）專家預測，在無情的未來，低價壓力會迫使獨立小農成為承包商，並迫使小型整合商把業務賣給大型整合商。東部州農民交易合作社（Eastern States Farmers' Exchange）的馬克・魏特默（Mark Witmer）提出警告：「只有最優秀的經理人才能維持公司盈利，而在肉雞養殖的例子中，我們認為目前只有不到 5% 的人能夠繼續獨立經營。」飼料廠的奇切斯特預測：「大型公司願意繼續虧損，是抱著其他公司遲早會退出市場的希望。」

康乃狄克州議員小何瑞斯・席利－布朗（Horace Seely-Brown, Jr.）表示，養雞業「最終將演變成由一個人或十個人控制整個產業的情況。」傑威爾說，「這不就是今天汽車業的情況嗎？我不知道結果會怎麼樣，但我想搞不好哪天又掉下來一顆原子彈，把這些再次炸個粉碎。」他這番冷酷的回應就算在今天也相當引人側目。

這是個根植於冷戰妄想的大膽笑話。（五個月後俄羅斯就發射了人造衛星史波尼克 1 號。）不過那時美國的汽車製造業已經塌縮成三強鼎立的局面，而養雞業也在會走上同樣的路子。1950 年，美國有 160 萬家養雞場，其中大多數仍是獨立經營的：50 年後，98% 都消失了。今天全美大約有 2 萬 5000 家養雞場，幾乎全都與合併後的整合商簽約，這些大廠包含泰森食品（Tyson Foods）、桑德森農場（Sanderson Farms）、朝聖者（Pilgrim' s）和其他幾家公司，總共只有 35 家。（傑威爾自己的 JD 傑威爾公司也沒能存活下來，在 1970 年代賣給一家公司，後來這間也在 2012 年賣掉。）

1957 年，對養雞業的未來感到憂心的人可能會預期這些整合的出現，但對於要如何避免這種情況則沒有共識。米爾德麗德・內夫・史戴澤（Mildred Neff Stetzel）自 1918 年以來一直經營肉雞孵化場，首先是在愛荷華州的羅斯附近，然後是在阿肯色州的巴瑞斯，她敦促國會委員會保護小型企業。她轉述了在一場銷售會議上聽到競爭對手的孵化場經理的吹噓，表示他們來年能夠再增產100萬隻小雞，估計可由銷售額來抵消增產本身造成的價格下滑的問題。她要求國會應限制養雞業每年的孵雞量，為小型雞農留一條生路。

在她之後發言的育種公司代表則反對政府插手控管，他們清一色都是男性，而且全都來自規模比她大許多的公司。這些人認為，任何基於公共利益而拒絕供應小雞的孵化場，都會被其他願意這麼做的孵化場取代，並表示同樣的狀況也會發生在拒絕把雛雞送交給雞農的孵化場。他們說，重要的是讓市場扶強汰弱，讓精明的商家茁壯成長。位於麻州、後來成為全球頂尖育種商的「寇伯血統雞」（Pedigreed Chicks of Massachusetts）公司副總裁小羅伯特・寇伯（Robert C. Cobb, Jr.）總結了他們的感受：「人有權眼睜睜看著自己破產。」

但他們沒有人認為自己會破產。就跟差不多十年前的朱克斯一樣， 新興的大型養雞公司的領導者認為，他們是在為自己謀取利潤的同時服務社會：進一步推動科學，為國家提供食物，並且使蛋白質來源變得便宜。另一位康乃狄克州的育種業者亨利・薩格里奧（Henry Saglio）表達了他們對國會審查的擔憂，他所屬的公司愛拔益加（Arbor Acres）與寇伯血統雞爭奪了數十年的市場主導權，他說：「我認為以近乎麵包的價格來賣肉的產業一定會有個美好的未來。」這是他的肺腑之言，只是我們今天聽起來格外諷刺。

這些企業領袖設想的未來實現以前，養雞業得先解決它陷入的市場失衡困境。簡言之有兩種選擇：減少產量，或是增加銷量。然而，這個產業的領導者不久前才告訴國會，他們不會自願減少養雞量，聯邦政府要是企圖強行壓制，他們也會抗拒。每個人都看得出他們解救養雞業的策略實際上只基於一個信念：大家會繼續購買更多雞肉。

不過，其中確實有人認為這個產業正犯下一個錯誤。飼料供應大廠通用磨坊（General Mills, Inc.）的副總裁麥克維（D. H. McVey）對業界志得意滿的情緒感到震驚。「我們這些生產商，包括孵化場、雞農以及飼料生產商，經常自以為在控制肉雞、火雞或雞蛋生產率，」他這樣警告，「從生產的角度來看或許沒錯，但從更廣泛的意義來說，控制我們產品消費率的那群人是美國家庭主婦。她們才是決定我們要享用哪種食物以及食用次數的人。」

美國那時有很多家庭主婦；在舉行這場聽證會的 1957 年，剛好到達戰後嬰兒潮的頂峰，年度生育率是最高的。但她們購買的雞肉並不足以支撐這個產業，也沒有人知道該如何說服她們買更多雞肉。聽證會結束四年後，《哈潑雜誌》（Harper's Magazine）描述生產過剩的「雞肉爆炸」（chicken explosion）問題。[20] 雜誌上寫道：「從 1929 年開始，這個產業不斷成長……產量是過去的五十多倍，」敘述養雞業陷入「生產過剩」和「產能過剩」的泥沼。這篇報導的作者是經濟學家，他也觀察到國會一直以來擔心的供需失衡問題，即穀倉裡養了太多的雞，但餐盤上卻沒有。他寫道：「每人每年會吃的雞肉量有某個限度。」

然後，有個人想出了提高這個限度的辦法。他是一位勤懇的科學家，工作地點離喬治亞州、阿肯色州和德馬瓦地區的養雞中心都很遠，因此有足夠的距離來看清楚這個問題，最後找到解決方案，讓人吃更多雞肉，而且吃得更頻繁。他原本是想改善養雞戶的財務前景，但最終改變了數百萬人的飲食。

要叫人吃更多雞肉，難在要有人煮更多雞肉。那些養雞公司的領導者並沒有想到這一點，因為購買和烹飪過去都被認為是女性的工作。

在 1960 年，零售店販售的肉雞有五分之四是全雞；只有少數超市和肉鋪會把雞肉預先分切。購買全雞代表購買它的女性——當時幾乎都是女性——要嘛得在家裡分切，這是一項需要良好刀具的複雜工程，再不然就是一次煮整隻。全雞就要進烤箱烤，至於分切好的雞，則需要用煎的或燉的，雞很嫩的話可以用炙烤。這些方法都很耗時，不適合在 1950 年代從順從的角色中掙脫、開始進入勞力市場的女性，她們時間寶貴，身兼數職，得在許多角色間不斷變動。[21]

而且，雞還有大小問題。即使在 1960 年代，一隻雞對兩口之家來說還是太大，無法一頓吃完，但對於一個家庭的週末晚餐來說又太小。[22] 此外，最難克服的是，雞肉料理難以變化。一個女性想要為她的家人準備牛肉，可以烤牛排，燉牛腩或煎漢堡肉；若是想給他們吃豬肉，可以烤豬里肌、烤豬排或煎火腿。雞肉，不管是整隻還是分切好的，不管是烤還是炒，都只是雞肉而已。它需要一個工匠，把相同的蛋白質重新鑄造出不同的風味和易於烹飪的形狀，就像 1953 年首度問世的魚柳條那樣的產品。[23]

這項雞肉的大改造工程，由創意十足的羅伯特・貝克（Robert

Baker）教授做到了，他來自紐約州最北邊，出生在果農家族。[24] 貝克原本計劃進入家族企業，於是進入當地最大的學校康乃爾大學就讀，取得水果農業的學位。然而進了大學之後，他的志向變成回母校當教授，這就需要先到其他地方工作的資歷，所以他找了一份合作推廣員的工作，任職於聯邦政府資助的關係機構，負責在受贈土地的大學和當地社區間建立聯繫。他之後前往賓夕法尼亞州攻讀碩士學位，再到印第安納州攻讀博士學位，並於 1949 年懷著感激的心回到紐約州北部，加入康乃爾大學的教職團隊。

就德馬瓦地區的重要性和喬治亞州的崛起來看，紐約州北部似乎不是個研究家禽的好地點。但康乃爾是最早的贈地學院之一，成立於 1865 年，是美國大學中第一間設有家禽科學學系的學院，擔負有支持本地農業的明確使命，這也包括當地的養雞戶，他們受到戰後銷售量下滑以及整個產業南移的雙重打擊。1959 年，康乃爾要求貝克開發有助於增加當地雞肉銷售量的產品。校方在農學院的校園中心找到一處空間，就在一棟低矮的現代建築物的地下室，為他建立了一間食品科學實驗室，並提供他研究助理來協助他的工作。

貝克的第一個實驗主要集中在行銷：推出含有烤肉醬的肉雞套裝組，隨包附上建議的烹調方式給超市購物者，並在商店裡展示小雞蛋，放在「兒童套組」的紙箱中，還特別標上「兒童專用」的字樣。[25] 不過身為農家之子，又是在大蕭條發生前沒多久出生，貝克生性節儉，他渴望為那些大家不看好的蛋雞，以及一般人不屑一顧的雞背、雞脖子甚至是雞皮找到更好的用途。最後，他設計了第一臺可以分離骨肉的機器，把殘留在骨頭上的肉分開，然後嘗試絞成碎肉，和粘合劑混合，製成香腸和肉泥。他生產以母雞肉製成的雞肉熱狗，測試各種上色和調味配方，並且與高中生試驗不同的包裝和超市促銷計劃。（在這場行銷試驗中，他把一些盒裝產品取名為「雞肉腸」，和其他的「雞熱狗」一起測試銷售量。結果男性消費者喜歡「雞熱狗」，不過「雞肉腸」還是以些微的差距勝出。）他還開發出一款他稱之為「雞肉波隆納」（chickalona）的雞肉醬以及雞肉早餐香腸、雞肉漢堡肉餅、雞肉義大利麵醬，和冷凍在鋁盤上、加熱即食的雞肉丸。貝克還研發了蛋製品，後來又做了魚肉系列。不過真正改變養雞業的產品，是 1963 年他一開始這項研究計劃時在實驗室製作的。當時貝克稱之為雞柳條（chicken stick）。

後來，它們成為舉世聞名的雞塊（chicken nugget）。

雞柳條和魚柳條不同，因為各種魚柳條產品都是用整塊肌肉做的，是把冷凍的魚塊鋸成條狀。[26] 但是若用同樣的方法來製作雞柳條，只能從雞胸取出幾片肉，會浪費掉剩餘的部位，而貝克十分厭惡浪費。於是他轉而考慮一種他一直在試驗的混合物，想要作出一種取自雞胸，但是重新塑形過的產品。這在食品工程上要面臨幾項挑戰：首先，要讓肉維持完整一塊，但不包上類似香腸的腸衣；再來是要設計出一種外層，能抵抗冷凍收縮以及烹煮時釋放的蒸汽。貝克和他的研究生喬瑟夫・馬歇爾（Joseph Marshall）把生雞胸肉加入鹽、醋一起絞碎，抽出粘性蛋白質，再加入以奶粉和穀物製作成的粘合劑，就這樣解決了第一個問題；第二個問題的解決辦法則是塑形成棍棒狀，冷凍後裹上麵糊，然後再冷凍一次。他們設計了一個極具吸引力的包裝盒，在盒子上開了一以玻璃紙覆蓋的透明窗口，然後設計了一個完全沒提到康乃爾的假標籤，最後把這些產品放在五個地方超市進行銷售測試。第一週，他們就賣出了 200 盒。

貝克一直沒有為這項發明申請專利，康乃爾也沒有。相反地，康乃爾大學在發行數十年的每月公報上，免費刊登他的食譜、技術、包裝設計和行銷策略，郵寄給其他大學和約莫 500 家的食品公司；現在康乃爾大學也沒有人能夠推算當年這樣做流傳範圍有多廣。「他真的就是把他的想法白白送人，」康乃爾大學現任教授羅伯特・格拉瓦尼（Robert Gravani）是他之前的研究生，在 2013 年的訪談中這樣告訴我，「其他人都會申請專利。」貝克繼續研發下去，後來擔任家禽科學系主任，並為多家食品公司擔任顧問。他指導的許多學生畢業後都去了這些公司任職。

沒有絕對的證據可以證實貝克的這項發明催生出麥克雞塊（McNugget），這是麥當勞在他公開這種概念的 17 年後，於 1980 年推出的全新類型產品。在麥當勞官方授權的公司傳記中，麥克雞塊是由創始人瑞・克羅克（Ray Kroc）、董事長弗瑞德・透納（Fred Turner）和行政主廚雷內・阿蘭德（René Arend）相互交流後激發出來的產品。[27] 不過從時間點可以看出端倪。麥當勞首先在田納西州的諾克斯維祕密推出雞塊，結果破了每一家分店的銷售紀錄，不過在這之前三年，參議員喬治・麥克高文（George McGovern）領導的參議院營養委員會，首次發布了《美國膳食目標》（Dietary Goals for the United States），引發一場美國飲食的地震。[28] 這些目標，就是今日十分具有爭議性的《飲食指南》（Dietary Guidlines）的前身，顯示出科學家對心臟病發病率上升的擔憂，並首次建議美國人要少吃飽和脂肪，這在當時立即被解讀成是一項反對紅肉的建議。雞肉是顯而易見的替代方案，麥當勞企業當時網羅各種餐點想法，顯然可能也挖到存放在他們檔案室中的康乃爾公報。

在養雞界，貝克理所當然是公認的雞塊之父，甚至是他的發明所推動的整個「再加工」類型食品之父。他把雞肉料理提升到另一層次，符合當時的需求，從單一種不討好的食物，轉變成誘人、易於食用的多樣性食品。一旦大家開始吃更多的雞肉，養雞業供過於求的問題就得到解決，事實上到 1977 年，即公布飲食目標的那一年，美國首次出現牛肉年度食用量低於前一年的紀錄。之後的每一年，紅肉量都繼續減少，而雞肉量則逐年增加。[29]1960 年，貝克開始研究的時候，美國人每年只吃大約 12.7 公斤的雞肉，到 2016 年，每人每年吃的雞肉已超過 41.7 公斤，相當於每天 115 克。不斷增長的市場需求讓生長促進劑變得至關重要，也讓這種用藥步驟正常化，成了一種例行常規，因此當食品公司開始在我們的飲食中加入抗生素時，沒有人覺得奇怪。

第四章

抗藥性的出現

在 1950 年代晚期的某個時候，報章雜誌的廣告頁面開始出現一句新口號：「我們的雞是不朽的！」城鎮市場（Town and Country Market）這家地方店舖於加州猶凱雅（Ukiah）發行的 1956 年 8 月版《每日報》（Daily Journal）上這樣宣稱。[1] 1957 年在紐約州雪城（Syracuse）發行的《標準郵報》（PostStandard）有一則廣告寫道：「判斷雞肉新鮮度的方法有很多種。但唯一確定的標準是……當你看到『不朽雞』（Acronized chicken）時，就知道這是最好的。」[2] 在一些女性雜誌上會看到整頁的全彩廣告，展示一隻油亮亮的全雞，旁邊擺了優雅的幾何造型燭臺和一個超大的胡椒罐，告訴你：「味道鮮美，多汁味甜，就像在農場買到的新鮮雞肉一樣。但最棒的是，現在你可以在家裡附近的食品店買到……不朽雞！」

究竟是什麼東西「不朽」（Acronized）？如果讀到廣告的女性對此感到困惑不解，在同一份報紙上還會刊登其他報導，來填補她在這方面的知識空缺——這當中很多都刊登在通常稱為「女性頁」的生活版。「數以千計從未烹煮和吃過新鮮雞肉的美國家庭主婦將會開始煮雞，這都要歸功於一項革命性的技術，能保持雞肉、魚肉和其他容易腐敗的肉類的新鮮度，」德州的《奧德薩美國人》（Odessa American）在 1956 年 1 月的報紙上這樣告訴讀者。[3]「餐桌上將會有更新鮮、更美味的雞肉，完全解決存放問題。這就是科學家對這種新的雞肉『不朽』保存過程所預測的成果。」愛荷華州阿哥納的《科蘇特郡進步報》（Kossuth County Advance）於 1957 年 5 月這樣報導。[4]「究竟『不朽』指的是什麼？……不朽是指具有特殊食品級的家禽的術語，」佛蒙特州的《貝寧頓報》（Bennington Banner）於 1958 年 1 月這樣解釋。[5] 總結每一則報導，可以這樣定義「不朽」：這是一種讓肉類不會腐敗的保存技術。這是一個獨有的技術，會以特殊的標章表示，只允許少數幾家屠宰場進行。這是現代化的、科學的，而且即將改變肉類的銷售方式。

事實上，這就是抗生素。「不朽化」（Acronizing）是立達的母公司美國氰氨發明的一項製程。[6] 這是金黴素（該公司銷售的藥物）的另一種用途，不再是生長促進劑，也不只是保護畜養動物爆發傳染病的預防用藥。這種抗生素的新功能不是在雞活著的時候施打，而是在雞被屠宰和去除內臟後再行使用。廣告宣傳中的每隻雞（以及後來的魚）都在屠宰時浸泡在稀釋的抗生素溶液中。這種溶液含有足夠的劑量，能在肉上留下一層薄膜。雞肉從包裝出售，分送到商店冷藏櫃，一直到進入家庭廚房，這層薄膜都會一直存在，避免細菌在肉的表面滋生，造成變質衰敗。這個過程的目標是延長肉品的銷售時間——不僅僅幾天，而是幾個星期，甚至一個月。（這裡可能隱藏著立達命名這項發明的線索：a + chron 的詞源組合可回溯到古希臘，代表永恆，或是不受時間影響的。）[7]

宣傳不朽化的廣告，尤其是說明何謂不朽化的報導，在 1950 年代後期紛紛出現在美國各種媒體上，從全國性的雜誌到全美各地發行的數十家報紙，這些報導讀起來洋溢著興奮之情，頌讚科學給戰後世界的另一項大禮。但實際上這只是一場積極的行銷活動。美國氰胺聘請了一家著名的紐約廣告公司在全國各地發送廣告，[8] 從電視廣告、廣播節目到地方報紙的新聞。這家廣告公司為每一家新聞社安排獨家報導，包含美聯社、道瓊斯通訊社以及合眾國際通訊社在內，他們會發送短稿給小報使用。這項宣傳還舉辦試吃活動，讓美食編輯品嚐不朽雞做成的烤雞，好讓他們向讀者推薦，[9] 最後不朽化流程還獲得深具公信力的「好管家認證標章」（Good Housekeeping Seal of Approval），《好管家》雜誌至今仍在發放這個標章。

立達之所以能夠做到這一切，完全是因為美國食品藥物管理局（FDA）對這樣的活動樂觀其成，就像之前看待生長促進劑和預防用藥一樣。1955 年 11 月底，在沒有安排聽證會或邀請任何民眾監督的情況下，FDA 發布了另一份僅含有 30 個英文字的簡短命令，在《聯邦公報》中，聲稱「延遲這種做法將會違反公共利益。」[10] 這紙公文明確放行那些經過不朽化處理的生肉，它們都帶有能夠殺死細菌的活性抗生素；這是當時防腐的必要條件。立達公司向 FDA 保證，在肉的烹煮過程中，殘留在肉上的所有抗生素都會因加熱而分解殆盡，所以不會有人因為吃肉而意外服用到抗生素。但沒有任何跡象顯示這家公司檢查過接觸到藥物的其他人的情況，諸如在廚房處理生肉的家庭主婦、在商店包裝雞肉的屠夫，或是把雞泡到抗生素溶液再撈出來的屠宰場工人。

立達有很好的理由對那些風險視而不見，因為「不朽化」將會為公司帶來巨大盈收。1956 年，在 FDA 批准這項技術的一年後，《商業周刊》（Business Week）預測：「抗生素在美國用作食品防腐劑的年銷售量可望超過 2000 萬美元，在海外每年則會超過 20 億美元。」[11]

廣告之所以特別強調不朽雞的新鮮度還有一個弦外之音。實際上那時候的雞肉的品質通常不好，消費者常常因此生病。在 1950 年代，美國有三分之一的食源性疾病是來自雞肉，[12] 儘管那時雞肉的消費量仍比牛肉少。[13] 雞肉屠宰場和加工廠的工作人員情況更糟，曾有數百名工人感染到新城雞瘟（Newcastle disease）等疾病，這種病對雞是致命的，在人類身上則會導致眼睛感染，以及鸚鵡熱（psittacosis），還會出現發燒和類似肺炎的肺部發炎症狀。數十名養雞工人因此死亡。屠夫工會曾經試圖進駐養雞場，堅稱一定還有其他尚未判定原因的死亡事件。

低需求量和雞價下滑，在這樣的壓力下，養雞界龍頭才在 1957 年前往國會山莊，創造出一個獎勵詐欺的市場。那時的家禽養殖已成為巨大行業，因此存在有欺騙動機。1956 年，家禽業的總盈收是 35 億美元，這是 1930 年代傑西・傑威爾整合產業鏈的三倍半。1956 年參議院舉行了一系列聽證會，當中傳來種種駭人聽聞的可怕證詞，[14] 屠宰場工人抱怨他們打開養雞場的卡車，準備卸下活禽進行屠宰時，發現雞早就死了。養出病雞的雞農可能會從集成商那裡得知當地屠宰場的肉類檢查員太過嚴格，若是真想要賣雞，應該開車到下一個郡。肉類檢查員則表示，他們受到當地政客的壓力，要放寬檢查標準。還有屠宰場無視主管機關的規定，把看似患病而移除的動物屍體回收，重新包裝後販售。丹佛市代表告訴參議員，他們有一次訂購了三車的雞肉，用於公立學校午餐，發現這些肉全都壞了，因此拒收，但後來得知這些雞要轉賣給奧馬哈的學校。

這些故事聽起來讓人覺得雞肉不是值得信賴的產品，但在當中添加抗生素卻讓家庭主婦相信，她們不會在無意間給家人吃下不健康的肉。這樣的保障完全能夠撫慰經歷過二次大戰的受創心靈，他們切身體會過連食物供應都很不穩定的日子，那還是不久前的事。

十年前大戰剛結束時，糧食短缺的問題普遍存在。[15] 有些地方是刻意為之；德國和日本以飢荒作為武器，驅使人民出走，離開政權被他們吞併的土地。在其他地方則是由於天候不佳，再加上戰爭破壞，變得難以耕作。乾旱破壞了澳洲、阿根廷和非洲的小麥收成，中國和印度的稻米也跟著遭殃。日本的稻米生長地區被颱風帶來的大水淹沒。即使在美國，有些食物也很稀少。牛肉、豬肉和雞肉的供應量迅速耗盡，軍隊指揮官開始擔心無法滿足士兵的營養需求，報紙以頭條新聞警告將出現「肉類飢荒」。[16] 1946 年 2 月，二戰結束六個月後，聯合國大會在打擊飢荒緊急行動的特別會中提出緊急警告，表示：「世界正面臨可能造成廣泛苦難和死亡的條件。」[17] 在一些國家，包括戰勝國在內，糧食配給制一直持續到 1950 年代。

在那個時期，確保食物供給再次豐腴不缺的口號，聽起來大概就和給法西斯主義最後一擊一樣響亮，因此大家會願意冒險嘗試那些能為更多人提供更安全食物的技術。然而回顧過去，似乎沒有人認為這種做法有任何風險，不論是「不朽化」或是「生物恆定」（Biostat）——這是立達的競爭對手輝瑞藥廠以他們的土黴素研發出的防腐過程，步驟幾乎完全相同。從 1950 年代中期到 1960 年代中期，有數以百計的科學家嘗試用抗生素溶液塗抹肉類和魚類、噴灑在水果和蔬菜上，或是混合到牛奶中。[18] 食品製造商大力擁抱這種新科學。研究人員承諾，這將會增加冷藏運輸不普遍的南美洲的生肉銷售量。[19] 這也讓澳州得以將牛肉出售給其他國家，[20] 這是其他國家從未做到的，因為可能的國際買主都位於船運需時四個星期的地方，超過冷藏肉的保鮮期。加拿大漁民表示，他們在將漁獲送到市場前，就因為敗壞而損失了近四分之一的魚。[21] 他們希望能透過「不朽化」來保存。挪威捕鯨公司則吹噓他們能把鯨魚排變成日常肉類；在北大西洋，他們用包有抗生素的魚叉來射擊鯨魚。[22]

在美國，立達以巧妙的管理手法來應付不斷增長的需求。在雞肉加工商進行不朽化程序前，必須先向該公司申請許可，並支付特許經營費。在創造這種排他性光環的同時，他們的公關活動又向家庭主婦大力宣傳購買不朽雞的必要。取得不朽化製程許可的雞肉加工商，顯得精明又具有前瞻性，他們一拿到證書，就會立即通知地方媒體。[23] 緬因州沃特維（Waterville）的波特哈利法克斯加工公司（The Port Halifax Packing Company）告訴記者，不朽化製程讓他們的銷售額增加了 50%。密西西比州土佩洛（Tupelo）的快速冷凍食品（Quick Frozen Foods）公司則說，他們現在能把冷藏、而不是冷凍的雞肉運到 3200 公里外的加州，不用擔心腐敗的問題。西雅圖南方的佩瑞兄弟（Perry Brothers）加工廠每週以不朽化程序處理 1 萬 8000 隻雞，他們告訴當地一家報社，這個製程讓他們可以用船把新鮮雞肉送到阿拉斯加和夏威夷，不需要空運；便宜的運輸費用讓他們的成本降低三分之一，使得肉價更低廉。到了 1958 年，美國已有超過一半的屠宰場獲得以不朽化過程處理雞的許可。[24] 後來魚類批發商也加入這個行列。[25]

也許，看到這樣一股熱潮，美國氰胺應當預期標準會下滑。在採訪中，這家公司的代表聲稱，食用者絕對不會受到不朽化處理的影響。他們表示，經過處理的肉上僅殘留極少量的金黴素，一個人需要吃下 450 隻雞才相當於一個處方劑量。這項保證是基於該公司對自有屠宰場的劑量指示，他們的抗生素溶液調製比例是每百萬份水中加入十份藥物。（這裡沿用了朱克斯當初調製的相同比例，過去是添加在飼料中的生長促進劑，現在則將其轉變成液體形式，因此公司同樣堅稱這是安全無虞的。）氰胺公司似乎沒有注意到，他們的特許經營加工廠興高采烈地添加更多藥物，還告知地方報紙，他們使用了相當於 80 到 100 倍的劑量，整整多出 10 倍。輝瑞藥廠推出的「生物穩定」處理方式，甚至更不準確。《商業週刊》發現藥物用戶完全沒有經過訓練，他們只是拿到與藥物包裝在一起的一把量匙，但對藥物用量「無設限」。

FDA 之所以批准立達和輝瑞的這種製程有兩個主因，一來是因為肉類或魚類上的藥物殘留量很少，二來是在烹煮過程中藥物會因加熱而變性。如果用在肉上的劑量更大，則無法保證這一點，當時的家庭主婦很有可能在無意間將含有四環黴素的魚和雞讓家人吃下。醫師不久就注意到這個問題，發現把這些蛋白質送到餐桌上的人正暴露在抗生素中，不知道該找誰負責。

1956 年的冬天，西雅圖公共衛生部的醫師瑞莫特・雷文侯特（Reimert Ravenholt）發現了一個讓他困惑不解的現象。[27] 幾個星期以來，當地醫師一直打電話過來通報，描述有不少藍領階級男性前來就診，手臂上出現熱紅疹和腫起的癤。這些人都有發燒，而且痛苦到無法工作，得回家休息，有時復原期甚至長達數週。

令人不解的不是他們的病因，這很容易就能判定，一看就知道是金黃色葡萄球菌（Staphylococcus aureus）或簡稱葡萄球菌（staph）的細菌造成的，這是皮膚感染常見的原因。雷文侯特碰巧有很多處理葡萄球菌的經驗。他是衛生部門的傳染病主管，負責確認和追蹤爆發的流行病，而且在過去一年中，他一直在處理西雅圖各醫院的葡萄球菌疫情。這種細菌造成 1300 名剛分娩完的婦女，以及 4000 多名新生兒感染，最後釀成 24 名母親和嬰兒死亡的悲劇。這起事件相當駭人。

現在讓雷文侯特徹夜難眠的，不是這次新疫情爆發的原因，而是這些受害者。醫學界已經知道，葡萄球菌會在醫院迅速傳播開來，照護患者的醫護人員可能在不知情的狀況下將其傳給其他患者。但是在醫院之外，一般都認為葡萄球菌感染是單獨發生的，而且是偶發事件。[28] 除非是有明確的醫療關聯，好比說感染者都曾接受過相同的護理師或醫師的照護，或在托兒所中與許多其他新生兒共用嬰兒床，不然沒有理由認為兩個葡萄球菌感染病例之間會有關聯。然而這五個月以來，接二連三病發的男性病患並沒有去相同的醫院，或是去看相同的醫師，但他們的手臂和手掌上都出現相同的病變。

這場疫情的爆發看起來像個謎，需要一個偵探來處理。幸運的是，雷文侯特就是這樣一個人選。他是流行病情報局（Epidemic

Intelligence Service）的畢業生，這是由疾病管制中心針對流行病學家進行的精英培訓計劃，要將他們培育成疾病偵探。這項為期兩年的培育計劃旨在打造一支可以部署在全美各地的快速反應部隊，雷文侯特就是首批畢業生。[29] 這計畫從 1951 年開始，雷文侯特則是在隔年加入。1956 年當西雅圖地區的醫師打電話給他的時候，在美國僅有不到 100 人接受過疾病管制中心這套暱稱為「皮鞋流行病學」（shoe-leather epidemiology）的培訓，他們會走出辦公室，前去調查疾病爆發的細節，無論患者在哪裡。

由於受過這種訓練，雷文侯特有能力辨別疫情爆發的模式，即使當時所有關於葡萄球菌的知識都表明，不應存在這種和醫療院所毫無關係的疫情。這位 31 歲的醫師打電話給看過這些男性的醫師，仔細閱讀了醫療記錄，追蹤患者，並前去與他們面談。沒多久，他就發現他們之間實際上是有所關聯的。這些人並沒有去同一家醫院，但都去了另一家機構，而且每天都會去的：他們的工作場所。他們全都是一家禽肉加工廠的屠宰工人。

抱著可能遭到拒絕的心理準備，雷文侯特致電給該工廠的老闆，表示想要和他談談，沒想到他們答應了。他抵達時，他們告訴他會接受他來訪查的原因。他們對當地農場賣給他們的劣質雞感到很苦腦，這問題就跟那年後來在國會公聽會上那些加工廠老闆所抱怨的一樣。他們希望讓大家知道，他們已經竭盡所能地維持清潔，提供有品質的產品。他們自覺商譽受損。

他們帶他去看現在遇到的問題。那些外觀看來健康的雞，一經屠宰和拔毛後，就會發現雞胸包裹在一層充滿膿液的囊腫中。雷文侯特吸取了一些膿液，進行細菌培養。病變是由葡萄球菌引起的。他告訴老闆，把雞切開時，膿泡中的細菌就漏出來，汙染到那些剛剛屠宰好放在冷藏冰浴中的雞肉，一整個工作天下來，也累積在工人刀子的刻痕和切口上。好吧，這真令人沮喪，業主回答他說。他們花了很多錢並投入大量時間來添加一個名為不朽化的全新消毒程序，就是為了要防止細菌汙染。而且是在那年 5 月才安裝的。

5 月，這正是那批工人的醫師紛紛打電話給他的時候。

雷文侯特之前從未聽說過不朽化這個字眼，但他立刻意識到期間的矛盾。若浸泡抗生素的目的是為了殺死導致腐敗的細菌，應該也能殺死從肉中滲出的葡萄球菌才對，為何工人還會感染？他向工廠老闆詢問了所有把雞送來屠宰的雞農的名字，獲得一共 21 家農場的資訊，他給所有人寫了信，詢問他們的養雞場是否有出現傳染病疫情。結果有 15 家回信，而所有人都向他保證，他們的雞群沒有出現明顯的病徵。其中有 13 家表示他們聽到這些問題之後很震驚，因為他們正採取特別措施來維持雞的健康。他們現在都有餵雞吃金黴素，以防止罹患任何疾病。

在 1956 年，實驗室能夠動用的分析工具沒有現在精密，要分離出葡萄球菌菌株，或證明單一來源感染了一群病患更是難上加難，而且曠日費時。從餵食抗生素、雞的病變、浸泡抗生素到工人健康問題，雷文侯特無法在實驗室證明這之間有確切關聯。但他確信事情大概是這樣進展的：飼料中的藥物影響了雞的細菌，讓這些細菌習慣抗生素，而在冰水中低劑量的相同抗生素殺死了大多數細菌，除了那些具有抗藥性的，而這些存活下來的細菌就感染了把手掌和手臂伸進水裡的工人。

雷文侯特現年 90 多歲，仍住在西雅圖。事隔 60 多年，他對當時所做的結論仍然記憶猶新。他告訴我：「他們不再使用過去那種長久以來經過時間考驗的汙染預防措施，轉而使用他們認為可以做到一切的奇蹟新藥。這非但沒有避免問題發生，反而比較像是把煤油放在大火上。」

他完成調查後，感染問題已經從一家屠宰場擴散到好幾家，而且在這些工廠中，有一半的工人都出現相同的症狀，包括發燒，與長出讓人很痛苦的膿腫和膿瘡。即使沒有實驗室證據，光是這些就足以證明問題是不朽化程序造成的。雷文侯特成功說服屠宰廠的老闆停止使用抗生素，停用之後，疫情也隨之停止。

這次疫情結束後，雷文侯特又得關注其他浮上檯面的疾病，他沒有理由繼續追究工廠工人的感染問題。不過這件事始終讓他耿耿於懷，不時會回想起這些工人是如何遭到感染的，詳加琢磨任何蛛絲馬跡，推想農場和屠宰場在不知不覺中將疾病帶入城市的可能性。他展開一項調查，詢問加工廠的切肉工人關於他們的傷口、膿泡以及住院情況。他採訪的工人都講得千篇一律：疼痛的皮膚疹讓他們發燒，無法工作，而且多年來不斷復發。他們認為問題出在他們處理的肉和魚。他們告訴他，在切割作業區，他們稱這種病是「豬肉感染」和「魚肉中毒」。

雷文侯特回想起 1955 年那起在醫院爆發的可怕疫情，那時是發生在產婦和新生兒之間。他過去推測，那些造成嚴重疫情的葡萄球菌最初是在西雅圖醫院產生的，然後洩漏到外界。但現在他認為，這種感染途徑或許是循著反方向發前進。這種致命的葡萄球菌說不定起源於肉類買賣，來自活著時服用抗生素、死後又浸泡在裡面的動物。切肉工人絕大多數都是男性，但也許當中有人將細菌帶回家，也許是沾到血的衣服，或是浸濕的靴子，再不然就是有傷口的手。也許他在不知情的狀況下，把細菌傳給懷孕的妻子或女友，女性繼而在無意間把細菌帶到醫院，引發疫情。

事隔多年，依舊沒有辦法得知箇中原因。在外面的廣大世界中，甚至沒有人關注在肉用動物身上施用抗生素是否會導致抗藥性細菌出現的可能性。不過在 CDC 待過的雷文侯特早已學過一點，疾病在反應這一切時可能會經過長達幾十年奇怪難解的階段；最初看似神祕的疫情最終可能會在幾年後明朗起來。所以他記錄下來他的擔憂，以備不時之需。[30] 在 1961 年他這樣寫道：

> 雞肉加工廠工人間爆發的膿皰疫情……是這個社群間唯一一次出現的疫情，至少在過去 15 年是如此……疫情爆發的時間和地點，與使用金黴素處理肉品過程的時間點不謀而合，在停止該處理方式不久後，疫情就停止了……
>
> 這些研究結果顯示，在雞肉加工過程中使用四環素會導致疫情爆發……如果真是這樣，那麼醫院爆發的感染……也許與四環素藥物的使用有關，至於其間的關聯目前尚未確定。

即使以 1950 年代的標準來看，雷文侯特解決的這場疫情僅是小案子而已，他在 1961 年發表他的描述時，也沒有在西雅圖之外的地區引發關注。但在美國其他地方，食品中的致病生物、食品加

工業工人的感染以及可能會影響他們健康的抗生素使用方式，都開始引起關注。

問題的第一個跡象出現在乳酪中，或者更確切地說是牛奶，它們理當變成乳酪，但卻不會凝結了。[31] 原因是青黴素。那時市場上剛推出自動擠奶器，以此取代酪農幾千年來繁重的手工擠奶動作。但機器產生的吸力對乳牛的乳房來說還是太大，會造成瘀青並引發感染。在乳頭中注射高劑量的青黴素解決了這個問題，但抗生素會繼續留在乳房中，可能會汙染牛奶一段時間。為了防止有人意外吃到任何青黴素，FDA 要求乳牛場扔掉在注射藥物後頭幾天收集的牛奶。（英國政府也有類似、但較寬鬆的規定，是依照牛感染的程度來決定。）但勢必有些農民不願犧牲掉那些丟棄牛奶的少量利潤，因為從 1950 年代中期開始，青黴素過敏在這英美兩國的盛行率都突然變高。[32]

這個時間點很奇怪，因為那時才剛剛將青黴素改成處方藥，而原因正是太多人自行前往藥局買藥自我治療而引發過敏反應。將青黴素改成處方藥，理當會減少藥物過敏的情況。但實際上卻不是這麼一回事。許多醫師報告，成年人以及更多的孩童－他們喝的牛奶比大人多－爆發一種皮疹，就跟過去處理青黴素原料的護理師的症狀一樣。[33] 1956 年，FDA 抽查了在美國超市販售的牛奶，發現超過 11% 的樣品含有青黴素；有些含量多到可以把這瓶牛奶當作藥物使用。[34] 到 1963 年，情況嚴重到讓世界衛生組織把這件事列為特別報告。[35]

其他食物也受到嚴密檢查，但檢查重點放在疾病媒介而不是抗藥性風險。1964 年 3 月，CDC 召集了醫師、流行病學家和聯邦規劃人員前往他們位於亞特蘭大的總部，討論一個緊急趨勢：美國的沙門氏菌感染在 20 年內增加了 20 倍。[36] 雞蛋似乎是罪魁禍首。在最大規模的單次疫情中，液體蛋，即那些將蛋打開後加以合併、凍結但未加工而出售給食品公司的蛋液，造成 22 家醫院中 800 多名病患感染。訓練過雷文侯特的流行病情報局的創始人亞歷山大・朗繆爾（Alexander Langmuir）博士對此難掩痛心：「在這個能夠進行心臟手術、裝置人工腎臟和器官移植的時代，我們連微小的桿菌都無法控制好……任由它進入醫院，引起無止境的麻煩，把我們徹底難倒，這真的很丟臉。」

食源性疾病在各種機構爆發，從醫院、監獄到學校，這個問題往往被怪罪到廚房的工作人員身上。CDC 的調查證實過去真的冤枉他們了。在同一時間，由同樣的食物引起這麼多間醫院的廚房爆發相同的感染，要說這之間沒有關聯是絕對不可能的。沙門氏菌不是廚房造成的問題，而是食物系統的問題。這樣的焦點轉移激怒了雞蛋產業，此後每次爆發食源性疾病，銷售量下跌的蛋商的痛苦，應該與感染者不相上下。在雞蛋引發感染疫情的事情傳開後，田納西州布蘭頓－史密斯（Blanton-Smith）蛋商的獸醫偉德・史密斯（Wade Smith）博士在一場 CDC 召開的會議上，忿忿不平地表示：「一打蛋的價格可能會下跌一分錢。對我們這些每週只買一打蛋的人來說，一分錢聽起來不是很多。但六個月下來，這幾乎就是一隻蛋雞的一半生產量。」

對食源性疾病暴發的顧慮，再加上開始擔心出現具有抗藥性的食源性細菌，累積出一股重審不朽化程序的壓力。在美國農業部，一些監測養雞場的科學家，前去那裡觀察在冰水中加入藥物的劑量以及浸泡雞肉的時間，回到聯邦的實驗室後，嘗試重建這個過程。在如法炮製屠宰場的作業過程後，他們證實了多年前雷文侯特的懷疑。[37] 不朽化處理改變了肉表的細菌種類比例，促成抗藥性細菌的產生與繁殖，他們發現抗藥性細菌只存在於經過不朽化處理的肉品上。

一般消費者可能不會閱讀發表在科學刊物上的研究結果。不過，在超市和家庭廚房中，漸漸出現一種文化轉變：消費者開始仔細檢查食品添加劑，並且對食品生產失去信任。「很長一段時間以來，我們就覺得買的雞有問題，」署名「一位消費者」的人投書給賓州波茨頓《水銀》（Mercury）日報的編輯部：「它沒有過去的好味道，不論用什麼方式烹調都一樣。我們希望在我們購買的食品中禁止使用所有的色素染料和防腐劑，包括不朽雞在內。」[38] 愛達荷州雙瀑鎮（Twin Falls）的婁依絲・瑞德（Lois Reed）投書到《蒙大拿標準郵報》（Montana Standard Post）：「不朽雞又怎麼樣？你買這種雞時，完全不知道這是在兩天前、還是六個月前處理的？……我們對這類做法漠不關心，這對我們自身和我們的孩子都非常不公平。為了生活我們現在只能行動了！」[39]「未經不朽化處理（Non-Acronized）」的標語開始出現在全美各地的雜貨店廣告中，包括在蒙大拿州海倫娜的《獨立記錄》；俄勒岡州彎區《公告》（Bulletin）和威斯康辛州清水鎮（Eau Claire）的《每日電報》（Daily Telegram），就像幾年前報導不朽雞的盛況。[40]「就連你的孩子都分得出差異，」卡皮奇諾食品（Capuchino Foods）在加州聖馬特奧的《郵報》（Post）刊登這樣的廣告詞。[41] 科羅拉多州和麻州都明令禁止在州內販售不朽雞。[42]

負評不斷，也改變了 FDA 的想法。1966 年 9 月，FDA 取消了十年前核發給不朽化處理和它的競爭對手瑞輝藥廠的生物穩定處理的執照。[43] 在包裝食物時，不得再將抗生素添加到食物中。但 FDA

並沒有插手管理動物在屠宰與加工成食物前施用抗生素的狀況。這一點還沒進入公眾關心的議題中，那時也只有少數科學家擔心。其中一位是在英國國家乳業研究所（National Institute for Research in Diarying）研究家禽營養學的科學家瑪麗・寇特斯（Marie E. Coates）。1962 年，在諾丁漢大學定期舉辦的抗生素和農業會議上，她大聲疾呼：[44]

> 廣泛使用抗生素飼料補充劑可能會誘發對其作用產生抗性的菌株。這造成的後果不堪設想，輕則讓那些用作生長促進劑的抗生素的功效喪失；重則是讓病原體發展出抗藥性，抵禦目前唯一能控制它們的抗生素。

寇特斯很有先見之明。不到幾年的時間，就在一兩百公里外的地方，爆發了一場悲慘的疫情，證明她的憂慮是正確的。

那個時候，疫情表面上看起來不嚴重。尋求解套的政治人物後來都僅用「不幸」和「並非特別嚴重」來描述這起事件。[45] 但對於密德斯布勒（Middlesbrough）的鎮民來說，這是一場毀滅性的災難，這個煉鐵小鎮位於北約克郡的蒂斯河（River Tees）旁。1967 年 10 月，當地的嬰兒和幼兒出現胃部不適和腹瀉。這似乎很正常，兒童會罹患所謂的「流行性腸胃炎」，這不是由病毒和細菌引起的真正流感，在英國和其他地方每年都會出現數百萬個類似病例。[46] 同樣也很正常的是，病情最嚴重的病童會發燒，而且因為嘔吐和腹瀉造成體液流失，需要打點滴，因此都會送到當地的西巷醫院（West Lane）。

在醫院裡，病童接受標準的腸胃炎治療：打點滴、退燒藥以及檢查他們的病因是細菌性還是病毒性。確定這一點很重要，這樣才能決定要如何治療孩子；細菌型的胃腸炎比病毒型的少見，但病情往往更加嚴重，高燒會引發嬰兒抽搐。檢查結果顯示病因是來自於常見的大腸桿菌。這讓醫師群鬆了一口氣，因為這表示可以用抗生素來殺死這些細菌，讓嬰兒康復。他們選了新黴素（neomycin）這種舊的備用抗生素，期望這些孩子在幾天內好轉。

但孩子並沒有好轉。抗生素控制不了他們的感染反應。相反地，孩子燒得更厲害，嚴重腹瀉，整個身體在醫師眼前變得愈來愈小。隨著愈來愈多的病例出現，病童只能躺在隨處找來的備用床，等著從西巷醫院轉到附近其他的醫療院所。這批感染的孩子會把病菌傳給其他因為不同原因去到其他醫院的兒童，甚至使一整間發育不全嬰兒病房全被感染。

醫師努力不懈地嘗試用藥，一種換過一種，試完所有能夠安全用在幼兒身上的種類有限的抗生素。[47] 嘗試到九次，總算找到能夠制服這種細菌的藥。引起這波急性腸胃炎的大腸桿菌對八種不同類別的抗生素具有抗藥性。最後造成 15 名嬰兒死亡。

襲擊這些兒童的細菌從何而來？又是如何產生抗藥性，成為這樣一種致命的超級細菌？約克郡的醫療人員從未見過這樣的事。但在英國另一端的實驗室裡，有一位科學家確信他知道答案。

大家暱稱為「安迪」的艾夫瑞姆・紹爾・安德森（Ephraim

Saul Anderson），是隸屬於英國政府的國家公共衛生實驗室主任，這個實驗室座落在倫敦最北端的郊區。[48] 他的父母在他出生前為了逃離反猶太主義盛行的愛沙尼亞，成了新堡的移工，他一路靠自己奮鬥，考取醫師，又進入學術界，開發出他那個時代最先進的實驗室技術。他為人獨立、個性狂暴（後來一位同事說，和他一起工作就像「開一輛沒有加裝避震器的車，穿過崎嶇不平的熔岩地」）並且具有流行病學家的直覺，熟悉疾病潛入人類防禦系統的種種方法。

在 1950 年代晚期，安德森解開了一起難解的沙門氏菌疫情，90 個病例分散在英國的東南角，就像撒在桌布上的鹽一樣。[49] 患者分布在六個城鎮，有男有女，涵蓋成人與兒童。這種病很嚴重，感染引起的腹瀉和嘔吐又讓患者的病情加劇。當中有一名女性死亡，另一名女性因為過勞而心臟病發作；一個幼童發高燒，引發痙攣抽搐，一名青少年罹患終生性的關節炎。儘管患者地理位置相距甚遠，之間又沒有關聯，但全都感染到同一菌株的沙門氏菌。

為了追蹤疫情始末，釐清其中的關連，安德森離開了實驗室，從市場開始一路追查到農場。最後他發現，這種疾病來自小牛肉，在英國還是頭一次出現這種沙門氏菌的感染源，他還發現原因出在養牛方式的改變。在過去，酪農不需要小公牛，因此會把牠們直接賣給當地的農民或屠夫。現在，出現了一個新職業，有中間人駕車在農場間巡迴購買這些小牛，養在臨時倉庫中，累積到足夠數量時再舉行拍賣。這些動物不會長時間停留在倉庫中；在賣給東南部各家屠宰場前，有時會和其他動物養在一起五天，有時只有一天。安德森證明，即使是短短一天，也足以讓一隻生病的動物感染整個臨時牛群。為了獲利而將動物聚集起來，無意間卻創造出一種讓疾病傳播的新途徑，將感染源從數百里外的小農場四散開來。

安德森警覺到，牧場作業方式的變化會改變人類疾病發生的方式，這也影響到他在國家實驗室工作的方式。他在那裡監督從英國各地收集到的動物和人類的疾病樣本的分析，這些樣本讓他的團隊得以建立起病例之間的關聯，即使他們分隔得很遠。[50] 透過分析，他們看到整個英國的抗生素抗藥性正在上升，上升幅度最明顯的，是那些從動物身上透過食物傳給人類的微生物。1961 年，進入實驗室的沙門氏菌菌株中有 3% 帶有某種形式的抗藥性。到了 1963 年，比例增加到 21%，1965 年變成 61%，還在其中一種沙門氏菌菌株中，發現有抗藥性達到 100% 的樣本，也就是說每一個在 1965 年送進實驗室的這種菌株樣本，不論是來自人還是牛，全都帶有抗藥性。[51]

最讓安德森困擾的是一些來自動物的菌株，有些會引發疾病，有些只是安分地待在腸道內，隨著糞便排出，它們具有抵禦不同類型抗生素的分子防禦機制，從四種、五種到六種不等。在源自動物的微生物中發現這樣的情況非比尋常，起初他無法理解這是如何發生的。抗藥性理當是在一種細菌暴露於抗生素中發生的，但給一頭母牛這麼多不同類型的藥物毫無道理可言。

安德森苦思這個問題之際，全球各地正展開一項日後將重新框架抗藥性問題的研究方向。這類研究最初是日本研究員渡邊努（Tsutomu Watanabe）開始的，他一直在研究志賀氏菌（Shigella）的疫情感染，志賀氏菌是一種食源性疾病，與沙門氏菌一樣，會引起發燒和腹瀉。他發現這種細菌同時對兩種藥物產生抗藥性，一種是過去用在患者身上來治療這類感染的，但另一種卻是從來沒用在患者身上的。起初，這項發現讓人難以理解。後來，渡邊和他的同僚找到一段賦予細菌抵抗力的遺傳密碼片段，這個片段並不位在染色體內，因此不是只能透過遺傳來傳遞給後代。這種遺傳物質可以從一細菌離開，遷移到另一細菌中，那些因此躲過藥物的生物體可將其產生抗藥性的分子保護機制轉移出去，傳給給那些尚未碰到抗生素的細菌。他們稱這些片段為「R 因子（R-factors）」。

憂慮此議題的科學家立刻明白這項發現的意義，R 因子可以不著痕跡地在細菌世界隨機遷移。它們能讓任一細菌積累對多種抗生素的抵抗力，就像在盒子裡堆放交換來的紙牌一樣，質體上可累積多個 R 因子。

這個 R 因子假設讓安德森得以理解他在實驗室的發現。[53] 毒性沙門氏菌感染在人類和牲畜身上變得日益頻繁；1960 年代因為沙門氏菌死亡的牛是十年前的十倍。[54] 由於這威脅到酪農的生計，於是他們加重給牛的抗生素劑量，這並不是生長促進劑（在英國這只有在雞和豬身上可合法使用），而是預防性的抗生素，是避免牛生病用的。當時還有一位農人因為在賣牛時會在剛斷奶的小牛脖子上綁上一小袋抗生素而出名，這能夠保證將牠們載送到銷售倉庫時會得到最後一次的保護劑量；但這無異也確保了牠們會把抗藥性細菌傳遞給倉庫中的其他小牛，雖然這不是那個農人的意圖。年復一年，在英國發現有相當高比例的沙門氏菌不僅具有抗藥性，而且是對多種抗生素家族產生抗藥性。

農民在肉類動物身上任意使用抗生素、動物和人類的抗藥性疾病增加再加上細菌產生的抗藥性可能會傳給另一細菌的新知，安德森在掌握到這些證據後，他拿了一些在密德斯布勒引發疫情的大腸桿菌樣本，在實驗室進行研究。[55] 他的發現確認了他最深層的擔憂。那裡的疫情不是由單一的大腸桿菌菌株引起的，光是在他這一小批樣本中，就找到了好幾株。但是這些不同菌株卻帶有相同的抗藥性模式，能夠抵禦七種不同類型的抗生素。

發生細菌感染時不太可能一次動用所有這些藥物，讓細菌對所有的藥物都產生抗藥性。三種不同的菌株發展出相同抗藥性的機率更是微乎其微。於是安德森得出結論，每種菌株的抗藥性都從其他生物那邊遷移過來的。渡邊在日本發現的細菌交通方式，在英國找到了活生生的印證。在日本，R 因子是實驗室研究的對象；在約克郡，R 因子導致許多孩童死亡。

在密德斯布勒的那批病童中，至少有一些是在醫院被感染的；細菌經由醫院的環境、設備、醫師或護理師，從一個孩子轉移到另一個孩子身上。但安德森認為這種帶有這麼多抗藥性的細菌並不是在醫院產生的。這些大腸桿菌菌株能夠對這麼多不同類型的藥物產生抗藥性，當中甚至包括不曾用來治療大腸桿菌感染的藥物，這代表光是醫療使用不可能造就出安德森觀察到的多重抗藥性。這樣的信念讓他得出兩個想法，而這將改變他和後來的其他科學家看待農場抗生素危機的態度。

安德森的第一項體認是，朱克斯等在 1950 年代對生長促進劑充滿熱情的研究人員弄錯了一件很基本的事，他們誤以為抗生素對牲畜的作用只會帶來益處，而不用付出代價。他們知道生長促進劑會讓腸道中的細菌產生一定的抵抗力，那些是腸道中幫助消化和新陳代謝的良性生物。但是他們認為這個過程有一個內建的斷路器：當腸道細菌的抗藥性提升到某個未知的程度時，生長促進劑就不再發揮作用。因此，他們從未想過抗藥性會從動物腸道中的良性細菌轉移到致病菌身上的可能性，就像渡邊的實驗所證實的。

除此之外，朱克斯和他的同伴也從未想過那些病菌還會隨著排洩物離開動物的腸道，或是從後來轉變成肉品的肉中離開，而且還是帶著它們的抵抗力。這是安德森的第二項體認：動物和人類共享一個細菌世界，渡邊找到的那些帶有抗藥性的 R 因子可以游動到任何地方。（幾十年後，野生動物學家則以「健康一體」（One Health）這個詞來表示這種觀點。）使用生長促進劑是要付出代價的，而且可能和它產生的益處相抵銷，甚或弊大於利：發生在人身上的抗藥性疾病，患者本身都和施藥給動物的農場沒有任何接觸。早在開發出可以解析細菌遺傳學的分子工具前，安德森就認為抗藥性是一種流行病，會透過生物間無形的交流傳播到人類身上。

此後，安德森的職業生涯目標就變成減少動物抗生素的使用，以降低人類罹患抗藥性疾病的風險。這將在英國掀起一場政治運動，讓英國成為第一個嘗試控制這項新興威脅的國家。隨著全球牲畜抗生素使用量的增加，這也成為其他國家不得不面對的難題。

第五章

證實問題所在

1974 年秋天，波士頓西郊雙車道公路上的這間灰色夾板屋看上去像一棟舒適的麻州老宅，當中滿是孩童。[1] 宅第向四處延伸開來，由一座房子和相鄰的穀倉組成。後頭還有其他穀倉，沿著長長的石子路延伸到一排樹林，那裡立著幾間小棚屋和一大棟約 60 公尺長的建築物，外牆漆著當地特有的稗紅色。外頭有一隻乳牛、幾匹馬、幾隻豬和雞；還有一些白色的蛋雞，有的在小屋形狀的雞舍裡，有的則在樹下的草地上踱步。

在房子裡，到處都是孩子，看起來就跟地上的雞一樣多，理查、瑪麗再加上彼得和保羅這對雙胞胎，還有史蒂夫、羅尼和邁克；另外還有克里斯多夫、克里斯汀和麗莎。他們的父母理查・唐寧（Richard Downing）和瓊恩・唐寧（Joan Downing）都是天主教徒，一直就想要有個大家庭。經商的理查事業做得有聲有色，在波士頓附近成立一家信用報告公司。在生完雙胞胎後，他和瓊安還把心力投入在改善其他孩子的生活上，所以家裡總是有些額外的孩子，最多曾經達到 12 個。有些領養的孩子只會在那裡待上幾個月或幾年；有些則經過正式收養程序，成為這個家庭的永久成員。唐寧這家人性格堅強，實事求是，但是很溫暖。他們屋子裡大多數時候都呈現一種幸福的混亂狀態，孩子在轉角處跑跳，玩運動器材，或是做功課，不然就是衝到屋外餵豬和乳牛。

家裡只有一條需要嚴格遵守的規定，就貼在冰箱的門上，這是大女兒瑪麗在她大學的生物學課學到的，用大寫字母精心列印：「先給我你的便便才能喝果汁。」

冰箱裡除了大家都想要的果汁外，還有芹菜和冷盤，以及幾個牛皮紙午餐袋。所有的袋子都裝著相同的東西：一把長而透明的管子，蓋得緊緊的，每根管子裡都放著看似長形的棉花棒。每根棉籤的一端都以色標區分。一個紙袋子裡的棉籤放著唐寧家孩子的。另一袋是鄰居家的，他們每周會拿過來放一次。（但他們不會等著喝果汁。）第三袋的棉籤則是拿去抹後面大穀倉裡的雞屁股。

這看起來像是孩子的科展作品，但這項工作其實關乎性命。唐寧一家人同意主持這項實驗，主要是以他們後院的動物主，並納入他們龐大的家人及鄰居。這項實驗是首次以有組織、有記錄的方式來探討當年安迪・安德森所觀察到的現象，看看定期給予動物抗生素是否會對人類健康構成威脅。

實際上，起初設計這項實驗是打算要反駁這項推論。這研究的贊助商不是像安德森這樣的公共衛生科學家，而是來自業界的動物健康研究所（Animal Health Institute），這個貿易組織代表製造和販售抗生素給農場使用的公司。自朱克斯的發現以來，已經過了四分之一個世紀，抗生素也成為農事作業的常備品：美國製造的抗生素有 40% 用於牲畜，而不是人類患者。[2] 但是，從安德森主張農用抗生素與人類疾病間有所關聯以來，也過了將近十年，生長促進劑和預防性抗生素受到日益嚴格的公眾監督。動物藥業面臨龐大壓力，想要證明其產品的安全性，因此同意資助研究來證明這一點。

不過研究結果並不如這項產業所期待的，而且將永遠改變農用抗生素爭論的局面。

之所以會在麻州郊區研究農用抗生素，是因為在英國，安德森堅信，能讓細菌不著痕跡交換抗藥性基因的 R 因子會帶來難以想像的危險。完全沒有辦法能夠阻止細菌間的這種無形交流，但若是能停止抗生素的使用，就可能降低抗藥性擴散的威脅。

安德森在英國國家公共衛生實驗室位居要職，這一點能確保他吸引到英國重量級的科學期刊，如《英國醫學雜誌》（British Medical Journal）和《刺刀》（Lancet）等編輯群的關注，他趁勢發表了 20 多篇科學論文，討論這種會傳播的抗藥性的危險。不過，他也擬定了一份在今天看起來稀鬆平常，但當時是前所未聞的策略：他直接把這件事訴諸公眾。他得結識各大報和科普雜誌的科學編輯，他們都在距離他實驗室約一、二十公里外的倫敦的另一區工作。他說服友好的記者在《倫敦時報》、《金融時報》和《衛報》上發表他的文章，[3] 並在英國廣播公司（BBC）上播放報導節目，BBC 主掌兩個英國國家電視網（當時只有三個）[4] 和所屬的區域電視網。他最聰明的一招是招募來從微生物學家轉行當記者的伯納・狄克森（Bernard Dixon），加入他的陣營。1967 年，迪克森為發行全國的雜誌《新科學家》（New Scientist）寫了一篇痛批現況的文章。[5] 他統計了迄今在英國發生的疫情傳染和死亡人數，並斥責沒有採取行動的那批「自滿的」英國政府官員。這篇文章的標題就是嚴厲的警告：〈農場抗生素：對人類健康的主要威脅。〉（Antibiotics on the Farm: Major Threat to Human Health）

迪克森和安德森之所以這麼憤慨是有道理的。在密德斯布勒發生兒童死亡事件前，還有在安德森調查的感染還沒有完全爆發前，英國政府曾檢查農場抗生素的使用及其可能的後果，但卻沒有認真執行，而且整個計畫在最初的設計上就註定了失敗的命運。當時政府成立了一個科學家委員會來進行調查，卻將主席一職交給當時可說是英國最有權勢的農業代表詹姆斯・特納（James Turner），他身兼肥料集團主席和全國農民聯盟主席，才剛剛因為對英國農業服務貢獻卓著而獲封爵位。這個委員會在 1962 年提出的結論完全在預料之中：生長促進劑不會構成風險，沒有理由加以管控，農民使用抗生素的權利應該予以擴大[6]。

就在那之後，安德森立即開始記錄全英國抗藥性沙門氏菌的移動狀態。然後，到了 1964 年，鼓吹動物福利的茹絲・哈瑞森（Ruth Harrison）出版她的《動物機器》（Animal Machines），震驚了全英國，書中披露畜牧工廠的問題，還附有大量擠在籠子裡的雞和塞在黑暗無窗的穀倉中的小牛照片。[7] 這在英國引起軒然大波，就像當年《寂靜的春天》在美國出版時那樣；這本書還請了瑞秋・卡森寫序，讓英國人開始質疑他們畜產業的未來走向。[8] 然後在 1967 年，畜產業遭受了可怕的打擊，口蹄疫爆發大流行，不得不屠殺近

50 萬頭牛、羊和豬。[9] 整個農村地區遭到隔離；農民得將步槍架在大門上，嚇阻任何人靠近，免得鞋子沾染到可能快速傳播疾病的微生物。只要一轉到新聞臺，一定會看到一堆堆遭到燒毀的動物屍體的畫面。

之後，英國上下都覺得有重新審視英國肉類動物飼養的迫切性。在疫情結束後的幾個月內，一個新的委員會成立了，由科學家麥克・史旺（Michael Swann）領導，他是分子生物學家，同時也是愛丁堡大學的副校長（後來成為英國廣播公司的主席）。安德森並沒有入選史旺委員會，但他開始大力推動當初遭到特納的組織所拒絕的抗生素控管。「在將近三年前我就大力疾呼要『重新審視飼養牲畜使用抗生素和其他藥物的整體問題，』」安德森在《英國醫學雜誌》上發表文章，寫道：「儘管其重要性遭到否定，但這問題仍持續存在。」[10]

史旺委員會則是徹底行事。[11] 請來 35 位科學家以及 58 位分別來自政府實驗室、製藥公司和貿易協會的代表來作證，一共回顧了數百項研究，最後揭露出的統計數據非常驚人：英國農場動物每年消耗 16 萬 8011 公斤的抗生素，約占人類用量的三分之二。其中一些是治療生病的動物，這一點並沒有爭議，但大部分都是用來促進生長。一些藥物的用途落在模糊的預防類別中，這類似於美國食品藥物管理局在美國所批准的，不過在英國，農業界稱這種預防劑量為「抗壓（antistress）」。該委員會指出「對於此處『壓力』的最佳定義是，在飼料中放入低於治療劑量濃度的抗生素會導致良好經濟反應的一種狀態。」這聽起來比較像是一種諷刺。

他們發現，經濟學是農場抗生素使用的核心。這個小組計算出，使用這些藥物獲得的額外收入每年至少有 100 萬英鎊，可能高達 300 萬英鎊；若換算成 1969 年的美元匯率，約莫是 250 萬到 750 萬美元。由於利潤非常龐大，因此委員會相信農業界永遠不會自我管制其抗生素的用量。這些藥物必須受到公部門監管。在 1969 年 11 月，他們發表了一份 83 頁的報告，委員會表示必須停用生長促進劑，這是一個徹底且大膽得出人意料的決定。

「可以肯定的是，在動物飼料中使用抗生素會產生大量的抗藥性微生物，包括那些具有轉移其抗藥性能力的微生物，而且這些抗藥性微生物有可能傳到人類身上，」委員會成員這樣寫道：「以這種方式添加抗生素，等於是在生物的遺傳庫中增加能夠抵抗具有醫療價值藥物的特性，這對動物和人類的健康可能造成極嚴重的損害。」

這委員會提出並回答了一個到那時為止在農業界都沒有人面對過的問題：既然只要使用抗生素就會引起抗藥性，那麼何時才值得冒這種風險？他們的答案是，使用抗生素來治療生病的動物是值得冒險的，但用它們來增加利潤則是不值得的。他們的建議很周到，也很嚴格。他們將農用抗生素分成為兩類，一類是用於治療疾病的藥物，一類是放在飼料中的生長促進劑。然後，他們將當時農民經常用在飼料中的大部分藥物，包括整個青黴素這一類、四環素、磺胺類藥物和泰樂菌素（一種獸用抗生素，其化學特性與人用的阿奇黴素和紅黴素類似）歸類在治療藥物。之後，委員會表示，只有在拿到獸醫處方時，才能使用這些抗生素。農民仍然可以自己購買和使用「飼料型」抗生素，但僅限於沒有用來治療人類或動物疾病的藥物，免得產生破壞藥效的抗藥性。這大幅減少了農民能夠選擇的藥物，還禁用了那些效果最好，但最有可能危害人類健康的藥物。

史旺委員會的建議案立即引起爭議。國會接受了，並在 1971

年 3 月將其立法，儘管之後有好多年一直受到爭論和抵制。在這則農用抗生素的故事中，這些建議之所以值得關注，不是因為它們是完美的，而是因為它們是全球第一個擬定出來的管制辦法。這有其非比尋常的代表性：一國政府直言不諱地聲明應該保存並保護抗生素的力量。美國這個大多數奇蹟藥物的誕生地，同時也是發明生長促進劑的國家，當然不能忽視史旺的報告。其他國家都在密切關注美國政府的動向。

雖然安德森和史旺委員會接二連三地打擊農場抗生素，但美國一直沒有展現出要處理這問題的強勢態度。1955 年，美國國家科學院召開會議，聚集了 47 位科學家。[12] 與會者報告在不同的畜養物種身上使用抗生素的研究，並提出對人類造成危害的推測，但就算只是簡短提到，也會立即遭到駁斥。不過 14 年後史旺委員會成立時，美國的研究人員也開始感到不對勁，想要確定沙門氏菌在美國的傳播速度有多快，以及在人類患者身上發現抗藥性菌株的比例。於是又成立一個其後方完全沒有政治力量的委員會，負責檢視這個問題，他們對此提出了一些中立的建議：「在飼料、水和飼料成分中應確保各種抗生素在使用時維持真正的低濃度」；「不應常規使用抗生素。」[13]

史旺報告的公布讓人無法再忽視這個問題。美國食品藥物管理局（FDA）成立了一個 16 人的專門小組，有十位聯邦科學家，五位來自大學和業界的專家，他們召集科學家到華盛頓作證，並在全美各地訪查，聽取農民和農業組織的意見。1972 年，這個小組交給美國食品藥物管理局的報告基本上是史旺報告的簡短版，其中亦包含同樣嚴格的建議。他們表示用作生長促進劑的舊抗生素應該交由獸醫控制，具有新的化學結構的新抗生素應該禁止其畜牧用途，直到可以證明這對人類健康不會構成風險。這個工作小組的研究首次明確展現出畜牧業引進新藥的速度相當快，可能促使細菌對其產生抗藥性。當朱克斯在 1948 年發現抗生素具有促進生長的作用時，抗生素僅有六個大類。現在一共有 30 類，其中有 23 類都同時用於牲畜和人。

這個特別工作小組的建議引發了一場政治風暴。當中幾乎有一半的成員後來又撰寫了一份「少數報告」，聲稱他們並不同意這些共識建議。[14] 國會議員、畜牧業和製藥業的遊說代表以及獲贈土地大學的動物科學研究人員，他們都對 FDA 施壓，阻止執行這些建議。在這場衝擊下，FDA 宣布妥協，允許製藥業者和農業利益集團自行針對生長促進劑、抗藥性細菌和對人類健康的威脅進行相關研究。[15] 若是他們無法證明其產品的安全性，任何低於治療動物疾病的抗生素劑量使用，其中包括生長促進劑和「預防性」用途，都將在 1975 年 4 月後禁止。

朱克斯替這個產業感到憤恨不平。此時他已經搬到加州大學柏克萊分校，但他仍在為自己的發明辯護，他在一篇科學期刊中大肆抨擊 FDA，指責「大祭司拒絕既定價值觀，進入一知識真空的食物騙局。」[17] 當時美國看似乎很有可能會跟隨英國的腳步，禁止大多數農用抗生素。製藥公司爭先恐後地證明他們的產品比兩國政府所設想的更安全。就是在這個氛圍下，才讓動物健康研究敲了位於波士頓的研究員斯圖亞特・李維（Stuart B. Levy）博士的大門，這個機構，不論當時還是現在，都是動物製藥業在華盛頓的強大辯護單位。

在 1974 年才 36 歲的李維，看起來很像七〇年代反戰電影《外科醫生》（ M.A.S.H.）中的知名演員艾略特・顧爾德（Elliott Gould），不過他比身材壯碩的顧爾德要矮小些，但同樣長著濃密的黑髮、直眉和厚厚的鬍鬚。他是德拉瓦州家庭醫師的兒子，從小就陪伴父親一起看診，並且在之後討論病例。[18] 他曾任教於塔夫茲大學醫學院，校區位在波士頓今日房價相當高檔的地段，不過在過去則是廉價又骯髒的區域。他的職業生涯走來相當迂迴，先是修習文學，然後在義大利和法國讀醫學和微生物學。這一路上他讀到了渡邊的第一篇 R 因子報告，得知這會讓生物獲得從未接觸過的藥物的抗藥性。他對此著迷不已，並且說服了渡邊讓他去他的實驗室當非正式的實習生，然後就搬到日本，在他實驗室工作。

1960 年代《新英格蘭醫學雜誌》曾提出警告：「看來，除非很快採取嚴格的管制措施，否則醫師可能會發現自己又回到了前抗生素時代。」[19] 渡邊在 1970 年代初期死於胃癌，那時新一代的科學家以「質體」（plasmids）這個專有名詞重新命名他的 R 因子。那些年輕研究人員證實了他的發現，確定賦予細菌抗藥性的基因可以累積在質體上，並隨著質體移動，將基因從一細菌帶往另一個細菌。這讓生物體在接觸到藥物前就獲得抗藥性，同時還允許多種類型的抗藥性的擴散。整個傳遞過程是這樣的：試想在一群細菌中，某些菌的質體帶有能夠抵抗藥物 A、B 和 C 的基因。假設現在有人選了其中一種藥物，比方說是 B，來對付處理整個菌落。當中所有無法抵抗的細菌都會死亡，但含有質體的細菌會受到保護。存活下來的細菌將會保留住質體中的所有抗藥性基因——不僅僅是 B，而且還會保留 A 和 C ——然後還可以傳給其他細菌，也許是其中一個基因，或是全部都傳出去，質體的傳播可以是同代間的水平轉移，也可是世代間的垂直傳遞，將其傳給分裂出來的子細胞。

使用不同類型的藥物竟然有可能擴展抗藥性，這結果令人震驚，這樣一來就更難追蹤和對付這個問題。李維對這件事著迷不已。

李維的研究專長是四環素這一大類，金黴素就屬於這個藥物家族。他已經找到賦予細菌抗藥性的基因，並且確定出這種抗藥性運作的策略。[20] 有些抗生素殺死細菌的方式是透過干擾其細胞壁的功能，細菌對這些藥物的抗藥性是建立在讓抗生素無法從外界攻擊細胞。不過，四環素這類抗生素會滑進細胞內，因此對抗它的方法是形成微小的幫浦，透過這些幫浦將藥物噴出細胞，就像酒吧保鏢把惹事生非的客人丟出去那樣。四環素是第一批用來當做生長促進劑的抗生素；現在知道細菌的抗藥性回隨質體傳播開來，這讓人難以預測生長促進劑在這方面到底會產生怎樣的效應；李維是這兩方面的專家。他也是一位相對新進的研究人員，還沒有發表過多少篇研究報告。動物健康研究所就這樣找上了他，並提出經費來資助，請他代表農場抗生素業者來進行的研究。

這就是唐寧家冰箱裡會有一大堆以色標標記的糞便樣本塗抹棒的原因。這些工具可以幫助李維建立或反駁抗藥性是否會在環境中轉移的問題，觀察是否有從接受抗生素的動物，轉移到沒有使用抗生素的動物和人身上。生長促進劑的支持者當然希望結果是否定的。

李維最初並不認識唐寧一家人，但他知道他需要什麼來進行這項研究案：一個看起來像是農場但沒有真正作為農場的地方。他需要從未接受過抗生素的一批新動物，最近幾年間沒有使用過抗生素的地方，以及一群健康狀況良好足以進行實驗且本身不需要服用抗生素的動物飼育人員。若是這地方接近他的辦公室，好讓他和他的員工可以經濟實惠地來回，那就更棒了。要在波士頓的富裕郊區找到這樣一個地方，恐怕沒那麼容易。他甚至不確定要去哪裡尋找，但總之他開始四處詢問。

波士頓的農村郊區與市區截然不同，不過有很多人都是這樣通勤往返，因此人際之間的關係比表面上來得緊密。李維在尋找一個可以進行研究的地方，這消息傳遍了當地的醫學社群，過了一段時間，有人前來聯繫，他是麻州綜合醫院的獸醫，負責照料研究用的老鼠和其他動物。他住在波士頓西南邊 30 幾公里的小鎮謝爾博恩（Sherborn）。他說對面的鄰居是個輕鬆、不拘禮數的家庭；他們有很多孩子，住在一棟大房子裡，家裡還有幾間舊穀倉，過去有人在那裡做雞蛋分級的事業。他表示願意介紹他們給李維認識。

李維開車去見唐寧一家。他描述了他所設想的場地內容：一間可容納 300 隻雞的臨時農場，至少可維持一年。理查・唐寧喜歡這位俏皮而專注的醫師，他也想要為科學知識的積累盡一己之力，同時覺得讓他的孩子近距離觀看實驗是個不錯的主意。而且，他是在沿海小鎮威茅斯（Weymouth）的一個家禽養殖場長大的，他知道李維並不清楚要如何完成他想做的這件事。

「我跟他說他瘋了——他根本不知道情況會變得怎麼樣，」唐寧回憶道，「他必須要建造圍欄、買飼料、安裝供水系統、架設保暖設備，找人來照料這些雞，還要有人來清理。而他說我講得是對的，還希望我們可以幫忙。」

唐寧一家人接受了這份挑戰，一方面是覺得好玩，一方面是出於好奇，況且叛經離道從來不是他們擔心的問題。他們選了大女兒瑪麗管理實驗。她在當地一所大學讀二年級，為了省錢而住在家裡。她想在畢業後去法國，但由於家裡孩子多，沒有這麼多的備用金。她和她的父母與李維達成一項協議。她會照料這些雞，給牠們加水和餵飼料，並收集李維需要的所有資料，也就是糞便樣本，而且不僅是雞糞而已。他願意每週付她50美元，約合現在的250美元。她同意了。

在主房後面的大穀倉裡，李維和十位醫學生以及唐寧夫婦和他們的孩子一起搭蓋了六個圍欄，每一個都配有瓦斯加熱器和獨立的飼料槽與供水系統。四個在穀倉內，分別相距約1公尺；還有兩個立在厚厚的木牆外。然後李維得去找小雞。為了確保牠們沒有受到汙染，體內沒有任何會影響研究結果的物質，他決定跟一家提供實驗室「無病原體」雞蛋的公司購買。就這樣，在1974年7月，一日齡的來亨雞來到謝爾博恩，放在附有一盞加熱燈的圍欄裡，提供牠們水及不含抗生素的飼料。等到牠們兩個月大時，實驗就開始了。李維將雛雞分為六批，每個圍欄中各放50隻。他在當地的飼料商店買了兩種飼料，一種未添加抗生素，另一種已經混合有抗生素。飼料當中含有的是羥四環素（oxytetracycline），這種藥物起初的名稱是土黴素（Terramycin），是由立達的競爭對手輝瑞公司製造的，比例是每一噸飼料100克。（產品上有標明這是預防劑量，而不是當作生長促進劑，因為這主要是給蛋雞使用，快速增重並不是重點。）一半的雞，也就是六個圍欄中的三欄，吃的是未添加藥物的飼料，另一半的雞則吃混有這種四環素藥物的飼料。

李維的實驗要回答好幾個問題。首先，飼料中的抗生素是否會讓雞出現或是增加抗藥性細菌？其次是這些抗藥性是否會從這些雞群傳給其他雞群？最後，也是最關鍵的，這些抗藥性基因是否會來個大跳躍，從雞進入到人體？這些都是在 1950 年代困擾安德森的問題，並在 1960 年代促成了史旺報告。不過在那時候，研究人員只是覺得有抗藥性的存在，並且回顧檢視其可能的來源，假設其產生和傳播的方式。這一次，不需要做任何假設：李維可以直接觀察是否有抗藥性出現，以及是否會傳播開來，而且不是在實驗室的細菌或老鼠身上，而是直接在穀倉中的農場動物以及農場中的家庭之間。

但是，為了實現李維計畫中的一切實驗，他還需要招募唐寧家以外的人參加。在唐寧夫婦的邀請下，他開車去見鄰居。瓊安和理查辦了一場燒烤聚會，邀請住在同一條路上的五個家庭，一共有 10 對父母和 14 個孩子來參加。在傳完漢堡、熱狗和玉米後，唐寧家的男孩們將一個浴缸翻過來，當作是演講臺。李維曾與他們的父母討論過他打算要怎麼說，他們向他保證最好的方法是直截了當地說明他的實驗。不過當他爬上浴缸時，還是感到有些緊張。

「我們想請你們大家參與一項實驗，」他這樣告訴客人。這吸引了父母的興趣，並使他們喧鬧的孩子安靜下來。他描述了抗生素抗藥性的難題，以及如何利用這些雞來解決，還有唐寧一家人已經同意協助。然後他要進入最困難的部分。

「我們希望你們能捐出一些你們的東西給科學，」他說。這一小群人好奇地興奮起來。他聽到一位女士說：「好刺激！」

他深深地吸了一口氣。「坦白說，」他說，「我們需要你的大便。」

接下來一片死寂。然後三歲的麗莎瞪大著眼睛，尖叫地說：「你想要我們的便便？」

尷尬的氣氛一下子化解，每個人都笑了出來，也都同意幫忙；沒有一個家庭退出。這點也說明了何以管理實驗的瑪麗可以得到這麼高額的薪資。她的工作不僅僅是餵雞，以及每隔七天塗抹一下牠們的屁股；還包括要說服和提醒她的兄弟姐妹、鄰居的孩子，她的父母以及鄰居的父母，前來貢獻他們的樣本。每週，唐寧家的冰箱架上都裝滿了滿是管子的袋子，然後當李維的工作人員前來收集後，再次清空。

結果來得很快。實驗開始前收集的樣本顯示在雞群、唐寧一家和鄰居的腸道中，僅有極少數細菌具備對四環素的遺傳防禦能力。突變本來就會隨機發生，因此這狀況完全在預料之中。但是一旦開始餵食含藥飼料，這些抗藥性細菌就會在本來就帶有這種菌的雞體內繁殖，並擴散到一開始並沒有這種細菌的雞中。在 36 小時內就出現了第一批變化，在兩週內，90% 的雞都排出帶有抗藥性的細菌。飼料中的抗生素殺死了那些容易受到藥物影響的腸道細菌，但並沒有傷害那些受到輕微遺傳突變保護的細菌，而這些帶有抗藥性的倖存者，在其他細菌被殺死後，獲得了更多生存空間，得以大量繁殖增生。在過去，包括安德森在內的研究人員，都假設這是在給予抗生素的動物體內發生的，這等於是將這些動物轉變成生產抗藥性細菌的工廠。但是之前沒有人在野外環境測量過，也沒有人預料到它會發生的如此之快。

有幾個星期，吃無藥飼料的雞體內都沒有出現帶有抗藥性的細菌。但後來發生了變化。首先，抗生素飼料組的雞體內的細菌開始對多種藥物產生抗藥性－包括磺胺類藥物、氯黴素、鏈黴素、新黴素以及兩種青黴素的衍生物－即使飼料中僅含有四環素。然後多重抗藥性的細菌出現在那些吃無藥飼料的雞身上，這些雞從未接觸過那批吃有藥飼料的雞。再過不久，同樣一批多重抗藥性細菌也出現在唐寧一家人的糞便中。

抗藥性基因是由質體攜帶。李維之前在他的實驗室中創造出一種標記細菌，將其轉移到四隻雞體內，實驗開始後，他在其他的雞還有唐寧一家人身上也找到這些基因，證實了質體的作用。至於它們確切的傳播路線則不清楚。這些雞從未放出來過，也沒有混合在一起。若是有雞跑出來，瑪麗會將牠放到房子另一側的雞舍中。她餵飼料和水以及收集樣本的路線是固定的，她都是以一定的模式穿過穀倉，首先會去無藥組的小雞那邊，在每次要到下一個圍欄前，都會先洗手和換靴子。唐寧家的人都沒有吃這些實驗中的雞（儘管研究結束後，他們確實辦了一場烤雞大會）。

李維的實驗結果令他的贊助商大失所望，與他們期帶的完全相反。儘管飼料中只含有微量的抗生素，但光是這些劑量就足以挑選出抗藥性細菌，而且這些細菌不僅在動物體內繁殖，還離開動物，在農場環境中移動，進入其他動物和人類體內。（但沒有傳給任何鄰居，他們是實驗的對照組；抗藥性細菌沒有傳到他們身上。）遺傳組成受到改變的細菌是一種無法檢查的汙染，再加上它們可以積累抗藥性基因於無形，因此也成了一種不可預測的威脅。

李維的發現留下一個伏筆：唐寧一家人並沒有生病，這影響到之後多年企圖管制農用抗生素的努力。大腸桿菌有許多菌株，存在於雞腸道的，並交叉感染給飼主的那種菌株並沒有致病性。那是一種共生菌，算是良性細菌，它居住在腸道中，在全球各地都很普遍，不會引起疾病。當然，在科學家眼中，這樣的結果並沒有降低任何風險；這只是讓細菌傳播的路徑問題變得更複雜。但這卻讓那些選擇不相信這項威脅的人有漏洞可鑽，以此來淡化其中的危險。

李維在 1976 年 9 月發表了在唐寧家農場的實驗結果。1977 年 4 月，上任才兩星期的 FDA 新局長唐納·肯尼迪（Donald Kennedy）就在一場會議上投下震撼彈，宣布美國政府將依循英國，全面禁止在美國農業中使用生長促進劑。[21]

肯尼迪那年 46 歲，身形瘦弱，戴著一副大眼鏡，全身散發著躁動不安的能量。他是生物學家，有哈佛博士學位，34 歲時就當上史丹佛大學的系主任。史丹佛曾將他借調到白宮，從 1976 年初以來，他就一直在那裡兼職，幫福特總統的政府成立新的科技政策辦公室。1976 年底，沒什麼人氣的前喬治亞州長吉米·卡特在一次閉門選舉中險勝過福特，他將自己定位成局外人，可以讓美國擺脫水門事件醜聞和揮之不去的越戰汙點。卡特帶來了一群認真改革的年輕人。FDA 在他們的議程上位於很重要的位置。這個機構才剛剛被參議員愛德華·肯尼迪（Edward Kennedy）在國會砲轟，因為該局接受了藥品製造商提供的假數據，捲入可能致癌的糖精風暴中，該廠商是美國那時唯一銷售人造甘味劑的，為汽水公司帶來巨大盈收。這時的 FDA 需要一位能夠為科學辯護的領導者，並且不會受到華盛頓權力結構中的人情牽制。唐納·肯尼迪看來得以勝任。白宮也期待他能大刀闊斧地改革。

但也許不用像他後來的作為那麼大膽。在他第一次與 FDA 的國家諮詢食品和藥物委員會見面時，委員會的這群科學家和業界代表已經花了幾個月的時間在爭論農用場抗生素，肯尼迪則在會議中明確做出裁決，表示討論已經結束。在一份簡短的聲明中，他宣布他的部門將立即禁止任何含有青黴素和四環素的生長促進劑，而且一旦研究人員找出農民可用的替代化合物後，也將禁止預防性抗生素的使用。[22] 之後，他補充說明，只有拿到獸醫的處方時，才能將這些藥物混入動物飼料。

「固定使用這些非處方藥物來幫助動物生長得更快，或是用作預防疾病規畫，這些做法產生的益處並不會抵銷對人造成的潛在風險，」肯尼迪說，「雖然我們無法具體指出人類疾病因為源自動物的抗藥性而變得難以治療，但這極有可能是因為這類問題發生於無形，根本沒有引起注意。」

肯尼迪是科學家，習慣以證據來權衡；在他的用字遣詞中，潛在風險和可能都是有很有份量的字眼。但是身為他聽眾的政客並沒有把他所說的話當作是證據。在他們耳中這聽來像是一種假設，一種以巨大政治影響力來壓迫巨大產業的威脅。到那時為止，幾乎所有在美國飼養的食用動物都在某個時間點接受過抗生素：雞和火雞都接近 100%，小牛和豬有 90%，牛有 60%。[23] 幾週之內，肯尼迪就在國會遭到百般刁難，展開持續好幾個月充滿敵意的聽證會。

根據美國全國牧民協會（American National Cattlemen's Association）的說法，他提出停用生長促進劑以及將所有抗生素交由獸醫處置的建議是「完全不可行的」。[24] 動物健康研究所怒批這「可能會擴及畜產業所用的大多數產品」。製造金黴素的美國氰胺的代表堅稱：「在人類社會中並沒有出現因為家畜飼料中的抗生素而爆發無法治療的疾病。」東南區家禽和蛋類委員會（Southeastern Poultry and Egg Commission）表示放棄這些藥物會讓蛋農損失 425 萬美元。阿肯色州家禽聯合會（Arkansas Poultry Federation）聲稱，無法使用生長促進劑將迫使農民多種植 4500 萬磅的玉米以及 2300 萬磅的大豆，來作為家禽飼料。來自內布拉斯加州的一位女議員代表飼養業發言，她指責此舉將迫使美國人多花 20 億美元在食物上。東北家禽生產委員會（Northeastern Poultry Producers Council）主席對此完全嗤之以鼻，咆哮道：「按照 FDA 局長的邏輯，最終政府得頒布一項要求所有孕婦墮胎的法令，因為生活中的每個層面，每天度過的每一分鐘，都會對健康構成潛在的風險。」

肯尼迪和他的員工無視這些譴責。FDA 分別在 8 月 30 日和 10 月 21 日的《聯邦公報》（Federal Register）上發表了兩份冗長的文件，描述他們反對生長促進劑的緣由：一份針對青黴素，一份針對四環素。[25] 從技術層面來看，這些文件是「聽證會通知」，邀請各大藥廠出席來捍衛他們的藥物。但實際上這是一則法律文件的案件摘要，論點都以註腳附上出處，一點一滴點地構建起反對生長促進劑的案例。就跟所有好的案件摘要一樣，當中明確列舉了所有的被告。針對每種藥物類別，這項通知列出了所有具有利害關係的產品。其中有 26 種含有青黴素，31 種含有四環素，它們幾乎全是由美國大型藥廠和動物飼料生產商所製造，包括美國氰胺（American Cyanamid）以及下列藥廠：Cortex Chemicals SPA、Dale Alley Company、Dawes Laboratories Inc.、Diamond Shamrock Corporation、Eli Lilly Company、Falstaff Brewing Corporation、Hoffman-La Roche Inc.、Merck & Company、National Oats Company、Pfizer Inc.、Rachelle Laboratories、Ralston

Purina Company、ER Squibb & Sons Inc.、Texas Nutrition & Service Company 以及堪薩斯市的 Thompson-Hayward Chemical Company。

儘管科學證據充分，但卻難敵這些公司雄厚的經濟實力，以及他們的全體客戶。國會傳了一項訊息到白宮，然後再轉給肯尼迪：不准舉辦聽證會。民主黨籍的密西西比州眾議員傑米・惠騰（Jamie Whitten）自 1949 年以來一直擔任眾議院農業和農村發展小組撥款委員會的主席，主掌農場政治撥款，也審查 FDA 的預算，他誓言若是肯尼迪硬要這樣蠻幹，他將凍結該局的預算。如果他真的這樣做，那將會讓卡特政府規劃的其他改革計畫窒礙難行。

最後，白宮促成了一項交易。惠騰的農業聯繫人堅持認為證據還不足，他想看到更完整的。如果肯尼迪願意放棄生長促進劑的禁令，惠騰就不會凍結 FDA 的預算。事實上，他還會增加一些額外的經費，足以讓 FDA 進行他的盟友所要求的研究。1978 年，他批准了足夠的經費，讓美國國家科學院研究生長促進劑對公共衛生的影響。他所撥的款項充裕，足夠進行三年的相關研究。

巧的是，肯尼迪應該在兩年內回任史丹佛大學，這筆錢等於確保他在結束公職前繼續為政府工作。

看起來惠騰只是寄出拖延戰術，一路拖到肯尼迪的繼任者接掌 FDA 為止。

但是這位老南方人的從政生涯就跟肯尼迪的人生一樣長，而且相當老謀深算。[26] 惠騰在下一個撥款法案中加了一條保障條款：除非有一項關於損害公共健康的研究能讓他個人感到滿意，否則 FDA 不得執行任何抗生素禁令。在接下來的幾年間，累積了數十項，最終甚至到數百項的研究。但沒有一項足夠好。惠騰每年都祭出他的保障條款，直到 1995 年退休為止。

代表農業界的惠騰頑強地鞏固了美國農場抗生素的使用。英國以及後來的其他歐洲國家則走上了一條不同的道路，採行哲學家所謂的預警原則，即預防傷害比等待所有證據更重要。崇尚實證主義更勝於保護性監管的美國則繼續開放生長促進劑和預防性抗生素的使用。在接下來的數十年，會累積愈來愈多的證據——也就是更大型、更致命的疫情，然後才會有人再次鼓起勇氣，嘗試去控管農場抗生素。

第二部

雞肉
如何變得危險

第六章

流行病學的證據

英美兩國之所以對農用抗生素控管不同調，在現實面上確實有其難處，就美國廣大的面積來看，不太可能爆發那種導致英國政府改變立場的大規模食源性的抗藥性細菌感染。在 1970 年代，英國人口約莫是 5600 萬；而在肯尼迪功敗垂成的 1977 年，美國約有 2 億 2000 萬人。在一個人口眾多且幅員遼闊的地方，必須要發生比英國更大的農場抗生素疫情，才有可能吸引政策制定者的注意力，甚或是改變他們的想法。媒體幾乎沒有報導肯尼迪的改革嘗試，而在此後的幾年裡，世界的注意力則集中在兩個更為明顯的流行病上。[1] 首先是天花，這是歷史上最致命的疾病：於 1980 年 5 月正式宣布根除，徹底從地球上消失。然後是愛滋病，就在解決天花問題的 13 個月之後，首度出現這種病的跡象，1981 年 6 月 CDC 和一些私人醫師在洛杉磯的男同性戀社群中發現一種奇怪的肺炎 [2]。

天花一共造成數百萬人死亡。愛滋病毒（HIV）很快就急起直迫，在全球各地造成危害。在這樣的時空脈絡下，抗生素抗藥性就算真的會透過食物傳播開來，似乎也顯得不那麼重要。但是那時已經有少數科學家警覺到這當中的危險性，他們明白要避免抗藥性演變成重大流行病，必須在傳染規模還很小時就要判定出來。

史考特・霍爾姆伯格（Scott Holmberg）對此有切身經驗，他知道一場流行病可以演變得有多大。[3] 從哈佛大學畢業後，他自願加入和平部隊，被派往衣索比亞，與疫苗接種團隊一起工作，在非洲和亞洲各地施打疫苗，以根除天花。他過去主修英文，但經過那些年在炙熱的塵土中，穿越各個小村莊追蹤病例的生活，讓他確信自己真正想要做的事情是對抗流行病的爆發。於是他轉去哥倫比亞大學的醫學院，之後在布朗大學當住院醫師，他開始工作時，剛好就是愛滋病在加州和紐約州男性病患間流行起來的時候。1982 年夏天，霍爾姆伯格搬到亞特蘭大，進了疾病管制中心。這時，1950 年代將瑞莫特・雷文侯特（Reimert Ravenholt）那批精英訓練成快速因應小隊的流行病情報局（Epidemic Intelligence Service）現已發展得很完備，成為舉足輕重的疾病檢測單位。不論是剛完成實習的住院醫師，還是剛取得博士學位的研究人員，大家都爭先恐後的想要進到這個每年僅約 80 個職缺的單位，在這裡任職能讓他們有機會前往世界各地疫情爆發的地方。培訓的一部分就是在沒有接獲任何警告的情況下，將他們派出去。這些人稱 EIS 探員的人自我打趣地表示，他們可能在中午離開辦公室去餐廳吃個午飯，回來就在辦公桌上看到出差的機票。

1983 年 2 月的一個星期六，加入這個計畫六個多月的霍爾姆伯格在家裡接到長官的電話。明尼蘇達州衛生部對他們的一些沙門氏菌病例感到憂心，感染者身上帶有一種名叫新港沙門桿菌

（Salmonella Newport）的菌株，這在美國中西部並不常見，他們的病情很嚴重。明尼蘇達州的衛生部在公共衛生領域聲譽卓著；因為這個州的立法部門相當慷慨，給予這單位充足的資金以及完整的人員配制，這裡就像是一間迷你的 CDC。因此當它向聯邦尋求協助時，一定發生了什麼非同小可的事情。第二天，霍爾姆伯格就啟程往北而去。

他走出機場時，空氣就冷到難以呼吸，但馬上就被麥克・奧斯特霍爾姆（Michael Osterholm）載走，面色紅潤的他是典型的中西部人，剛剛才擔任這個州的流行病學家。霍爾姆伯格已經聽聞過奧斯特霍爾姆；在美國公共衛生界，幾乎每個人都知道他，他是少數幾位沒有待過 CDC 就擔任國家級單位的主管。他從愛荷華州一間小型的大學直接進入衛生部門，並在工作時取得兩個碩士學位和博士學位，他的行事作風相當出名，會大力對抗和質疑權威人士，也很願意打破官僚作風的繁文縟節。奧斯特霍爾姆注意到大多數患者在出現沙門氏菌感染的症狀前一兩天都有服用抗生素。他懷疑這些病可能是由受到汙染的藥物引起的，擔心如果有必要，他可能得將明尼蘇達州所有藥店中這個批次的抗生素全部下架。

奧斯特霍爾姆才剛過完他 30 歲生日幾星期，而霍爾伯格則剛滿 33 歲，他們都想要趕緊展開調查。雖然這是在一個星期天晚上，但兩人都潛心研究關於這 10 名患者的資訊。他們之間沒有什麼共同點，年齡從 8 歲到 43 歲不等；其中八人住在明尼阿波利斯和鄰近的聖保羅，在這十人中有八位都是女性，包括那名 8 歲患者在內。他們當中絕大多數在之前都分別出現上呼吸道感染、支氣管炎、喉嚨痛或耳炎；這就是為什麼他們在遭到沙門氏菌感染前他們全都服用過抗生素。當時還有一人在住院治療。

那天晚上，這兩位流行病學家在仔細研究細節後，排除掉一個可能性，並提出了另一個。他們發現問題可能不是來自於藥物汙染，因為患者服用的不是相同的藥物：一些人服用阿莫西林，一些是青黴素，還是由不同的藥局配的藥，其中有一位患者甚至沒有服用抗生素。但這些病例間確實有些關聯。感染他們的這些的沙門氏菌全都具有抗藥性，而且在 10 名患者身上的抗藥性都是相同的，都是對他們服用的青黴素家族的藥物以及他們都沒有服用的四環素類藥物產生抗藥性。

問題是四環素抗藥性從何而來。這正是 CDC 在培訓霍爾姆伯格期間教導他需要格外留意的那種訊號，這是個警示，意味著這場小疫情可能預示著一個更大的問題。

調查食源性疫情是苦差事。因為每個人都會進食，而且每個人每天都會吃很多種食物。因此，要縮小可能致病的食物來源需要進行長時間的查訪，並且要比對那些可能仍放在冰箱中的包裝，或是還留在錢包中的收據。

霍爾姆伯格立即投入訪談患者的工作。為了要將他們的病和其他食源性傳染病區分開來，他還前去訪談疫情爆發前就感染到沙門氏菌的當地人。他拜訪了這兩群人，參觀了他們的房子，並查看他們的冰箱和櫥櫃。每個人都吃同樣的東西：牛奶、雞蛋、牛肉、雞肉。沒有任何食物可以將這波疫情的患者區分開來，他們吃的東西，對照組都有吃。他沮喪地回到亞特蘭大，想知道他是否能夠拋出一張更寬的網。他首先想到的是，這種不尋常的沙門氏菌菌株是否有出現在美國其他地方，若是有的話，另一個衛生部門可能也會通報到 CDC。然後他又想到，既然沙門氏菌源自於動物，抗藥性菌株也可能出現在牠們身上。

於是他打電話給位於愛荷華州艾姆斯（Ames）的國家獸醫服務實驗室（National Veterinary Services Laboratory），這單位相當於是動物的疾病管制中心，他主要是問他們在過去兩年內是否有從牲畜身上採集到新港菌株。他們寄送給他 91 份細菌樣本，其中 9 個來自中西部，其餘的則來自全美各地。在 CDC 培訓期間，霍爾姆伯格有學過以質體來進行遺傳指紋分析的技術，因此他將分離出來的菌株帶到 CDC 的一間實驗室，看看這些菌株中帶有什麼。結果在所有的樣本中，只有一個含有質體，而且具有和奧斯特霍爾姆實驗室相同的抗藥性因子，也就是在明尼阿波利斯和聖保羅組合而成的雙城區（Twin Cities）的患者身上發現的。這個細菌樣本來自一隻南達科他州一間農場的小牛，那裡距離明尼阿波利斯有數百里遠。這是一條誘人的線索，但只是有趣而已，看上去並不沒有什麼關聯，直到霍爾姆伯格與南達科他州流行病學家肯尼斯・聖傑（Kenneth Senger）聯手調查，才發現該州也記錄有四個人類病例，他們身上的抗藥性模式也和他所發現的一樣。在明尼蘇達州的患者發病之前，這四名患者中有三人在前一年都病倒了。其中一位就是養那隻病死小牛的主人。

在每次的疾病調查中，總是會出現這樣一個時刻，隨機的資料片段開始看起來彼此關聯，就像是尚未完成的拼圖上所透露出的圖像。霍爾姆伯格再次前往機場。聖傑在南達科他州與他碰面，幫助他找到這間農場。

前年生病的那三個人（基於隱私，他們的名字從未公開）屬於一個有聯姻關係的大家庭，全都住在蘇瀑鎮（Sioux Falls）的西南方，他們分別是小牛的主人，他是位 33 歲的酪農，住在他旁邊農場的表親，是位 29 歲的女性，以及她 3 歲的女兒。1982 年 12 月他們全都生病了，病程與明尼蘇達州的那幾位病例相同，首先是有支氣管炎或喉嚨痛的問題，在服用處方開立的抗生素後，又突然發燒、痙攣和惡性腹瀉。

這些堂表親並不住在同一座農場；他們的房子相隔好幾里，只有在上教堂時才會碰面，相遇時則在路上揮手致意。但當他們與霍爾姆伯格和聖傑交談時，一條更密切的聯繫浮現了。他們每個人都從共同的叔叔那裡得到一塊肉當禮物，這位叔叔經營一家肉牛飼養場，並且與那位 33 歲的酪農共用部分的土地。這位叔叔非常慷慨，每年至少有一次，他會挑一頭好牛，宰了之後將牛排和碎肉分享給這個大家庭的每一份子。這位酪農在和這兩位流行病學家談他叔叔時，想起來前年在飼養場發生的一樁怪事。他養的一頭小牛穿過共用柵欄的縫隙，跑去肉牛那邊。在他把小牛帶回來的幾天後，他的整群乳牛全都出現嚴重腹瀉，有幾頭小牛死亡。這種疾病對他來說相當不尋常－他過去還因為農場經營狀況良好而獲獎－因此他曾要求州政府的獸醫來幫他的所有動物做檢查。這就是何以他的小牛樣本會進入國家實驗室，然後又傳到霍爾姆伯格手上的原因。

霍爾姆伯格和聖傑去見了這位叔叔。他告訴他們，當酪農的小牛跑到這裡來時，他的飼養場裡有 105 頭牛，但在幾個月前，也就是 1983 年 1 月時，全都賣掉了。但是他說，他很難相信他的牛會是可能的病源。他展示給他們看他之所以對農場如此有信心的原因：他拿出了在當地飼料商店購買的裝金黴素的袋子，他會餵這些給他的牛吃，預防疾病。

霍爾姆伯格覺得另一塊拼圖又到位了。他那時正在尋找抗藥性感染。他先在一組病人身上找到了，他們都有吃的其中一樣東西就是牛肉。然後，他發現另一組感染病人，都吃了一家農場的牛肉。其他進入這農場的牛也發生了同樣的抗藥性感染。現在，這位農場主人向他們展示了這個抗藥性的可能來源，也就是他親手舀入到牛飼料的抗生素，他用的比例約是每噸 100 克。

霍爾姆伯格追蹤到這條感染鏈的起源了；現在他必須追蹤它發展的路徑，看看否能夠一直到達明尼阿波利斯。這位叔叔的牛從南達科他州裝載上卡車，運到明尼蘇達州西南端進行屠宰，而且這間屠宰場的經理在 1983 年就很不同尋常地採用個人電腦來紀錄他的買賣交易。他搜尋了他的電子表格，表示這 105 隻中有 59 隻送到了內布拉斯加州的一家包裝廠。在那裡將牛分切成肋骨、牛腩與沙朗等肉商要的部位，所有剩餘的碎片都包裝成一大箱，賣給批發商。含有來自叔叔農場的那幾盒牛碎，轉售到中西部；混合在明尼阿波利斯一家工廠的 40,000 磅牛肉中，以及愛荷華州中部一家類似工廠的 30,000 磅的牛肉中。兩家工廠都將這些牛肉分裝成更小的包裝，然後賣給超市，讓超市製作漢堡肉。霍爾姆伯格回頭查看他第一批訪談明尼蘇達州感染者的記錄，這時他找到了這條感染鏈中的最後一個環節。跟明尼阿波利斯工廠購買牛肉來絞碎的超級市場－這當中包括來自南達科他州的那批牛碎肉－正好就是雙城區這批沙門氏菌感染者購買的產品。

剩下的一個問題是為什麼這些個案發病的時間會這麼分散。這個農場主人 29 歲的表親和她的女兒是在 1982 年 12 月生病，農場主人則是在 1983 年 2 月。雙城的患者發病日期則是從 1983 年 1 月中旬一直到 2 月的第二週，而最後一個病例出現在五月。霍爾姆伯格和奧斯特霍爾姆又花了更多時間來研究病人的記錄，試圖了解這當中的來龍去脈。然後他們發現了一個聯繫點：每個患者在某個時間點，都有罹患一些與此毫不相關的毛病，大多數是呼吸道感染，這好發在寒冷的冬季。他們因此就診，拿到處方箋，以及那些會殺死預定目標的抗生素，即造成胸腔感染的細菌，但這些藥也順道殺死了意想不到的細菌，即患者腸道內多樣的細菌群。這時，在他們腸道裡潛伏已久的那批帶有抗藥性的沙門氏菌便趁機大肆繁殖，數量增加到足以致病的程度。

追蹤這一過程讓霍姆伯格發現抗藥性真的是在無形之間傳播開來，不著痕跡，這一點讓他惶惶不安。最後一位患者的故事則相當遺憾地印證了他的擔心。在南達科他州的第四名病例是位 69 歲的男子，他是這次疫情中唯一一位因 這個菌株而喪生的人。他很早就遭到感染，跟那位 29 歲女性和她女兒發病的時間差不多，是在那位叔叔的牛遭到屠宰，經過批發商和中間商流入超市前。換言之，他不可能購買到任何會讓他感染的牛肉；他與這個農場大家庭也沒有關係，不會收到牛肉禮物。事實上，在疫情蔓延開來的大部分時間，他一直都住在蘇鎮的一家醫院，他因為一起嚴重的農場意外受傷，得住院治療。他傷得很嚴重，還做了緊急的結腸鏡檢查，並且切除掉部分的脾臟和大腸。

霍爾伯格覺得那家醫院很耳熟，想起來就是那位在 12 月中旬第一個發病的 29 歲表親所住的那間。

於是他打電話給那位負責這間醫院結腸鏡檢查室的護理師。他請她檢查記錄，看看這兩個人是否在同一天接受手術？護理師檢查了當天的日程表，表示沒有。他思索了一番，想到醫院的作業方式，為了以防萬一，他又要她在檢查一下其他日子。果然，他的預感是正確的。那名女性是某個工作日的最後一名病患，而那個男性則排在隔天第一診。結腸鏡有條細長而有彈性的管子，照理來說這條管子在檢查那兩位腸道之間早已經過徹底消毒，但勢必有一些沙門氏菌存活下來，汙染到那名受傷男性的腸子。這些細菌在他的腸道中增生壯大，滲透到血管中，演變成致命的血液中毒，最終造成他死亡。在他去世後，醫院病理學家在他的腸子、肺部和血液中都發現沙門氏菌，後來確定就是在那波疫情中的抗藥性菌株。

食源性病菌的抗藥性就這樣從牛悄悄地遷移到人類社群，成為一種院內感染，在不知情的情況下，從一名患者傳給另一名。當時無從得知這是否是有可能再次發生在其他地方。在成千上萬可能吃過這位叔叔的牛肉碎做成的漢堡中，只有 18 人確診，而這純然只是因為有個警覺性高的衛生部門設計有良好的偵測系統，並且注意到這件事，再加上有一位聯邦政府資助的流行病學家願意花上幾個月的時間在這件案子上。這 18 個人全都是因為一間農場的肉而出現噁心的症狀，但全美各地的農場都像這位南達科他州的農民那樣，可以任意使用抗生素。1984 年，當霍爾姆伯格發表他對這段疫情的描述時，美國農民當年度一共花了 2.7 億美元來購買牲畜用的抗生素，相當於買下該年度美國製造的五成的抗生素。

調查結束後，霍爾姆伯格試圖確定農場抗生素產生的風險有多大。他調出 CDC 從 1971 年到 1983 年（這機構擁有完整資料的最後一個年度）所有關於沙門氏菌感染爆發的報告。當時，農業界仍然認為抗藥性只是因為在人類醫學中濫用抗生素而產生，但在這些記錄中，霍爾姆伯格看到有三分之二的抗藥性沙門氏菌病例可以追溯到動物身上。[4] 在某些病例中，關鍵在於吃下受汙染的動物性食物，諸如生乳、冰淇淋或烤牛肉。但在其他情況下，抗藥性疾病則是從動物傳給人類，然後從一個人傳到另一個人。還有一個格外驚人的例子，一名年輕的孕婦從餵食抗生素的小牛那裡感染到抗藥性沙門氏菌。她在生產時將細菌傳染給她的嬰兒，然後，當嬰兒躺在醫院的育嬰室時，護理師在毫不知情的情況下，將引發感染的細菌傳到其他新生兒身上。

數百人因為農場抗生素促成的抗藥性沙門氏菌而生病，但因為都是三三兩兩個別發生，因此在霍爾姆伯格察覺到這其中的聯繫之前，沒有人認為這些病例之間是有關係的。這是一種危險性和分布範圍超出所有人想像力的流行病。他的資料顯示出，和其他仍然能夠為抗生素處理的菌株相比，若是感染到源自農場的抗藥性菌株，死亡機率會高出 21 倍。

六年前，肯尼迪嘗試推動禁用生長促進劑，他的努力因為政治人物及他們農業界金主的阻撓而失敗，他們拒絕接受農用抗生素、食源性細菌和人類疾病之間的關聯。這項在中西部的調查讓人無法再否認這當中的連結。《科學》（Science）雜誌稱這項調查結果是一「確切證據」。[5]《華盛頓郵報》（Washington Post）以頭版頭條來報導該研究，[6] 幾個月後，眾議院強迫 FDA 官員參加一場氣氛不太友善的聽證會。十年前李維的實驗就已證明，抗藥性細菌可以從動物傳播到人類身上，不過那是在一間單獨的小農場進行的實驗，並且受到人為控制。如今霍爾姆伯格、奧斯特霍爾姆和聖傑的調查則提供更進一步的證據，顯示抗藥性基因可以透過自由生活的動物和人類，以相同的方式傳播到距離遠遠超過唐寧家農場範圍的地方。而且跟幸運的唐寧一家人不一樣的是，他們的調查證實了源自農場的抗藥性細菌不僅可能會致病，甚至會致死。

這項調查結果扭轉了整場辯論的局面，並且激發出第一波針對農場抗生素的公民行動。位於紐約的非營利自然資源保護委員會（Natural Resources Defense Council, NRDC）正式向美國衛生及公共服務部部長瑪格麗特・赫克勒（Margaret Heckler）請願，要求她立即禁止畜牧業使用未達治療標準的微量青黴素和四環素。[7] 自然資源保護委員會提出：「根據最近的科學證據，確定每年有數百人的死亡……可能是因為這種低劑量使用造成的，」這個組織表示，繼續允許使用這些藥物將構成「迫切的危害」，這意味著它已符合監管標準，可以讓部長在沒有舉行聽證會的情況下，將這類藥物從市場上移除。但是赫克勒拒絕了這項請願，也拒絕採取行動，她忽視的不僅是霍爾姆伯格的調查，還有兩項大型的新研究，其中一項還是來自當年國會議員惠騰授權的資金，他那時堅稱肯尼迪的研究還不足夠。[8]

這一次，這項議題變得難以壓制。在 1985 年最後一天發布的一份砲火猛烈的報告中，眾議院的政府運作委員會譴責 FDA，認為他們怠忽職守，沒有監管牲畜用藥的分配和應用。[9] 這個委員會表示，這個機構在最近批准的兩萬種藥物中，有高達 90% 的藥物從未進行過安全評估，甚至連有效性評估也沒做，他們還公布了 FDA 內部告密者的證據，顯示這個機構早已知道這在些新藥中有 4000

種可能對動物和人類造成「重大的不良影響」。該報告還指控 FDA 沒有建立起適當的程序來確定用於食用動物的藥物是否對人類構成風險，也沒有向大眾公布肉類、牛奶和雞蛋通常都殘留有藥物的事實，當中包括有致癌的化合物以及抗生素，如用於家禽的硝化呋喃（nitrofurans）、用於幼豬的卡巴得（carbadox）和在 1940 年代合成出來的氯黴素（chloramphenicol）；最後這種藥物因為會引發致命的血液疾病而禁用在人類身上。

這份委員會的報告提到，動物藥品製造商公然藐視 FDA，在製造新配方的藥物後，竟然在未經測試或批准的情況下就在市場上持續販售，當中包括 FDA 早已規定要下市的兩百多種形式的磺胺類抗生素。這份報告呈現出農藥開發這個全然自由的市場。委員會還派出祕祕密調查人員前往養豬業基地愛荷華州進行公路旅行。他們回報，就是連沒有出具任何證明文件的陌生人也可以進入其廠房，他們還能夠在一半的倉庫和幾乎所有他們拜訪的獸醫診所購買 FDA 認定的危險動物藥物，這些－包括抗生素在內－理當是處方用藥。

這些國會研究人員之所以大動作調查並不是出於對抗生素抗藥性的擔心，而是因為這些製造商違反 FDA 的規定。不過他們這份大肆抨擊的報告也呈現出要推動改革的難度真的很高：因為這些藥物帶來很大的利潤，而且販售的方式相當分散。這份報告也暗示很快就會出現更大的問題。農業界不僅使用舊有的廉價抗生素，也想要將新的和更強效的藥物引進農場，這些藥物原本是研發來對抗人類的抗藥性感染。

霍爾姆伯格在明尼蘇達州的調查相當成功，這讓奧斯特霍爾姆明白有一位流行病情報員是多麼有用。於是他向疾病管制中心提出一項協議：他將在他的部門開出一個永久職缺，每年讓一位快速因應小組的成員來雙城區接受訓練，而不是去亞特蘭大。這個職缺立即受到歡迎，流行病情報員競相爭取前去的機會。奧斯特霍爾姆的人馬曾經創下一項很厲害的記錄，他們處理過一些大型或是很棘手的疫情，這些案例最後還寫入教科書，[10] 成了當中的範例，包括世界級的大型冰淇淋工廠引起的 20 萬例沙門氏菌感染，一些最早出現的院外 MRSA（Methicillin-Resistant Staphylococcus Aureus 即抗藥性金黃葡萄球菌）病例，以及第一起「布雷納德腹瀉」（Brainerd diarrhea）這個神祕病例，布雷納德是病例出現的小鎮，當時鎮上許多居民出現不明原因的長期胃部不適。

能夠前去處理令人興奮的疫情是有交換條件的，這些來到明尼蘇達州的流行病情報員得執行一項大型的資料焦點計畫，這必須是日後能夠發表在醫學期刊上的研究。就這樣，到了 1990 年代末期，來了一位名叫基爾克・史密斯（Kirk E. Smith）的獸醫，他坐在衛生部的辦公室裡，思索著要怎麼從這個州收集的近 20 年的系列報告中挖掘出研究題材。

史密斯出生農家，他的父母和祖父母在北達科他州都擁有小農場，他取得野生動物學、獸醫學和公共衛生學的學位，對於動物和人類之間的細菌交流有一定的警覺度。[11] 他正在查看的資料庫中就有許多關於這種交流的深度資料。1979 年，明尼蘇達州的立法機關要求該州的醫師向衛生部門通報他們認為可能是由彎曲桿菌（Campylobacter）引起的每一個食源性病例。大多數人不會特別想到彎曲桿菌，因為它引起的症狀通常很輕微。但它那時是（現在仍然是）引發美國食源性疾病最常見的致病菌。除了通常會出現的發燒和噁心等症狀外，還可能引起心臟感染、腦膜炎、流產、血液中毒、長期性關節炎和腎臟損害，以及有基蘭－巴黑綜合症（Guillain-Barré syndrome）之稱的罕見脊髓灰質炎樣麻痺。在兒童、老年人、愛滋病和癌症患者以及其他免疫系統受損的人身上，彎曲桿菌感染可能會致命，每年造成約 100 人死亡。

但史密斯腦中想的不止是這種大家認識不足的疾病所造成的公衛負擔。他懷疑在這部門長達十七年的通報資料庫中，有跡象顯示彎曲桿菌正在成為一種新的威脅。這種病菌有一獨特的特性：在雞肉上極為常見。[12] 在過去的幾年間，雞肉的生產過程出現重大變化，開始採用一種名為氟化奎林酮類（fluoroquinolones）的新型抗生素藥物。

氟化奎林酮類藥物於 1980 年代上市，其發現源自於一場實驗室的化學意外，是嘗試發展改善瘧疾藥物的副產品。（這藥物的英文名稱便是來自於治療瘧疾的古老藥物奎寧，這和造成通寧水變苦的化合物是一樣的東西。）氟化奎林酮類藥物，尤其是當中最知名的環丙沙星或稱速博新（ciprofloxacin），是當時最暢銷的抗生素，因為它們的副作用很少，能夠對抗各種疾病，包括肺炎、尿道感染、性病、骨炎和關節感染。[13] 這類藥物還用來治療因彎曲桿菌和沙門氏菌感染而需要住院的嚴重病例。而且它們似乎是醫學能夠長期依賴的藥物，因為其結構中有一種新分子，是以實驗室合成的分子所製造出來的，而不是從黴菌或土壤生物中提鍊的。細菌要發展出對它的抗藥性應該比較慢，畢竟細菌在之前從未遇到過這類藥物。

但氟化奎林酮類可能太過成功，就連農業界，特別是家禽業者，也要求使用許可。在 1990 年代中期，FDA 批准了農場使用速博新（sarafloxacin hydrochloride）和恩諾沙星（enrofloxacin）這兩種氟化奎林酮類藥物，但不是作為生長促進劑，而是用來預防和治療在密閉空間中容易生病的雞和火雞。史密斯認為衛生部門的資料應當會記錄下來後續狀況。這個部門近二十年來一直在做實驗室分析，想要看看是否有彎曲桿菌或其他生物體引起食源性疾病，他們的實驗用的是啶酮酸（nalidixic acid）這種化合物，其化學性質恰好與氟化奎林酮類相近。因此，如果史密斯想知道明尼蘇達州的彎曲桿菌是否仍然對氟化奎林酮類藥物敏感，或是已經產生抗藥性，他不必重新進行實驗室工作。他只需要在資料庫中搜索。

環丙沙星是在 1986 年進入市場，而沙拉沙星（sarafloxacin）是在 1994 年，因此史密斯決定從 1992 年的通報開始找起，以比較在使用農場版的氟化奎林酮類藥物前後的狀況。在他回顧的第一份報告中，他可以看到有少量細菌對氟化奎林酮類藥產生抗藥性；這是有道理的，因為環丙沙星已經上市一段時間了。但在 1995 年，抗藥性大幅提升；1997 年，在恩諾沙星進入市場後，抗藥性再次猛然上升。到 1998 年，在明尼蘇達州採集到的彎曲桿菌樣本中，有 10.2% 都對氟化奎林酮類藥物產生抗藥性，這比例幾乎是六年前的八倍。

這是一個深具煽動性的巧合，但還稱不上是證據：他所看到的抗藥性增加可能來自於人類或動物用藥。為了要證明問題來自於食物，史密斯和一些州政府的同事在整個雙城都會區分散開來，前往 16 個市場購買了 91 包生雞肉，並進行測試。結果在這 91 包中，發現有 80 包都帶有彎曲桿菌，而其中有五分之一恨對氟化奎林酮類產生抗藥性，而且賦予其抗藥性的基因與州立資料庫中在人類病患身上分離出來的菌株基因相同。毫無疑問：明尼蘇達州的彎曲桿菌的抗藥性比例之所以上升是來自於雞肉。

而這問題不僅只局限於明尼蘇達州而已。史密斯和他的同事一共買了 15 個品牌的雞肉，分別來自九個州。史密斯在亞特蘭大的同事以 CDC 的資料進行一項和他們類似的全國性搜尋，結果發現了同樣的趨勢：1997 年，13% 的人類彎曲桿菌感染有對氟化奎林酮類藥物產生抗藥性；到 2001 年則增加到 19%。在喬治亞這個肉雞生產大州，抗藥性的比例更是高達 26%。[14]

這也不僅僅是美國人的問題。當史密斯再次檢視州立機關資料庫中的感染通報時，他注意到一個出乎意料的細節：年復一年，抗藥性是以一道緩和曲線的方式穩定增加。但在月份之間會出現鋸齒狀的變化，在 1 月時會達到頂峰，然後再回落。顯然每年 1 月一定有什麼特別的事發生，導致明尼蘇達州的居民比一年中的其他時間更容易感染到食源性的抗藥性細菌。這輩子都在中西部偏北地方生活的史密斯立即猜到了：寒假時大家會從這片黑暗和寒冷的絕望之地飛出去度假。氣候溫暖、距離近而且便宜的墨西哥便是首選，但這也是氟化奎林酮類藥物的重度使用國。根據聯合國的資料，在 1990 到 1997 年間，墨西哥生產的雞肉量增加了一倍，家禽用氟化奎林酮類藥物的銷售量增加四倍。這些藥物產生的抗藥性細菌都進了遊客的肚子，他們就在不知情的情況下將其帶回美國。

墨西哥不是唯一的來源。[15] 在荷蘭，這樣一個連開立給人的抗生素處方箋都顯得保守的地方，一直到 1982 年都沒有發現對氟化奎林酮類藥物產生抗藥性的細菌。然而 1987 年當地農業引進恩諾沙星；在兩年內就發現雞肉中有 14% 的彎曲桿菌產生對氟化奎林酮類藥物的抗藥性，而在人類患者身上也有高達 11% 的比例。在西班牙，[16] 過去完全沒有抽查到對氟化奎林酮類產生的抗藥性細菌，但如今在收集到的彎曲桿菌樣本中，有高達三分之一的比例。在英國，[17] 一直到 1994 年才批准恩諾沙星，然而在使用這種藥物的一年內，在英國人感染到的彎曲桿菌中，就有超過 4% 對氟化奎林酮類藥物產生抗藥性，這一趨勢又因為每年從開放使用這種藥物的歐陸國家進口百萬噸雞肉而加速。

放任使用氟化奎林酮類藥物，導致抗藥性迅速上升；這些藥物原本是為了解決人類的醫療問題而研發出來，但卻成為農業界的金雞母。1998 年，世界衛生組織確定出在美國和歐洲用於動物的氟化奎林酮類藥物約有 120 公噸，而這不過就是幾年內的事。[18] 英國的史旺報告和對生長促進劑的禁令並未阻止這個趨勢，因為氟化奎林酮類藥物並不是生長促進劑。這類藥物是用於預防和治療疾病的，即使在合法許可的用量下，抗藥性依舊上升。而且一下子就遍布四方，[19] 這不像是之前安德森在英國或是霍姆伯格首次在美國中西部發現的那種案例，僅是由一間農場這種單一來源造成的疫情，而是在世界各地爆發開來。

我們總覺得食源性疾病都是一樣的，甚至都用食物中毒來一以概之，無論背後造成的有機體是哪一種。但這之間其實存在有關鍵

性的差異。彎曲桿菌可能是美國食源性疾病中最常見的病原，但沙門氏菌則更危險。每年在美國，它導致多達 16 萬人次的就診，1 萬 6000 例的住院治療，以及約 600 個死亡病例，這是彎曲桿菌的六倍。死亡人數有可能會更高，病情嚴重的沙門氏菌感染，實際上得靠抗生素來救命的，而將人從死亡邊緣拉回來的藥物正是環丙沙星，或大家俗稱的速博新（Cipro）－這是它的縮寫。在 1990 年代晚期，[20] 每年約有 30 萬美國人因急性腹瀉（沙門氏菌和其他食源性病菌造成的主要症狀）接受速博新治療。

在 1980 年代中期，一種沙門氏菌的新菌株開始在英國蔓延，它的學名是鼠傷寒沙門氏桿菌 DT104（Salmonella Typhimurium DT104）。[21] 當時每三個感染者就有一個得住院，相比之下，大多數沙門氏菌菌只會造成百分之一的感染者入院。這似乎是由多種生肉傳播的，在一系列農場動物身上都有發現這種菌株，而且這個菌株已經對五個不同大類的抗生素家族產生抗藥性。只有速博新仍然奏效。但是在 1994 年，恩諾沙星在英國獲得許可後，氟喹諾酮藥物的抗藥性很快就出現在 DT104 這個菌株的防禦系統中。

DT104 菌株在全球迅速傳播開來，也很快到達美國本土。[22] 1996 年 10 月在內布拉斯加州曼利鎮上的一所小學有 19 名學童因此而生病，而在 1997 年 2 月，至少造成舊金山附近 110 人生病。含有它的生乳和乳酪是唯一與疫情相關的產品。1997 年 5 月，佛蒙特州一家小型的家庭式乳牛場海耶山農場（Heyer Hills Farm）遭到這菌株的重創。[23] 最初是小牛生病，然後是喝了自家牛奶的海耶一家人：首先是五歲的男孩尼古拉斯・海耶（Nicholas Heyer），然後是他的祖母也是農場主人的瑪喬瑞（Marjorie），再來是其他六位親人；最後是瑪喬瑞的女兒，也就是尼古拉斯的姨媽辛西婭・霍利（Cynthia Hawley），她幾乎因此送命。一家鄉村小醫院的醫師給她施打了各種抗生素。但沒有一個管用。最後是他們的獸醫救了她。他將小牛的檢體樣本送到康乃爾大學的獸醫學院，他們的實驗室分析結果讓霍利的醫師警覺到她所感染的菌株具有多重抗藥性，但氟喹諾酮類藥物應該還有效。確實如此。對後霍利活了下來。但是在農場的 147 頭乳牛中，有 13 頭死亡。

DT104 這個菌株就這樣爆發開來。在 1980 年之前在美國根本沒有這個菌株，但是到 1996 年，在 CDC 登錄的鼠傷寒沙門氏菌感染檢體中，有三分之一以上都是這個菌株造成的。[24] CDC 估計全美可能有 34 萬的病例，而所有感染者能否康復完全取決於博速新的效果。美國農業部的資料完全無法與 CDC 的龐大資料庫相提並論，因為農業部才剛剛開始建立起檢查動物沙門氏菌的系統。但在 1997 年底，光是從拼湊起來的緊急情況評估，就看得出這系統已經接收到來自全美各地的菌株通報。[25]

這種致命性又具有抗藥性的細菌正在滲透世界農業，在其他國家造成感染者死亡，並在美國各地繼續蔓延，並且威脅到僅存的一種重要藥物。長久以來不願插手控管農用抗生素的美國監管機構也別無選擇，被迫採取行動。

2000 年 10 月 31 日，FDA 終於踏出延宕已久的一步。[26] 在《聯邦公報》（Federal Register）中發布的「聽證暨答辯之機會」通知

公告中宣布—— 23 年前肯尼迪也曾嘗試使用這種做法——打算將氟喹諾酮類藥物從美國家禽業的用藥中移除。

此舉相當大膽，即使將國際間擔憂環丙沙星（速博新）可能失效的警告納入考量。此時的藥廠和農業遊說團體的勢力比 1977 年更為強大。但整個時空脈絡也改變了。多次以國會將採取報復手段的威脅來阻撓 FDA 行動的國會議員惠騰已經在六年前退休。不斷否認農業抗生素有任何缺點的朱克斯也於一年前過世。史密斯在明尼蘇達州的研究成為全美報紙的頭條新聞，DT104 菌株的蔓延更是一則國際新聞。[27] 除了英國和丹麥之外，法國和德國的多重抗藥菌株比例也在增加，在愛爾蘭還引發致命的疫情。佛蒙特州的疫情成為《美國新聞與世界報導》（U.S. News & World Report）的封面報導，還附上海耶家農場死牛的悲慘特寫照片。當時網際網路才開始十年，多數人仍然是從印刷品讀取大部分新聞；數百萬通勤族和購物者經過報攤所看到的影像，仍然是推動全國談話的主題。

惠騰堅持要求進行更多研究來重新審視李維的發現，在經過 20 年後，累積了一系列國會委託的研究案，當中有一項研究再次確定除了農業界以外所有人早已接受的想法：農用抗生素會對人類健康造成危害。美國國家科學院的國家研究委員會於 1998 年 7 月在一份耗時六年、長達 253 頁的報告中，這樣寫道：「毫無疑問，抗藥性細菌會從食用動物傳播到人類身上。…… 在食用動物身上使用抗生素，在這些動物身上發展出抗藥性微生物……以及傳播到人類身上的這些病原體，這三者之間有確切的關聯。」[28]

儘管如此，FDA 還是小心翼翼地處理這個案子。就跟 20 年前的生長促進劑一樣，這則《聯邦公報》上的公告——在技術層面上，只是提案背後的一份 FDA 公文副本——讀起來就像是一篇附有科學期刊引用文獻註腳的案例摘要。在一年內，FDA 估計出有 12.4 億磅的零售雞肉（這是最有可能攜帶彎曲桿菌的肉類）含有這種抗藥性微生物，造成 19 萬 421 名美國居民患病，其中 1 萬 1477 人因感染到的是抗藥性菌株，導致生命受到威脅。[29] 儘管存在相當大的風險，FDA 不能輕易取消之前核發的藥物許可。還是需要給製造商一個機會來證明他們的藥物並不危險，捍衛他們的許可證。沙拉沙星（sarafloxacin）的製造商雅培（Abbott）拒絕參與，並將其藥物撤出美國市場。但是恩諾沙星（商品名稱是拜有利（Baytril））的製造商拜耳則決定展開一戰，而且還一戰再戰。

這家公司對 FDA 法規的蔑視引發了一段行政訴訟，相當於是政府內部的一場法庭審判，FDA 是原告，拜耳則是被告。[30]（動物健康研究所，這個代表藥廠的貿易集團，以共同被告身份簽署出席。）接下來的兩年，這家公司請來專家證人，讓研究人員宣誓作證，並前後提出 32 次《資訊自由法》（Freedom of Information Act）要求。當案件於 2003 年 4 月進行審判時，拜耳又召集所有在華盛頓作證的研究人員，讓他們在 FDA 的法庭中接受第二次詢問。

奧斯特霍爾姆和史密斯也在證人之列，必須出席和提供文件，奧斯特霍爾姆對當時的感受仍然餘悸猶存，他現在擔任明尼蘇達大學傳染病研究和政策中心的創始人兼主任，同時也是知名的流行病和生物恐怖主義的政策顧問。「我們必須向他們提供各種資訊，包括我們的作為以及我們的過去等，」他回憶道：「整個過程不斷在挖個人隱私，充滿訴訟意味。我們提供的數據很難挑戰，因為它非常直接了當。但令人沮喪的是，竟然要花上這麼長的時間。」 2004 年 3 月，行政法庭裁決 FDA 勝訴。但拜耳和動物健康研究所提出上訴，引發新一輪的簡報和證據收集。但最終的裁量者是 FDA 的局長，他堅持法庭的裁決。在威脅要向聯邦法院上訴持續對抗後，拜耳還是放棄。2005 年 9 月，拜有利失去許可證，成了唯一一種因為造成細菌抗藥性，威脅到人類健康而被迫離開美國市場的動物用藥。[31]

毫無疑問，這是一場勝利。但也是接下來好長一段時間內唯一的一次。這場對抗也顯示出，若是 FDA 試圖控制其他農用抗生素，勢必將面臨種種頑強抵抗、宣傳伎倆，還要花費更多資金和時間在這上頭。這個訴訟過程也揭露其他一些問題：在開始收集證據前，FDA 確實不知道美國動物的抗生素用量，這機關本身沒有資料，只能依賴相關行業提供的有限數據，而這些是由動物健康研究所提供，來自其成員公司的專有資訊。發現 FDA 沒有足夠的資訊來製定政策，促成另一個關心社會的研究組織「憂思科學家聯盟」（Union of Concerned Scientists, UCS）採取行動，這個組織於 1968 年在麻省理工學院成立，當初是為了反對越戰，現在則是想要填補這一知識缺口。[32] 2001 年 1 月，這個組織發布了一項對農用抗生素的分析，引起相當震撼。他們表示，人類醫學每年會使用 300 萬磅抗生素。但根據政府記錄、農業普查和一系列複雜的計算，農業界每年一共消耗 2460 萬磅，是人類的八倍多，而且這只是用來當作生長促進劑和預防疾病的用量。

這份報告中令人震驚的數字立即遭到產業界質疑。動物健康研究所依舊堅稱，所有的農用抗生素，包括生長促進劑、預防和治療動物疾病的，總共僅有 1780 萬磅，而其中用作生長促進劑的僅有 300 萬磅。但是憂思科學家聯盟的文獻很詳細，他們計算出，牛每年接受 370 萬磅抗生素，比人類還多；豬則是 1040 萬磅；而數量最多但壽命相對較短的雞則是 1050 萬磅。若是在人類醫學中用到這樣的劑量，將會被視為違法，因為這全不是用來治療疾病，而僅是用於促進生長和預防疾病的。成本效益分析顯示冒著引發抗藥性的風險來採行這種做法，完全不會帶來益處，只有損害。

第七章

育種的成功

農業界每年餵食牲畜數百萬磅抗生素的消息，讓人震驚不已。從來不曾想過農場動物在變成肉品之前的大眾，現在開始質疑農業界到底發生了什麼事，竟會需要用到這麼大量的藥物？這個答案，就跟農用抗生素一樣，可以用雞來完美解釋。

在湯馬斯・朱克斯進行實驗，或傑西・傑威爾開始在喬治亞州北部開著他的飼料車之前，美國大概有 600 多萬間農場，而現在僅有 200 萬間。過去的農場大多都是小規模，會種植農作物和養動物，而且幾乎都會養雞。至於要養哪種雞則是個複雜的問題，因為那時有很多選擇。1921 年 1 月號的《美國家禽雜誌》（American Poultry Journal）刊登了六頁的小型分類廣告，列出全國數百位育種者培育出來的數十個品種：單冠安柯納（Single-Comb Anconas）、銀光懷恩多特雞（Silver Wyandottes）、褐來亨雞（Brown Leghorns）、黑狼山雞（Black Langshans）、輕量婆羅門雞（Light Brahmas）、西西里金鳳花雞（Sicilian Buttercups）、金雞（Golden Campines）、白雷斯紅冠雞（White-Laced Red Cornish）、銀灰豆爾金雞（Silver-Gray Dorkings）、銀光漢堡雞（Silver-Spangled Hamburgs）、斑點烏當雞（Mottled Houdans）、桃花心木奧洛夫雞（Mahogany Orloffs）、白色米諾卡雞（White Minorcas）、雪花雞（Speckled Sussex）。大多數農場都會養一小群雞，數量從幾隻雞到兩百隻左右，而且對大多數的農民而言，養雞是為了雞蛋；只有下不出蛋的老母雞或孵出小公雞時，才會當作肉雞出售。農民會根據他們所在地區的其他農民的偏好來選擇自己飼養的品種，這些品種或許是適應生活環境的潮濕或乾燥，或是多風多雨的氣候，再不然就是因為他們受到華麗的廣告所說服，當中吹噓這種雞所產的蛋曾在州內或全國家的家禽博覽會上贏得獎牌。

1923 年雞肉生產往創新之路踏出了第一步，當時推出了第一臺電熱式孵化箱，讓整個產業得以擴張。[1] 這讓農民不必挑選和維持種群，也可以省下在母雞相對短暫的生產力歲月中，每次孵蛋都要耗掉的幾個月時間，讓牠們有多一點時間來生蛋。現在，農民可以將這些工作外包給這產業中的新興行業，上千家孵化場會將新生的小雞郵寄到府。但是當時育種的首選條件仍然是最大產蛋量，而不是以在無法下蛋後其肉質可能帶來的任何飲食樂趣為目標。在經過經濟大蕭條和二次世界大戰的糧食配給後，選擇可以生較多蛋的雞顯然是明智的策略：這可以最大化從雞那裡獲得的蛋白質，而不會犧牲掉自己的雞。但是當戰後，牛肉和豬肉再度釋放到市面上，雞蛋比起來顯得索然無味，而且蛋雞因為沒有美味的肌肉，也不會受到青睞。為了支持這場戰爭，大眾長期以來心甘情願放棄吃肉，現在他們想要一飽口福。

一家精明的零售業者看出即將發生問題。在 1944 年 11 月於加拿大舉行的家禽會議時，A & P 食材超市連鎖店的家禽研究主管霍華・皮爾斯（Howard C. Pierce）表示得要開發一種肉多的雞，雞胸肉的部分要長得像火雞那樣。[2] 到了隔年夏天，他的願望點燃了一項非凡的事業，在 A & P 及全美主要的家禽和雞蛋組織的支持下，美國農業部舉辦了「明日雞」（Chicken of Tomorrow）大賽，目標就是要培育出更美味的雞。

這場賽事盛況空前，一共有 55 個國家級的組織參與，包括來自政府機構、生產者組織和土地贈予大學的科學家和行政官員，以及來自 44 個州的上百名志工。（當時美國共有 48 州；阿拉斯加和夏威夷尚未加入版圖。）1946 年開始各州競賽，1947 年進入區域評判，並在 1948 年於德拉瓦大學農業實驗站舉行全國總決賽。

1947 年《週六晚間郵報》（Saturday Evening Post ）刊登的一篇令人垂延的文章，在文中可以清楚看出他們想要達成的目標，在比賽進行到第二階段時，報紙這樣報導：「適合一家人的肥雞：雞胸肉厚實，可以片成肉排，在層層多汁的深色肉層中，僅含有少量骨頭，而這一切的花費都比以前便宜。」[3] 想要參與競賽的，不論是小農還是大型養殖場，都可獲得一年的時間來設計和培育比賽所要求的堅韌、多肉等特質的雞。若是真的培養出這種雞，他們還得證明這些雞是可以生育的，因此要養出好幾代足夠數量的雞，才能完成這一場為期三年的選雞比賽。

這是一項重大挑戰。幾十年來，農人一直想要培育出更好的家禽品種，但要維持可靠的雜交品種一直是個難題。[4] 農民不信任混種雜交，擔心會生出沒有生殖能力的病雞，所以大多數參加明日雞競賽的，都會拿早已培養好的純種雞。在比賽的最後階段所選出的

40 位參賽者中，只有八位是以標準品種所雜交出來的雞來參賽。

到 1948 年 3 月，決選的 40 位育種者，再加上六位候補（以免有人遭到淘汰）出爐，他們分別送了 720 顆雞蛋到馬里蘭州東海岸的一間孵化場。這些蛋來自 25 個州，並根據精確的時間表裝載到火車上，以便在正確的時間送到孵化箱中。每一批蛋都有編碼，因此只有少數人知道主人的身份，每一孵化籃放一個育種者的雞蛋，深色雞與淺色雞交錯，以防孵出來的小雞，找到縫隙，摔到隔壁籃。一旦雞孵化出來，就會從 500 隻中隨機挑選出 410 雛雞，400 隻是要給裁判的，另外 10 隻備用，以免有雞受傷，然後開車送往為此新建的專用雞舍。

在這裡會讓小雞生長 12 週又兩天，然後屠宰、去毛後稱重並冷藏，就像是要準備出售一樣。每一批會從中挑選出 50 隻來評判。這意味著裁判一共得觀察 2000 隻雞，並根據 18 種標準來進行評估，從身體結構、膚色到長羽毛的時間以及飼料轉化為肌肉的效率。1948 年 6 月 24 日，裁判站在一個舞臺上展示了他們的成果，每個參賽者的那批雞都裝在一箱子裡，得分最高的前幾名則會展示其冷凍的橫切截面。那年的亞軍是康乃狄克州的亨利・薩格里奧（Henry Saglio），十幾歲的他出生在義大利移民家庭，務農的家族養著純種的白蘆花雞（White Plymouth Rocks），他從中培育出肌肉發達的多肉雞。冠軍是來自加州的查理・凡特斯（Charles Vantress），他以新罕布夏雞（New Hampshire）這種最受東海岸養殖界歡迎的肉雞和加州的可尼秀雞（Cornish），雜交出一種紅羽雞。

那天晚上，主辦單位以遊行來慶祝這些育種者的成就，呈現德馬瓦家禽業各個階段的花車穿過喬治城的巷弄，一輛車頂上還坐著一個不斷揮手並微笑的慶典肉雞女王。[5] 這活動不僅是在慶祝新培育出來的雞，也在慶祝其開發者希望打造的新經濟：明日雞將成為農場和市場上的主要肉類，比牛肉便宜，比豬肉順口，肉質本身就讓人垂涎，而不再是生不出蛋後遭到拋棄的肉。三年後的第二屆決賽，讓他們離夢想實現的那天又更近了：凡特斯再次已另一隻混種雞贏得比賽，再次擠下純種雞。[6] 他之後建立起這行業中相當頂級的孵化公司，唯一能與其競爭的，只有薩格里奧家族公司推出的愛拔益加（Arbor Acres），他們在 1959 年放棄了當年獲勝的純種白蘆花雞，改用一種雜交配種的肉雞。同年，凡特斯的雜交種則成為全美各地 60% 繁殖用的種雞。那些生命力強韌、自由生活又耐各種天候的純種雞呢？在占據美國農場穀倉近百年後，牠們就這樣因為商業化的腳步而逐漸消失凋零。

明日雞大賽的獲勝者不僅只是培育出新的雞種； 他們在改造雞的同時，也重塑了整個養雞業。最早的育種作法是兩個品種間的單一雜交：母的來自一個品種，公的選自另一品種。但育種業者為了確保牠們能夠穩定地生出擁有同樣特徵的下一代，又要基於此來做生意，開始採用較為複雜的雜交方式。他們培育出一複雜的血統，以確保這些雞不能在公司之外的農場繁殖。若是有農民想要買這種新雜交種的雞來自己繁殖，也繁殖不出純正的雞種。從前的肉雞養殖者從孵化場購買小雞主要是為了提高效率，但現在他們別無選擇。要飼養這些培育出來的品種，就像種植那些雜交品種的大豆或玉米一樣：每次耕作時都得跟該公司購買種子。[7] 在短時間內，數千年來在數百萬間農場和後院居住的雞，成了一種知識財產權。僅是靠著遺傳機制，甚至不需申請專利，純種雞就因為商業祕密的諸多限制而漸漸消失了。

隨著雞種持有公司數量減少，公司對其產權的嚴格控制就變得更加重要。市場縮小可能是維持育種計劃成本的自然結果。保持現代肉雞的性狀平衡和一致，需要不斷繁殖親代、祖父母和曾祖父母的雞群，這些雞群的總數可能維持在十萬隻左右。[8] 在不失去目前現有的特性，又不造成失衡的情況下，要移除和添加一新特性，可能需要好幾年。時間和費用不僅讓其他公司難以進入這一行，在 1960 年以後，要進入這個產業的公司一定得參加過明日雞大賽，這情況也迫使養雞業迅速整合。[9] 到 2013 年，只剩下柯布凡特斯（Cobb-Vantress）、包括愛拔益加在內的亞唯亞珍（Aviagen）以及歐洲的葛莉莫集團（Groupe Grimaud）這三家大公司，他們擁有全球每年生產幾十億隻肉雞的遺傳資訊。[10]

不僅整個產業界變得精實。隨著明日雞競賽走入歷史，競賽前存在的各個品種也逐漸消失。細瘦還是結實，母性或躁動，白色、棕色還是條紋，所有這些特質都沒有競賽要求的肉多特質來得重要。參賽的雞有 86 天的生長期，屆時就會遭到屠宰，而凡特斯的雞體重會達到 1.59 公斤。（美國農業部於 1925 年開始記錄養雞的相關數據，他的雞比平均體重要高出整整一磅－這正是何以這些獲勝雞種算是一重大成就的原因。[11] 時至今日，雞的屠宰平均體重已經達到 2.72 公斤，而平均生長期是 47 天。[12] 這種非比尋常的變化一方面是因為使用生長促進劑，另一方面則是因為育種公司不斷在他們的雞群中選擇肉長得多但飼料吃得少的雞來培育。在 1945 年，需要餵食四磅的飼料才能讓肉雞長出一磅的肉，這個比例在業界稱為「飼料轉化率」。而現在所需的飼料不到兩磅。

從現代育種計劃培育出的雞，不論是凡特斯開發的康沃爾雞（Cornish Cross），還是其他兩家公司培育出的其他類似雞種，都跟過去的純種雞很不一樣。[13] 首先，牠們都是白色的；育種公司早就發現，在拔除羽毛後，淺色雞看起來更乾淨、更吸引人，而皮上仍附有深色羽毛的雞，賣相就差一點。第二點，牠們的身形比例不均：這些培育出來的雞，雞胸部位增加最多，這是美國消費者最偏愛的白肉部位。今日肉雞的雞胸是過去純種雞的兩倍大，重量約占全身的五分之一。[14] 這些肌肉發育得比支撐它們的骨骼和肌腱都來得快，在六週時，現代肉雞就達到屠宰年齡，在過去的純種雞間幾乎不曾出現這樣的數字，而且雞胸的重量會讓整隻雞失去平衡。[15] 快速生長的肉雞，行動起來搖擺不定，就像放在兩根牙籤上的橄欖。[16] 肉雞可能會在胸部形成壞死或硬化的肌肉區域，腹部也會出現積水的問題，這兩種跡象顯示其循環系統無法跟上牠們肌肉所需的氧氣，以及攜帶新陳代謝廢物的速度。牠們的腿骨扭曲、行走困難，[17] 有研究人員為了研究目的而飼養肉雞，他們發現讓這些跛腳雞在一般飼料和摻有止痛藥的飼料間選擇時，雞會選擇含藥飼料。行動越是困難的，吃的含藥飼料就越多。

純種雞會啄、會抓，會翻到圍籬上，甚至還能飛上一小段距離。但是明日雞的後代並不是根據這些特質來培育，而且開發出來容納牠們的穀倉，也就是今日所謂的雞舍，也沒有提供空間讓牠們做這些嘗試。牠們會成千上百地一起走上一陣，再不然就是坐著。若雞舍環境維護得不好，有些雞就會坐在氨含量高的雞糞廢料上，這會灼傷雞腳和後腿膝關節中間的飛節的皮膚。密閉環境再加上牠們自身的被動性，讓牠們更容易生病，這正是為什麼在生長促進劑大獲成功後，農民還會用上數百萬磅的預防性抗生素。

如果世界上所有的雞都是康沃爾雞，就無從得知過去的雞的樣貌或行為，牠們是如何覓食、飛行或抵抗疾病，又是如何交配或照料牠們的小雞。不過在一些不起眼的角落，還是存在有其他種類的雞，牠們沒有被主在市場的肉雞所稀釋掉。牠們帶有在產業化育種前的雞的遺傳組成，將來有一天，可能會用這些遺傳奧祕再次培育出更好的雞。

堪薩斯州的馬奎特（Marquette）只有 640 位居民，是一個沒有人會意外造訪的地方。[18] 它位於這州的死寂中心，周圍是一片平原、平緩的山丘和百年前為了阻擋呼嘯而過的強風所種植的樹林。沒人會開車經過；這裡在丹佛西邊六小時車程處，在堪薩斯市東方三小時車程處，而連接外界的 70 號州際公路，也遠在這座小鎮北方約 50 公里處。也沒有人能夠搭車經過，太平洋聯盟（Union Pacific）和 BNSF 鐵路，分別從其北方和南方穿過，也不會有想人要從附近的煙山河（Smoky Hill River）漂流過來，這裡很多的彎道，看起來像是個孩子的塗鴉。要到馬奎特需要特別的用意，而要到位於鎮外的好牧人養雞場（Good Shepherd Poultry Ranch），則需要有陽光、一份地圖並抱持對童話故事信念的赤子之心：越過城市，穿過森林，在翻過山丘後，會在那裡找到寶藏。

法蘭克・瑞斯（Frank Reese）是好牧人養雞場的主人兼唯一員工，他在 25 年前選擇這個地方來保護託付給他的寶藏，那是一批曾經是小農場生力軍的數十種雞和火雞，牠們可以在戶外自行覓食，尋找棲息處，並在沒有外力協助的情況下對抗疾病。牠們布滿在垮掉的拖拉機、風化的維多利亞式農舍門廊以及和穀倉金屬側牆外的地面上，有黑白相間、赤褐配青銅、條紋的還有長著銀色和奶油色斑紋的，一些振翅拍打著欄杆，一些在農用卡車下滑行，還有的在瑞斯匆匆走過時，擠在他腳邊。

「羅德島紅、」瑞斯在雞在他腳邊低聲鳴叫時一一數著：「藍色安達盧西亞雞、銀帶懷恩多特雞、白帶紅色康沃爾雞、新罕布夏雞、西班牙黑雞、單冠安柯納、玫瑰冠白來亨雞。」這時他停頓了一下，似乎是在數雞：「全世界可能就只剩下 50 隻。」

年近 70 的瑞斯身型精實，因為經常捆紮重型卡車包裹而長出粗壯的肌肉，還有一雙泛紅的大手掌。他的頭也很大，耳朵上方的頭顱圓而寬，鬍鬚沿著狹窄的下巴逐漸爬滿整臉。厚重的連帽夾克上頂著一頭剪的極短的頭髮，給他增添了一種苦行僧的味道。他注意到一隻黑色母雞和一隻白色母雞躲在飼料朝槽下，蓬鬆的羽毛像是池塘上的漣漪，他咧嘴一笑。整個人看起來變得很不一樣。

「這是橫斑蘆花雞，」他一邊說一邊把牠抱起來，夾在臂彎裡，「我養這些雞有 52 個年頭了。」

養在瑞斯這片草地上的每隻雞，都是從在那裡產下的蛋孵化出來的，牠們的上一代也是在那裡孵化並成長的。這座農場是間活生生的雞檔案館，保留著雞的歷史和血脈，而他之所以這麼做，是因為這些雞帶給他快樂，而且他對這幾十年養雞業的趨勢無動於衷，認為犧牲掉這些雞是一種錯誤，而且相信這世界有一天會再次需要牠們。

法蘭克・瑞斯出生於舉行第一屆明日雞大賽的那一年，他的家族在 1680 年抵達美國的賓夕法尼亞州，隨後遷移到伊利諾伊州，又在內戰後搬到堪薩斯州，因為當時聯邦政府承諾，只要願意在這片土地上工作，都可以免費獲得 65 公頃的土地。瑞斯的家族在來到美國之前世代務農，來到這裡仍然繼續當農民，代代相傳，一直到法蘭克的父母。他和兄弟姊妹養著家裡的各種牲畜，有牛、乳牛、豬、雞、火雞、鴨子和鵝，在四個孩子中，法蘭克排行第三，因為太小，無法擠奶牛，或安全地進入母豬欄舍，於是分給他照顧這些雞的工作。他餵雞並收集雞蛋，然後將火雞從穀倉趕到田裡，讓牠們在那裡啄食昆蟲，伸展振翅，拍打柵欄和樹枝。

在他的記憶中，瑞斯一開始就為牠們著迷不已。一年級時，他曾寫了一篇關於寵物的文章「我和我的火雞」。秋末時在堪薩斯市會舉辦大型的「美國皇家」（American Royal）家畜展，當他的父親將他們的海福特牛（Herefords）帶去參展時，他會偷偷溜到家禽區，拉著管理穀倉的育種員的手肘。他的家族在當地以蘆花雞聞名，他在七歲時，就在郡上的博覽會因他培育出的雞而獲獎。

這幾個平原州是火雞的國度，農民過去經常把火雞趕到遠方的市場，一次幾千隻，這種「火雞行軍」就跟趕牛差不多，而市集則是這些火雞農的王國。獲獎不僅風光，賣一隻具有最佳血統的冠軍火雞，可以賺到 1000 多美元。至於冠軍的條件，則是依循將近一百年前美國家禽協會訂出的《完美標準》（ Standard of Perfection）， 這可說是火雞界的聖經，將每個品種的獨特特徵一一條列開來。「標準」聽起來像是一種起碼的讚美，但對於家禽界的老手而言，「標準種」（standard-bred）可是最高榮耀。在瑞斯出生前，許多稱霸各州家禽博覽會火雞區的男性和幾個女性，都贏得過這個頭銜。

「當時沒有依照年齡分組，」他回憶道：「不管你是 14 歲還是 84 歲，都參加同一賽區的比賽。所以若是我獲得第五名，就算很幸運，因為那些大人總是打敗我，像是：配種出青銅火雞（Bronze turkeys）的羅拉・亨利（Rolla Henry）、納拉甘西特火雞（Narragansetts）的諾曼・卡多希（Norman Kardosh）。然後，14 歲那年，我對於屈居人後感到厭倦，所以自己開車到 80 幾公里外的阿比林（Abilene），去看養火雞養很久的莎黛・洛伊德（Sadie Lloyd），她曾和這些人的媽媽一起在集市上展示過雞。我對她說：「莎黛，我想打敗諾曼和羅拉，」她笑著說，『我們會讓他們好看。』那一年我贏了。」

育種員相當難搞又嚴格，當中多是單身漢和獨身主義者，他們把一般人給配偶和孩子的愛與關注，投注在保存正在消失的家禽血脈身上。他們勢必在這個狂熱、長著招風耳的農場小孩身上看到一部分的自己，於是開始教他如何在普通的雞中挑出值得培育下一代的品種。最重要的是，要培養出觀察毛色和身型的眼力；有時這些標準可以測量，好比說是雞脖子的長度、雞蛋的重量，但大多數時候，判斷來自於對牠們的熟悉度和功力。

看得出瑞斯深具前景，洛伊德於是賣給出幾隻波旁紅火雞，這種呈桃花心木色的火雞，翅前羽呈白色，還有白色的尾羽。戈爾達・米勒（Golda Miller）則把她的澤西巨雞（Jersey Giants）寄給他，這些肉雞的歷史可追溯到 1880 年代，而且體重會長到約 5.9 公斤。傳奇育種員拉爾夫・斯特金（Ralph Sturgeon）則給了瑞斯斑紋蘆花雞，到今天他仍然非常鍾愛這種雞。同是堪薩斯州人的卡多希

（Kardosh），住在距他家車程幾個小時的奧爾頓（Alton）這個迷你小鎮上，最後成了他的主要導師，教導他《標準》中認可的八條火雞血統。

但瑞斯並沒有想要過著家禽隱士般的生活。他長大後離開堪薩斯，首先是從軍，然後進入護理師學校，在那裡他成為一名註冊的護理麻醉師。之後便在聖安東尼奧外緣安頓下來，雖然那時他也養雞和火雞，但這只是私人樂趣，而不是工作。在 1980 年代後期，他母親叫他回堪薩斯； 她希望他能住在附近，而且當地一家的小醫院正好需要一名麻醉師。於是瑞斯將他的雞和火雞裝在一輛麵包車上，向北開了 1100 多公里，同時邁向他的過去和未來。按照當地人的經驗，火雞場的最佳地點是在斜坡上，這樣可讓廢物排走，又不會太靠近掠食動物前去喝水的水源地。於是他找到這個占地 65 公頃的農場，也就是日後的好牧人農場，這裡靠近一座小山丘的頂部，低緩的山勢一路向下延伸到煙山河（Smoky Hill River），西邊是馬凱特，東邊是瑞典移民定居的林茲堡鎮。

不久後，一位朋友打電話給他。這位同姓但沒有血緣關係的湯米・瑞斯（Tommy Reece）也經營小型養雞場，住在聖安東尼奧以西的偏遠山區，多年來他特別喜愛養印度鬥雞種的康沃爾雞，這種雞長得非常精實，肌肉發達，長有玳瑁般的羽毛，與凡特斯用來培育康沃爾混種雞的血脈相同。這位瑞斯的身體狀況快要不行了。「他跟告訴我，『救救我的康沃爾』，而我答應他會試試看，」瑞斯告訴我，「他寄給我兩打蛋，孵了三隻出來。」

瑞斯的許多導師相繼離世，訓練他的卡多希是最後一位。2003 年，卡多希將這位之前的追隨者叫到堪薩斯州中部的一家醫院。76 歲的他，知道自己將不久於人世，於是把他的火雞遺贈給法蘭克，請他延續牠們的血脈。瑞斯一邊流淚，一邊承諾會好好照顧牠們，不會讓這些火雞滅絕。

就這樣，在無意間瑞斯成為數十種深具歷史的家禽血脈的守護者，這些雞種在一般業內人士眼中都認為無關緊要，因此牠們瀕臨消失的情況也沒有引發關注。在過去，曾經有過一代的農民會將家禽血脈予以信託。現在似乎只有他才可能接下這個任務。

瑞斯的雞和火雞應該會很有價值。在牠們血脈中保存的遺傳組成，給予牠們不需要抗生素的堅強免疫系統，能夠跑步和拍動的平衡體態，自行覓食的本能，還會教導小雞。牠們與商業肉雞完全不同，也和 1960 年代混種出來的寬胸白火雞很不一樣，現在這些白火雞成了每間商業火雞公司的主力產品，但由於雞胸處過度生長，導致身體無法平衡，因此無法進入交配位置，必須採行人工授精。

瑞斯的雞生長緩慢，就像還沒有雜交種之前的所有雞類一樣。牠們需要 16 週才能達到屠宰體重，而現代肉雞只需要六週。火雞則需要六個月，如果繼續養下去，可以一直活到五歲。為了保持血統純正，有必要讓牠們繁殖，而牠們的長壽和自然交配的能力讓法蘭克得以不斷擴大雞群。他開始出售用於孵化的雞蛋，並將小雞賣給其他要飼養雞和火雞的農民，但他對運送方式相當要求，絕對不用郵寄，只賣給那些親自來農場取雞的，或是付錢請司機來載運的。

他明白若是要讓他的農場繼續運作，他得將家禽當作肉類販售，但要付諸實行可不是件簡單的事。明日雞競賽不僅將業界推向那些可密集飼養、可重複特徵的混合雞種；幾十年來，也養出消費者的口味，讓他們偏好這種翅膀大、雞胸大、肉質細膩偏白的雞。瑞斯的家禽都是啄食而生，隨意棲息，牠們的肉反映出漫長而充滿運動的生活，因此肉質精瘦、色澤深沉，具有豐厚的味道－這會是廚師願意向想嚐鮮的顧客呈現的菜餚，但不會放在超市販售。就算有廚師或超市願意收他的雞，還是有問題。保持好牧羊人免受外界發展影響的地理位置對交通運送不利：餐館偏好新鮮雞肉，但是那些可以說服顧客嘗試傳統雞類的餐館距離他太遠，瑞斯必須要冷凍運送他的雞。但前提是他得找到地方殺雞和加工。他需要一間離他很近又獲得美國農業部認證的屠宰場，具有適合他的非標準雞的設備，還願意接受不定時的小量屠宰。然而，在養雞界小農場不斷遭到整併，紛紛納入大公司，無可避免地造成美國各地小型的獨立屠宰場紛紛關閉。[19]

稀有、遠距再加上處理費事，這一切都反映在價格上：瑞斯必須想辦法讓他的雞值得他所需要收取的費用。他找到網路商人來幫他。至於火雞，他則找上「美國傳統食物」（Heritage Foods USA）這是推動國際慢食運動的組織在美國的一個子機構，他們會致力於保存有失傳風險的品種，提出「味道方舟」（Ark of Taste）的計畫中。著重在開發昔日品種市場的新創公司艾默（Emmer & Co）也開始販售他的雞。對於一年一度的火雞大餐，消費者每磅願意多花個 10 美元，即使一隻要價破百，還是有人願意買這種節慶肉。但雞肉的價格在一半時就遭遇到阻力。「這個產業現在可以生產出一隻 90 美分或一美元的小火雞，」瑞斯告訴我。「但我光是成本就需要七、八美元，才能養出同樣重量的。」火雞的收入補貼了他養雞的費用。他估計每個月需要賣掉 1500 隻雞才能達到收支平衡，但是當我在 2013 年遇到他時，他每年頂多只能賣出 2700 隻雞。

矛盾的是，瑞斯寧願不要殺雞。他之所以要殺雞是為了要讓這批家禽精實而完美，因為這是他籌集資金以維持好牧人農場的唯一途徑。在我拜訪他的那一天，他坐在飼料箱下面的混凝土塊上，看著他的雞在他周圍磨蹭。寒風漸起，但夕陽下，牠們青銅色的羽毛和明亮的眼睛散發著光澤。「我很不想送牠們去屠宰場，」他溫柔地說道：「只想要有個保護區，來保存牠們。」

從明日雞大賽培育出來的雜交種並不需要標準種的生存空間。在育種過程中，早已將飛行或棲息在高處的衝動選汰掉，而自動化的餵食和供水系統則讓牠們不用再去獵捕昆蟲和啄食。由於雞不再需要額外的生活空間，養雞業者就將其移做他用，塞更多的雞到欄舍中。與此同時，自動化和規模經濟又再增大雞舍空間，即使不增加農場土地面積，也可增加更多的雞舍。從 1960 年代到 21 世紀初，雞舍——業內人士管它叫「房子（house）」——的平均大小從不到 1200 平方公尺增長了三倍，變成一大間沒有窗戶的大棚子，約有兩個足球場長。[20] 幾十年來，拜生長促進劑、遺傳學和飼料配方之賜，雞的生長速度變快，生長週期也日益縮短。在 1950 年代，大多數肉雞養殖場每年產量不到 10 萬隻；到 2006 年，平均有 60 萬隻。[21]

這麼多雞擠在這麼龐大的群體中，這不僅增加雞群生病的可能性（以及保持其良好健康狀態的抗生素需求量），還增加了雞舍煙霧和氣體的排放量，這只能靠比人還高的風扇將其抽出去。然後還引來蒼蠅，以及最麻煩的糞堆。一間飼養兩萬隻肉雞的雞舍——以今天的標準還算小——會在一年內產生 150 噸的「廢料」，這是一種海綿狀的混合物，包括糞便、脫落的羽毛、溢出的飼料和壞去的鋪墊。[22]

「燈光、氣味、風扇的噪音、蒼蠅，」麗莎・英塞里歐（Lisa Inzerillo）表示，「我無法打開窗戶。不能把衣服拿去外面曬。晚上也無法坐在門廊那裡納涼。」[23]

英塞里歐是名空服員，嫁給急診室醫生，但她繼承到最初屬於她曾曾祖父的農場。在那片 5200 多公頃的土地中，有片寬闊的乾草地和林地，中間蓋了間白色農舍，還挖了一個池塘。這間農場位於德拉瓦半島上，就在馬里蘭的安妮公主鎮北方。英塞里歐從小生長在這裡，和她的祖父一起走在田野裡，騎著她爸爸的拖拉機，而且就跟其他在這肉雞誕生地的本地人一樣，她對鄰居養雞畫面的想像是約莫有一兩間雞舍，一次頂多養個幾千隻，然後還會養其他動物，種植農作物，以混合農場的方式來經營。

當她和她的丈夫喬伊在 2010 年搬回農場時，他們發現這種期望完全過時。德拉瓦的養雞業正轉型為美國農業部所謂的「無地」（no-land）農場，巨型雞舍彼此蓋得很靠近，僅符合距離他人土地邊界 200 英尺（約 61 公尺）的法規限制。[24] 在他們農場北邊的一處養雞人家，剛好擁有該區 12 間最長的雞舍；在南方的那家則有 31 間，聚集成幾個區塊，擁有那塊地的家族並不住在那裡。每當有風吹過，英塞里歐一家人就會感受到一股氨氣和煙霧飄來。

「我的鄰居剛剛出現氣喘問題，」喬伊說。他點頭看著妻子說道：「她有鼻竇炎，我之前則出現支氣管炎的毛病。我在急診室工作過 45 年，從沒生病過，直到現在。」

這對夫婦和他們的鄰居得知其中一位非住戶的農場主人規劃了一個建案，準備在他們的農場對面興建一整排更長的雞舍，這時他們組成了一個社區小組，前去找薩默塞特郡的委員會。在針對當地產業的抗議活動中，他們爭取到一點改善，將限制距離增加到 400 英尺（約 122 公尺），既然有了這樣的讓步，委員會就允許已經獲得許可的農場繼續進行他們的工程。[25] 他們的抗爭激勵了東岸其他郡的社區，也開始抗議養雞場的擴建，而這也明確反應出德拉瓦確實面臨著一個無法解決的問題：土地吸收不了這麼多的雞糞。當英塞里歐一家搬回麗莎繼承到的家族農場時，德拉瓦的家禽業每年排放 15 億磅的糞便。[26]

一直以來農民都會使用糞肥：這種肥料很多，價格低廉，而且源源不絕。家禽肥料中的氮和磷含量特別高，是構成肥料的礦物質。當中兩者的含量大致相同，但是作物吸收它們的速率卻不相同，因此使用這種糞肥在田地時，當中所含的大部分磷都未被利用。若是大量使用這種糞肥，或是堆放在露天的田地或棚架下，這些額外的養分會被沖入溪流，沉入含水層。在德拉瓦，有許多所謂的「分枝」溪流，會流進海灣和河口，而雨水和地下水抵達海岸的速度也很快。幾十年來，其西邊的切薩皮克灣（Chesapeake Bay）和東邊的德拉瓦灣（Delaware Bay）一直都有流入過多養分的問題。這些養分促進藻類生長；等到藻類死亡和衰敗時，會阻擋陽光，吸收掉溶解於水中的氧氣。缺少氧氣，魚類和海鮮，包括切薩皮克灣最出名的藍蟹，都無法生存。

照理來說，水質應當會受到 1972 年通過的《清淨水法案》（Clean Water Act）的保護，但這項法案主要處理的是「點汙染」的狀況，像是工廠的廢水道。在面對汙染來源複雜的狀況時，就顯得力道薄弱，因為這些汙染源有的來自農場上數千堆的乾燥廢棄物，有的是從玉米和大豆田溢流出來，還有的是由夾帶垃圾的暴雨逕流和地下水帶來。幾十年後，新的聯邦法規和州法則努力地趕上這種疏忽。制定出種種許可系統，限制可以在地面上施用或儲存在私有地中的糞肥量，但是環保團體經常發現這些規範遭到忽略或蔑視。[27]

與此同時，糞肥處理的抗爭也引發鄰居間的衝突。抗爭者的想法南轅北轍」莫衷一是：新來的住民很可能是退休後想要找塊農地耕種的，而長期居民中，有的可能像英塞里歐家這樣的小農，也有希望擴張的大型生產商。不過針對誰該負責的爭鬥卻在小鎮上引發一件件的訴訟案，碰壞鄰里關係。

切薩皮克灣基金會（Chesapeake Bay Foundation）對進入海灣的過剩養分做過估計，推測由農場逕流帶來的養分約占當中的一半。聯邦機構和馬里蘭大學則證實優養化後會形成「死區」（dead zone），即魚類因水中溶氧不足，窒息而死後被沖到支流和海灘上的狀況，而且美味具有重要經濟價值的鯡魚、條紋鱸魚、牡蠣和青蟹的族群會大幅減少。另一項更難以追蹤，但同樣重要的是抗藥性細菌，這些微生物也會從農場擴散出來，不光是隨著食源性生物出來，還會經由糞便、空氣中的塵埃和蒼蠅四散。

正如李維在 1970 年代的研究顯示，糞肥是農業傳播抗藥性細菌的主要來源。屠宰動物時，一些腸道的內含物可能會濺到分切出來的肉上。但是在養動物的過程，那些生活在牠們腸道的中細菌，以及沒有為身體吸收並加以代謝掉的抗生素，都會隨著排泄物一起排放出來，成為雞舍廢料的一部分，或是併入養豬場和養牛場的大型化糞池。在糞便環境中有許多傳播途徑，有當作糞肥撒在農地上，或是意外地為雨水沖刷出來、從池塘溢出或是由化糞池的裂縫洩漏出來，而當中所含的細菌也會隨之擴散。研究人員在養雞場周圍的土壤，養豬場的地下水以及集約式農場由風吹出的塵土中，都有發現抗藥性細菌的身影。[28] 將成堆的雞籠從養殖場運送到屠宰場的卡車，在行進間也會流出一串抗藥性細菌，可能汙染到同一條路上的車子。[29] 在德拉瓦州和馬里蘭州的養雞場以及堪薩斯州和北卡羅來納州的養豬場，科學家還發現蒼蠅會攜帶抗藥性細菌。[30]

有時，將抗藥性細菌從農場移出的載體是人。愛荷華州養豬場和北卡羅來納州屠宰廠的工人，和他們的鄰居相比，帶有 MRSA 這種多重抗藥性葡萄球菌病的機率要高出許多。雞農會將慶大黴素注射到要孵化肉雞的雞蛋中，有項研究檢查了德馬瓦一間家禽養殖場的一組工人，發現他們帶有的大腸桿菌對慶大黴素產生抗藥性的比率甚高，遠遠比他們不在農場工作的鄰居多了 32 倍。[31]

所有這些意想不到的流出，不僅會導致農場外的環境出現抗藥性細菌，那些賦予細菌抗藥性的基因也一併流出。細菌就像是間圖書館，只是圖書館放的是書，它們則會獲得基因，而容納這些基因的質體，又會將基因傳給其他生物體。透過這條獲得和傳播鏈，最後連那些從未踏進農場，而且完全想像不到健康問題與農場有關的人也牽連進來。[32] 在賓州，到初級保健醫療診所就醫的幾千個病患中，若是住在噴灑豬糞的田地附近，發生 MRSA 感染的機率就更高。[33] 而在愛荷華州，居住在工業化養豬場 1.6 公里範圍內的退伍軍人，攜帶抗藥性葡萄球菌的比例是他們遠方鄰居的兩倍。

抗藥性細菌和抗藥性質體進入環境的途徑相當複雜。[34] 來自農場的糞便會被沖刷到沿海水域，製藥廠的汙水也是。醫院汙水可能將抗藥性細菌帶出建築物；汙水處理系統是設計來將糞便細菌從汙水中移除，但它們不會攔截抗藥性基因。因此，溪流和湖泊以及地表水中都含有抗藥性細菌。野生動物會碰到那些細菌；魚類也是。然後海鷗和其他水鳥會將這些帶到海的另一端。

最近研究人員指出，不僅抗藥性細菌和它們到處四散的基因很危險，那些施用在動物（以及人類）身上的活性抗生素也會外流到環境中。身體可能只會用掉四分之一或更少的抗生素， 其餘的會隨排泄物進入廢棄物，再進入汙水系統，並從那裡開始散播出去。[35] 那些尚未分解的抗生素會以難以預測的方式推動抗藥性細菌進一步演化，但可能還有一個更大的問題，那些在無意間將這些抗生素吃下肚的人，會受到其產生的效應。一些研究人員懷疑這些稀釋的劑量，可能會有生長促進劑的效果，就像在動物身上一樣，他們指出現代開始流行的肥胖症和糖尿病幾乎與抗生素同時到來。[36]

這些事件可能只是巧合，碰巧同時發生，但彼此之間不見得有因果關係。不過紐約大學朗格醫學中心的馬丁・布萊瑟（Martin Blaser）博士和他的同僚以小鼠進行的實驗則讓人心生警戒，他們發現在小鼠的生命早期施以抗生素，會改變腸道內部的細菌平衡，這又會影響到基因表現，進而導致體重增加，並改變免疫系統的發展。若是在人類身上也有如此的效果，那麼在孩提時代因為耳炎或其他病痛而服用的抗生素，顯然就是日後造成慢性病的罪魁禍首；其他次要原因可能還有兒童在環境中長期接觸到的抗生素，或是透過母親所接觸到的。

如同隨著地下水或風而移動的細菌，環境中的抗藥性基因也會從農場進入人體，首先是農場員工，然後是與農業無關的人，這期間的傳播路徑也是無形而微妙的。現代養雞業這個龐大的經濟體系會透過這些複雜的途徑來傳播細菌和抗藥性，但是要確定出確切的路徑，需要進行研究和投入相當的資源。當然，除非剛好出現一場戲劇性的感染大爆發，好比說 2013 年秋天波及瑞克・席勒的那場疫情。

第八章

汙染的代價

瑞克・席勒（Rick Schiller）在從讓他牙齒不停打顫的發燒中平靜下來時，壓根不知道已經有個龐大的全國性網絡在追查讓他病情如此嚴重的原因。[1] 疾病管制中心的「脈衝網（PulseNet）」計劃中有一套模式識別系統，可以比較全國各地食源性疾病患者身上採集到的微生物 DNA 指紋，在加州不同城市上傳了幾個沙門氏菌檢體後，這套系統發出警報，表示出現指紋相匹配的狀況。在疾病管制中心（CDC）這個錯綜複雜的機構中，位於另一間辦公室的資深流行病學家蘿拉・傑拉爾托斯基（Laura Gieraltowski）承辦了這個案子。她向加州衛生部門發出警報，他們也早已注意到這個相同配對的問題。這部門的調查員已經前去訪談患者，雖然才剛開始調查，但他們有預感，問題可能在於雞。

這項發現似乎並沒有表面上看起來那麼重要，因為很多人經常吃雞肉。畢竟，這是美國最受歡迎的蛋白質來源，雞肉的普及也反應在疾病探員在爆發期間的調查結果上：每五個人中至少有三個人表示在過去一週吃過雞肉。而且調查結果囊括各種雞肉：冷凍雞塊、速食三明治、酒吧的雞翅、炸雞桶、超市烤雞以及家裡烹調的雞肉。大家都吃雞肉，創造出一強大的背景噪音值，調查人員得從中篩選出受到這個沙門氏菌菌株汙染的雞肉產品的訊號，才能找出罪魁禍首。

他們當時使用的這個程式就是設計來幫助他們的篩選工作。過去幫助流行病學家解決食源性疾病爆發的作業系統，好比說讓霍爾姆伯格追蹤到農場牛肉的屠宰場電子表格，或是讓史密斯得以發現抗藥性彎曲桿菌的各州強制通報，已經無法應付經過長距離運送的食物，「脈衝網」計畫之所以誕生正是源自於對這個缺陷的理解。CDC 是在一樁悲劇中學到這個教訓，這場疫情的爆發徹底改變了對食源性流行病嚴重程度的理解。

1992 年 11 月，華盛頓州、加州、愛達荷州和內華達州等西部各州的兒童突然間開始罹患重病，伴隨有痙攣和出血性腹瀉，嚇壞的父母趕忙將他們送進醫院。[2] 有些孩子出現溶血性尿毒綜合症（hemolytic uremic syndrome，簡稱 HUS），這是一種危及生命的併發症，受到細菌感染而壞死的紅血球堵塞住腎臟，讓毒素回流到血液中，造成血壓升高，並且破壞腎功能。引發感染的是編號 O157：H7 的大腸桿菌菌株，這個菌株非比尋常，會製造出破壞細胞的毒素。到 2 月時，一共造成 726 人感染，其中大多數不到十歲。四個孩子因此喪生。

聯繫起患者的是傑克盒子（Jack in the Box）這間速食連鎖店出售的漢堡，其連鎖店遍布西部各州。漢堡是在為這家連鎖店製作肉品的加工廠中受到此大腸桿菌菌株的汙染。這次的疫情擴及 73 家分店，顯示食品安全出現了新問題。自 1970 年代以來，食品工廠（包括肉類、家禽、乳酪、牛奶和碾磨穀物）的數量一直在下降，因為小公司不斷遭到大型公司併購。[3] 以雞蛋產業為例，1969 年的農場到 1992 年時有 85% 都消失了，剩下的每間農場都變大了，從數百隻母雞增加到數千隻，有些甚至養到數百萬隻。食物的來源地點比以前少，並透過銷售網販售，分散到更多地方；一受到汙染，可能會導致在數千里外的地方出現個案。在傑克盒子的疫情爆發前不久，來自南方一家包裝廠的番茄曾經讓分散在四個州的人生病，沙拉吧提供的中美洲哈密瓜則造成 28 個州的人生病。[4]

長久以來，CDC 都是透過接收各州衛生部門轉發醫師或實驗室的通報來了解爆發的疫情，但這已經跟不上新的現況。1993 年，聯邦調查人員花了 39 天的時間才在通報的數百起病例間發現關聯。這中間需要經過很多步驟：接獲疾病報告、訪問家庭、收集醫療記錄、取得細菌樣本，進行實驗室分析以及尋找共同的來源。若是能夠加速整個流程，那麼數百起病例－以及之後在法律索賠中的數百萬人－是可能避免染病的。

好在九年前才開發出的「脈衝場凝膠電泳」（pulsed-field gel electrophoresis）新技術，得以加速整個流程。這種電泳會產生一種黑白相間的條碼圖像，這樣的圖形很簡單，就算是以當時速度緩慢的網路來傳送也沒有問題，可說是與那時的基礎設施搭配得很完美；在那個年代電子郵件還是新鮮事，而頻寬非常寶貴。各州衛生部門的實驗室設置了這些機器設備，並且培訓操作人員，這些花費相當高昂，但在十年內，這個電泳分析步驟成了公共衛生調查的例行公事，得以縮短數個月的調查時間，還能挽救生命。[5]

有了訪查結果和脈衝網比對，傑拉爾托斯基還得掌握在特定地點的特定雞肉讓人生病的證據。但食品配送的複雜性今非昔比，要如何找到最初的源頭又是另一個問題。另一項政府監控系統，剛好是在傑克盒子的疫情爆發後沒多久成立的，剛好為此提供一項線索。國家抗菌抗藥性監測系統（National Antimicrobial Resistance Monitoring System，簡稱 NARMS）是在測量動物、肉類和人類身上的抗藥性細菌。疾病管制中心（CDC）、美國農業部（USDA）和食品藥物管理局（FDA）都會將資料輸入其中。CDC 會將公共衛生實驗室通報的特定感染病例列表整理出來，USDA 則是檢查農場和屠宰場的動物是否帶有相同的抗藥性細菌。為了確定抗藥性感染是否透過食物系統傳播，FDA 則派出團隊購買在超市銷售的肉品，帶回實驗室進行檢測。

但 NARMS 的資料僅是指示性的，而不是全面性的，[(6)] 因為 CDC 僅測試五種食源性細菌，而 USDA 的資料庫也難以建立管道，納入足量的畜養動物；在席勒病倒的那一年，FDA 調查的肉品——雞肉、火雞絞肉、牛絞肉和豬排——僅限於 14 個州。因此，當傑拉爾托斯基的同事在 NARMS 的記錄中查看脈衝網所標示的加州海德堡沙門氏菌的異常模式時，很幸運的是，剛好有一筆資料彈出來。那是在加州收集到的一包雞肉，而且時間點也符合。

這雞是由一家名為福斯特農場（Foster Farms）的公司生產的。[7] 知道這項資訊對調查沒有多大幫助，因為福斯特農場在加州的雞市占據主導地位。這間公司是當地的家族企業，歷史相當悠久，在2013 年感染爆發時，它已經成立 74 年[8]，過去因為推出一支有趣的廣告而變得相當知名，[9] 廣告中有隻表現不佳的肉雞木偶渴望變得夠好，才能由福斯特農場出售，但牠失敗了。（福斯特農場拒絕接受採訪。其行銷服務部總監艾拉・布瑞爾（Ira Brill）的聲明稿，請參閱第 337 頁的注釋。）

在資料庫中找到這筆資料，讓 CDC 得以將此事公諸於大眾。2013 年 10 月 8 日，在脈衝網首次發布訊號的四個月後，也就是席勒去急診室的後一週，CDC 首次宣布有疫情爆發，並且相信他們已經掌握其來源：「福斯特農場品牌的雞肉可能是這次感染爆發的來源。」[10] 這樣的主張是根據三個機構分別收集到的證據間的關連。CDC 和各州的實驗室從患者身上收集到七種不同的遺傳指紋，都與沙門氏菌菌株密切相關。FDA 則回到 NARMS 資料庫進行比對，最後在五塊福斯特農場的雞肉中發現這七種指紋中的四種。USDA 的食品安全檢驗局進入福斯特農場的工廠，在其機器設備上採樣，並帶回雞肉樣本。他們在三間廠房中發現了引發這次疫情的其中四種菌株。

席勒從醫院回家後，就接到調查員亞達・岳（Ada Yue）的電話，問了他所有和她同事問過其他病人的相同問題：出外用餐都去哪些地方吃東西？在那些商店購物？通常喜歡買什麼樣的食物？他告訴她，他不記得買了什麼，或是在哪裡。已經太久了，而且他大病一場，身心受創，記不起那些細節。不過他都是用現金卡購物，他想到他銀行的線上記錄中可能會有些資料。他打開他的帳戶，回到 9 月份，發現他曾在當地的連鎖超市福德馬克思（FoodMaxx）買東西。於是他問未婚妻羅恩・特蘭（Loan Tran）是否記得買了哪些東西。

當然，她說。她那天打算出城，所以烤了一些雞，放在冰箱裡，免得他忘了煮東西給自己吃。那是雞腿肉，因為他喜歡這部位，還配上燒烤醬，這是她個人特有的料理方式。她記得他有吃下這些雞肉，因為當她過完長周末回來時，烤雞都沒了。然後，她提醒他，她那時一共買了兩包，第二包應該還在冷凍庫。她一直打算要把它們退冰。

席勒打電話給調查員。然後他趕回家檢查冷凍庫。特蘭沒有換掉原來的包裝，直接把雞肉送進冷凍庫，席勒一眼就認出來。那是一隻 1.3 公斤的雞腿，放在金色的塑膠托盤中，覆蓋著緊密的透明包裝，上面印有一藍色絲帶，一個蛋黃色的標籤和一隻白色的公雞。他拍了一張照片並發了訊息。第二天，衛生部門的一名員工前來現收取這塊雞肉，帶到實驗室。她給了他一張收據簽單。

一週又一週，一個月接著一個月，福斯特農場的疫情不斷擴大。CDC 在首次宣布消息的三天後，又增加了 39 名病例，分別在三個之前沒有傳出感染的州，連鄰國波多黎各都傳出病例。一週後，又再增加 21 名病患。到月底時，共有 21 個州的 362 人染病。當中有 14%，細菌從腸道進入血液，引發跟席勒一樣的嚴重感染和發炎反應。這種菌株的血液感染率比一般沙門氏菌高出近三倍。

到 11 月中旬，病患人數又增加到 389 人，分散在 23 個州。到了耶誕節，增加到 416 人，在 CDC 分析的細菌檢體中，有一半帶有抗藥性。到 2014 年 1 月中旬，人數變成 430，接下來有一段時間都沒新病例的通報，官員開始抱持疫情可能已經結束的期待。但他們錯了。到了 2 月底，又增加 51 起病例；3 月底，再增加 43 起。到 6 月底，也就是脈衝網第一次發布警報的一年後，共有 621 名病人分布在 29 個州和波多黎各。超過三分之一的感染者都因病情嚴重而住院。

要結束這場由食物引起的疫情，必需要做兩件事：一是阻止大家吃下他們購買的受汙染的食物，二是防止他們繼續購買。聯邦和州政府機構竭盡所能地提醒消費者，他們家的廚房中可能存放有受到汙染的雞肉。公部門舉辦新聞發表會，發布公告，敦促大家檢查他們的冰箱和冷凍櫃。但沒有一個機構能夠阻止更多雞肉運送到超市，他們的行動全都受到食品安全法的限制。

捷克盒子造成的流行病引發了一場全國性的食安運動，是由悲傷的母親發起的，她們憤怒地指出像漢堡這樣經典的食物竟然會讓他們的孩子生病。活動人士包圍華盛頓，要求進行改革，最後取得重大勝利，引發許多改變。自從厄普頓・辛克萊（Upton Sinclair）於 1906 年在《叢林》（The Jungle）中揭露了 19 和 20 世紀交替之際肉類包裝種種令人厭惡的細節後，食品安全監管的重點一直放在避免將碎玻璃、金屬碎片、化學品意外添加到肉類中。根據法律，這些是所謂的「摻雜物」（adulterants），任何一丁點都是違法的；要是有發現上述物質，美國農業部有權要求公司將肉品從市場下架。但是直到捷克盒子的疫情爆發前，沒有人曾經想過微生物可能也算是一種摻雜物，畢竟就某個層面來看說，它確實不應該存在，況且它又具有需要立即採取行動的奪命危機。到 1994 年時，農業部食品安全檢驗局長麥克・泰勒（Michael Taylor）宣布要把大腸桿菌 O157：H7 列為零容忍的食源性病原體，這是當時唯一的一個。[11] 後來，他們又將其他六種和 O157 一樣會製造破壞細胞毒素的大腸桿菌菌株列在這個類別下。[12]

但是美國農業部拒絕承認其他食源性微生物的危險性，認為沒有嚴重到足以列在摻雜物類別的程度，所以聯邦機構不能以這些肉品會傳播沙門氏菌為由，要求廠商召回肉品。[13] 這需要佛斯特農場公司主動配合，但事發一年多來它都沒有任何動作。[14]

該公司的無所作為讓抗議活動的倡導者非常不滿，他們知道這家公司之前也造成過感染爆發，而且監管機構也知情。2012 年 6 月，帶有 PFGE 模式的沙門氏菌病例開始在華盛頓州和俄勒岡州出現，這些菌株在一年後又重新出現，是在加州引發疫情的七個菌株的其中一株。[15] 到 2013 年 7 月疫情爆發時，共有 13 個州的 134 人受到感染。就跟讓席勒遭殃的加州疫情一樣，這些菌具有多重抗藥性，能夠抵禦慶大黴素、鏈黴素和磺胺類藥物、阿莫西林、氨苄西林和頭孢曲松（人類用藥稱為羅氏芬）以及一種專門用於治療兒童沙門氏菌嚴重感染的頭孢菌素。這起疫情在爆發初期，大多數的感染者都居住在西北邊的太平洋沿岸地區，最終追溯到的感染源是位於華盛頓州凱爾索（Kelso）的福斯特農場的屠宰廠。

事實上，在此之前早已出現過多次感染爆發事件。[16] 2009 年，俄勒岡州出現 22 名病患，而且在 12 個雞肉樣本中，有比對到兩種沙門氏菌菌株。2004 年，記錄到 22 名病例，首先是在俄勒岡州發現，後來透過脈衝網又比對到華盛頓州、加州、俄亥俄州、夏威夷和堪薩斯州的病例；而在福斯特農場的雞肉中比對到六種引發感染的沙門氏菌菌株。第一次爆發時，各州政府向美國農業部抱怨。前去福斯特農場工廠的調查人員在他們的設備中一共找出六種沙門氏菌菌株，全都與患者和雞肉中的菌株吻合。但這些疫情也都沒有讓該公司宣布要召回他們的肉品。

讓席勒生病的那次疫情，該公司也毫無動作。聯邦機構和出現感染的各州的調查人員全都面臨到一個典型的公共衛生問題。他們手上掌握到大量關於疫情的流行病學證據，已經確定出在肉類加工廠、感染者身上和政府實驗室分析的肉品樣本中的沙門氏菌菌株都相同。但是沒有任何證據可以證明是工廠導致這些人生病，而肉品就是這之間的橋樑。這些機構需要一串毫無縫隙的證據鏈：一個包裝沒拆封的雞肉產品，上面的標籤標明其加工和銷售地點，而包裝內的肉含有引發疫情的菌株，一個吃過同樣包裝的人，而且這個人還因為這個菌株而出現感染症狀。這是一個難以達成的高標準。

但最終在 2014 年 7 月達成了。調查人員在加州發現一名 10 歲女孩，她的父母在 3 月 16 日買了佛斯特農場的雞，她於 4 月 29 日吃了雞肉，並於 5 月 5 日病倒。[17] 當美國農業部在 6 月 23 日得知她生病，並前去她家訪問時，剩下的無骨雞胸肉仍然冰在冷凍庫，標明購買超市和加工雞肉的工廠標籤也還附在上面。憑著這項證據，福斯特農場終於低頭，宣布要召回其肉品。但它僅召回引發這起感染的那批雞肉中還剩餘在市面上的，也就是 2014 年 3 月 7 日至 3 月 13 日期間，在加州的三家工廠屠宰的雞肉。這場疫情蔓延了 16 個月，但他們下架的僅是不到一週的產量。

即使如此，這次的肉品召回也證明肉品可以傳得離屠宰和包裝處有多遠。美國農業部在一份公告中建議：「這些產品一般是銷往好市多（Costco）、富德馬克斯（FoodMaxx）、克羅格（Kroger）、喜互惠（Safeway）等大型連鎖超市以及在阿拉斯加、亞利桑納州、加州、夏威夷州、愛達荷州、堪薩斯州、內華達州、奧克拉荷馬州、奧勒岡州、猶他州和華盛頓州的其他零售店和配送中心。」同時以單行間距印出的召回雞肉產品明細，洋洋灑灑長達四頁，包含棒棒腿、雞翅、腿排、全雞腿、雞胸、「調味雞柳條」、「雙袋炸雞」等等。

對那些努力保護更多人免於生病的食安倡導者來說，佛斯特農場看似冥頑不靈，但該公司認為其緩慢的反應完全合理。就跟美國所有其他大型肉類加工商一樣，這間公司內部也設有食品安全部門，測試其屠宰和加工生產線上的雞。由於沙門氏菌並沒有列在零容忍生物名單中，按照美國農業部的標准，確實也允許這種細菌的少量存在，因此這家公司宣稱這些細菌的比例實際上低於聯邦標準，在某些情況下甚至是零。[18]

若是他們內部的檢測結果準確－在當時的調查中也沒有任何跡象顯示該公司有欺騙之虞－那沙門氏菌的菌株是如何出現在這些肉品包裝內？美國農業部的立場矛盾且衝突，既要監管肉類生產商，又要支持他們的生產，CDC 則沒有這個包袱，他們的研究人員自認為已經找到答案。沙門氏菌一直都存在，但是為檢測系統所掩蓋，因為美國人對家禽產品的偏好或是加工廠為了滿足這種需求的處理方式，這套系統早已不再有效。

CDC 的食源性疾病研究主持人羅伯・透克斯（Robert Tauxe）

博士這樣解釋。屠宰雞的步驟是讓雞陷入昏迷狀態，將頸部的血管切開、川燙，將整隻死雞浸入熱水中，使羽毛鬆動、去毛、露出雞皮、去除腸道、去除內臟和頭腳；最後是冷卻，將雞迅速從活體溫度降到攝氏 4 度，在這樣的低溫下，細菌不太可能生長。透克斯曾說服加工廠商讓他看整個過程，而讓他最擔心的是去毛這個步驟－帶著有彈性的橡膠手套的工人將剛剛殺死、燙過的雞放在巨大的旋轉圓板上。在送往屠宰場時，這些雞肉會經過沾滿雞舍廢料以及周圍擺放的上千隻雞排出來的糞便的屠宰線。

「所有這些橡皮手套上都沾滿糞便，」透克斯說，「帶著它按摩雞皮，讓羽毛從毛囊中脫落，而那些手套上沾附的任何東西，都會進入那個毛孔。當他們用冷水或冷氣沖雞肉，使其冷卻時，毛孔又再度緊閉。」

在以冰水浴冷卻後，會對移除腸道的雞進行沙門氏菌檢測，並進行清除。在這時候，透克斯推論，雞皮上的毛囊因為冰冷而緊閉。但若是雞肉在包裝和送出前還要經過其他處理步驟，溫度難免提升，這時毛囊變得鬆弛，細菌再次洩漏出來。幾乎所有在美國加工廠處理的雞肉都還有後續幾個處理步驟，因為美國人不再買這麼多的全雞：在美國銷售的生雞肉，有五分之四都經過分切。

透克斯相當受人敬重，美國農業部同意測試他的這個假設，在前去與疫情爆發有關的福斯特農場的加工廠時進行。除了該公司經常檢測的全雞外，他們在屠宰線後端收集遭到分割的雞肉。全雞帶有沙門氏菌的比例非常低，但有 25% 的分切雞和 50% 的雞絞肉都有帶菌。

這些菌是哪裡來的？有許多東西都可能將沙門氏菌傳到雞身上，而幾乎所有這些都出現在農場：受汙染的飼料、進入雞舍的囓齒動物，從門縫中擠進來的野生鳥類等。但福斯特農場的海德堡菌株出現在兩個州的四處加工廠，而所有這些加工廠的雞都來自不同的養殖場。因此較為合理的推論是，這些沙門氏菌來自整條雞的供應鏈最上游的蛋，很可能是在這些最後變成肉的雞孵化前就已經感染了。

有一個鮮為人知的遙遠事件或可提供解釋。[19] 2011 年，丹麥農業的監管機構注意到丹麥肉雞上出現對頭孢菌素產生抗藥性的大腸桿菌，而且數量迅速增加，但丹麥雞肉生產商至少有十年沒有使用這類藥物，而且總體上很少使用抗生素。為了找到抗藥性的來源，丹麥科技大學的微生物學家伊凡・艾厄斯（Yvonne Agersø）調查了好幾代的雞的出生記錄。大多數肉雞的上一代都是從瑞典進口的，但瑞典也不允許在雞身上使用頭孢菌素，因此不會產生抗藥性。然而，這些雞的上一代，也就是在育種公司生產金字塔頂端的這批雞的祖父母和曾祖父母這幾代，都是在蘇格蘭孵化的，而在蘇格蘭則開放使用頭孢菌素。頭孢菌素抗藥性在大腸桿菌中代代相傳，甚至在不用在有抗生素藥物的環境中，也能繼續維持下去，最後汙染到每個人都認為沒有用過抗生素的雞。沙門氏菌有可能也是以同樣的方式傳遞；這種細菌可以傳好幾代，從母雞傳到在其輸卵管中形成的卵。只需要幾隻在祖父母世代或曾祖父母世代的帶菌母雞，就可以讓整間孵化場好幾代雞具有抗藥性。

證實沙門氏菌可能隱藏在雞肉的分切部位中，迫使福斯特農場採取行動。這間公司開始進行積極改革，投入 7500 萬美元來改善養雞場、加工廠和微生物測試。[20] 到 2014 年底，在抽樣的分切包裝中，沙門氏菌 的出現率降至 5%。[21] 在疫情爆發後，美國農業部製定了新規定，要求分切雞肉的沙門氏菌含量不得超過 15%。福斯特農場成功減少沙門氏菌，降低到美國農業部的規定以下，將其從疫情源頭轉變為業界其他公司的典範。

但由於沙門氏菌並不會像某些大腸桿菌菌株那樣產生毒素，因此美國農業部並沒有將其列在零耐受度的微生物名單中，這意味著監管機構繼續讓消費者輕易感染到沙門氏菌。

到 2014 年 8 月，有一整個月沒有出現引發這場疫情的菌株的新案例通報。聯邦機構判定疫情已經結束。但那些遭到感染的人的病情卻沒有結束。席勒的病情持續好幾個月。「在感染沙門氏菌之前，我幾乎不曾上醫院，只有一次因為切傷，去縫了幾針，」他在 2016 年 2 月這樣告訴我：「但從那以後，我就不停地上醫院。」在復原期間，他又捲入第二次的疫情中，成為一生都得承受食源性傳染病後遺症的受害者。

這是一種影子傳染病（shadow epidemic），在美國難以偵測。在這裡發現食源性疾病爆發的監測系統只是在尋找急病患者。要發現是否有後續症狀，需要跟當事人保持幾個月甚或幾年的聯繫，不論是聯邦監管機構，還是醫療保健的記錄系統，在基本架構的設計上就讓這種追查窒礙難行。但在其他採行單一付款醫療系統的國家，病患的記錄全都會進入中央資料庫，因此有辦法看出在同一次疫情中的感染者，在多年後是否會出現類似的健康問題。

在 2008 年瑞典的研究人員有了這樣的發現，他們在感染到沙門氏菌、彎曲桿菌或耶爾森氏菌（Yersinia）－這是第三種食源性病菌 －的倖存者中，看到罹患主動脈瘤、潰瘍性結腸炎或反應性關節炎（這是在遭到細菌感染後出現的一類關節炎，不是因為老化或過度使用膝蓋造成的）的比例要比一般人高。[22] 2010 年澳洲西部的科學家也有類似的發現，他們在感染到食源性疾病的兒童和青少年間觀察到罹患潰瘍性結腸炎或克羅恩病的機率提升，比在同一地點但沒有感染的人高出 50%。[23] 西班牙在 2005 年曾爆發沙門氏菌感染，五年後有三分之二的感染者出現肌肉和關節問題，幾乎比生活在同一地區但沒有受到疫情波及的人高出三倍。[24]

這些研究是以回顧方式進行，難免會讓人對這些發現有些疑慮；也許在感染到食源性傳染病後的這段期間，這些感染者又遭遇到其他事件的影響。但是，另一項在加拿大進行的研究，則是以一種無懈可擊的方式來確定其中的關聯：他們是疫情爆發時找到患者，並且監測他們多年。

這項研究源自於一個悲慘的小鎮。2000 年 5 月，安大略省沃克頓（Walkerton）一處農業社區的飲用水因為豪雨將牧場的牛糞沖刷到含水層，而受到彎曲桿菌和大腸桿 O157：H7 菌株的汙染，O157：H7 這個菌株會製造毒素，就是之前引發傑克盒子疫情的元兇。這個鎮有超過 2,300 的居民，將近是小鎮一半的人口，因發燒和腹瀉而病倒。2002 年，安大略省政府要求研究人員追蹤患者的後續狀況，他們在 2010 年公布了他們的發現。[25] 在疫情爆發期間，出現急性彎曲桿菌或大腸桿菌感染的人罹患高血壓的機率高出 33%，心臟病發作或中風的機率高出 210%，而罹患將來需要洗腎或移植的腎臟病的機率高達 340%。

席勒的經驗和他們雷同。他在出院後又出現右膝關節炎、疲勞和消化系統受損的問題。在感染沙門氏菌三個月後，他出現憩室炎，即大腸壁中脆弱的部位累積廢物而發炎；2014 年 12 月，在疫情結束後一年多，他動手術切除了部分腸道。在接下來的一年，他又因為疤痕組織將他的腸子糾結起來而發生五次痛苦的腸阻塞。「我去急診室，他們讓我住院，我在那裡待了三天還是五天。」他說。

2016 年 1 月，席勒突然出現腹痛，他再次去醫院時，醫生發現他結腸上一處薄弱的腸壁已經破裂，糞便進入腹部，得馬上進行緊急手術。我們第一次談話時，他的腹部上裝有 21 根釘子，以固定他的手術傷口，他的腹壁上還裝了一個結腸造口袋，將他的排泄物引導到體外。

席勒從急性感染康復後，找了比爾・馬勒（Bill Marler）來幫他求償，這位律師在美國代表食源性感染患者打過官司，在這方面最為知名，他的職業生涯就是從和傑克盒子打官司開始，他那時代表感染疫情的那些生病和死亡的孩童。馬勒幫席勒從福斯特農場那裡談到的和解金雖然不多，但足以支付他的醫療費用，並且彌補他無法工作時的收入。然而，錢還是無法改變感染造成的生活變動。席勒告訴我，「自從染上那個沙門氏菌以來，除了應付健康問題之外，我什麼也做不了。我一直在努力對抗疾病。」

第九章

預料之外的危機

根據美國疾病管制中心的統計，造成席勒生活驟變的福斯特農場疫情一共重創了 634 名受害者（這是已知的部分）的健康，若是再加上和這家公司旗下的兩家屠宰場的早期感染事件，受害者名單會再增加 182 人。但實際人數可能更多，因為食源性傳染病爆發時，幾乎一定有感染者不會去看醫師，或者就診時沒有收集他們的檢體，進行分析。但光是就已知人數來看，福斯特農場引發的這起疫情已經非常嚴重，名列在抗藥性病菌引發的重大食源性傳染病記錄中。不過若是和另一起同樣是透過食物傳播，而且也是因為農用抗生素誘發的傳染病相比，福斯特農場疫情則顯得相形見絀，這起疫情更大、更久，而且在無聲無息之間擴散到全世界。

這場流行病的第一個訊號出現在 1999 年，是醫療體系中常見的尿道感染（urinary tract infections，簡稱 UTIs）。[1] 幾乎沒有人會認真看待這種稀鬆平常的毛病，除了那些感染者以外。女性罹患尿道感染的機率高於男性，而年輕女性又比老長者更高，所以在醫療問題的隱性階級中，尿道感染處於雙重劣勢，一方面這是女性的健康問題，二來是因為這造成一種年輕女子性生活過於活躍的印象。（尿道感染和異性性交確實有十分密切，曾經被稱為「蜜月膀胱炎」，因為一般認為未曾性交過的夫妻在新婚之夜會過度性交。）尿道感染絕大多數是由大腸桿菌引起的，過去的醫學認為這是意外所致，是因為腸道細菌從女性結腸中滑出，被推擠到鄰近的尿道。這種假設基本上是認定每個出現尿道感染的女性，其感染源都來於自身，而且與其他人毫無關係。

在加州大學柏克萊分校修博士學位的流行病學家艾美・門吉斯（Amee Manges）對這些長久以來的推論很感興趣，想要知道是否真是如此。[2] 那時她正在研究尿道感染細菌，看看是否可能傳染給性伴侶，於是她招募了一群女學生和她們的男朋友，請他們定期提供她糞便樣本，以便觀察之間的細菌交流。充滿年輕人的大學校園是研究尿道感染的好地方，因為那裡可能有很多這樣的細菌。但是當門吉斯著手調查時，在舊金山海灣對面這座歷史悠久的校園卻出現了一些怪事。之前在校內健康中心經過診斷並以一般方式來治療的女性陸續前來回診，抱怨她們的尿道感染又復發了。從這些女性尿液中培養出來的大腸桿菌會對複方新諾明（Bactrim）產生抗藥性，這種藥物是由甲氧苄氨嘧啶和磺胺甲惡唑（trimethoprim-sulfamethoxazole）組合而成的一種抗生素。

這件事透著古怪，因為在治療尿道感染的預准抗生素名單上，複方新諾明是第一種藥物。這些女性的感染不是復發，而是根本沒有好過，因為開給她們的藥根本沒有作用。但在同一間診療中心會有這麼多尿道感染患者都對這一藥物產生相同反應是件怪事，因為尿道感染理當是個人且隨機的。

有些表示尿道感染復發的女性剛好也參與了門吉斯的研究。下次她去保健中心拿她受試者的糞便樣本時，也順便收集了尿液樣本。她將這些女性樣本中的大腸桿菌分離出來，做了前置準備，然後進行 PFGE 分析，這是種判讀 DNA 指紋的技術，疾病管制中心之後也是利用這項技術來解決福斯特農場的流行病。當測定完成後，她按下計時器，拉出凝膠片，走到紫外光觀察器那邊看指紋的圖案。若是這些女性的感染有任何共同點，膠片上便會出現類似的條紋圖案。

門吉斯打開紫外線的燈管，聚焦在膠片上，驚訝地眨了眨眼：在分離出來的樣本中，有一半呈現相同的圖案。這意味著柏克萊校園的尿道感染不是隨機發生的。這是一場爆發的傳染病。[3] 她得去找出感染源 。

竟然會爆發一場尿道感染疫情，這真的是前所未聞，但確實同時出現許多類似的病例，而且病原菌具有相同的抗藥性模式。不過，門吉斯即將在文獻中找到另一個案例，這種狀況曾經在英格蘭出現過一次，而且似乎也是從天而降，找不到感染源頭。

在往前回推 13 年，也就是 1986 年 12 月，倫敦聖湯馬斯醫院（St. Thomas' Hospital）的一名醫師和一名微生物學家連名寫了一封短文，投給醫學雜誌《剃刀》（Lancet）。[4] 在文中，他們提到在過去的一個月內，他們的醫院治療了 60 名罕見的大腸桿菌感染病例。患者都來自附近的蘭貝斯社區，年齡層很廣，從 1 歲到 97 歲都有；而且所有人的血液都遭到感染，病情十分嚴重。在一般狀況下，腎臟的功能好比過濾器，會將代謝廢物從血液中取出，將其送至膀胱。但由於經過的血液很多，腎臟也等於在無意間為細菌開了一扇後門，讓其有機會逆向流入血液。這就是發生在聖湯馬斯醫院患者身上的狀況，當大腸桿菌在他們的體內傳播時，也引起了肺炎、腦膜炎和心臟瓣膜感染。實驗室分析他們的大腸桿菌檢體後，發現這種菌對六種不同的抗生素家族產生抗藥性，當中也包括構成複方新諾明的那兩類。

他們寫這篇文章的目的是警告醫界，同時也在徵求任何類似疫情的資訊。十週後 [5] ——這在數位出版前的時代算是相當快 [6] ——《剃刀》刊登了一篇來自瑪麗女皇醫院（Queen Mary's Hospital）的微生物學家的回應，這間醫院位於倫敦西邊幾里路的羅漢普頓。在過去的幾個月裡，他們遇到 8 名病例與蘭貝斯的感染病例相同：先從尿道感染開始，所用的抗生素都無效，然後開始向上擴散。八個病例中有七位都是老長的女性；第八位則是剛生完孩子的 16 歲女性。八人中有兩人死亡。

一年多以後，撰寫第一篇文章的研究人員寫了一份回報，指出最初感染 60 名患者的疫情在他們的醫院中擴散開來，而且疫情還在繼續。[7] 截至那時為止，已經導致 385 名患者出現尿道和腎臟感染；34 人有血液感染；而在 19 位感染者身上，這種抗藥性菌株還侵入肺部、耳朵和眼睛中這些意想不到的部位。大量的病患也產生大量可供分析的樣本，可藉此找出問題的根源。最後發現是由大腸桿菌攜帶的質體所造成的，質體上累積了一系列抗藥性基因，有些甚至能夠抵抗多達十種不同的抗生素。除此之外，他們還發現另一件重要的事：儘管在聖湯馬斯醫院出現數百名病例，但這並不是一起醫院感染，也就是說，患者並不是在住院後才遭到感染。除了極少數的幾個例子，他們在入院時早已攜帶高度抗藥性的大腸桿菌。造成他們生病的，是來自於這兩個倫敦社區的日常生活環境。

所有流行病的疫情，甚至包含那些一開始發生時讓人覺得是隨機發生的，都會遵循某種模式。流行病學家以一條曲線來描繪它，分別以病例與發生日期當作兩軸座標。這條疫情曲線會呈現整個流行病爆發的歷史，也暗示出可能的原因，即使還未確定致病的有機體為何。疫情曲線有兩種，第一種是整條線拉得很長，緩慢地攀升，每個感染者在帶原後會陸續傳染給其他人，好比像是流感。另一種曲線則是陡峭的，表示許多人同時接觸到感染源，疫情立即爆發出來。

蘭貝斯的疫情曲線很陡峭，也就是說大腸桿菌感染是突然爆發，迅速累積，然後逐漸消失。門吉斯在 多年後讀到《刺刀》上的這篇文章時，立即認出這種傳染模式。這與柏克萊病例的曲線相應，更加凸顯出在柏克萊發生的感染事件也是場爆發的流行病，儘管這有違一般醫學界對尿道感染的認識。而這也讓她有了查詢病因的頭緒，因為這條曲線的形狀也和食源性疫情的曲線相同。

當然，食物的細菌會同時引發許多人生病的想法並不是什麼新鮮事，但尿道感染從未列在這些疾病中。一直以來，醫學界都認為引起尿道感染的大腸桿菌是腸道中的良性永久住民，不像那些造成腹瀉或是會形成毒素引發食物中毒的類型。然而，在門吉斯開始她的研究時，就已經有研究人員提出新的假設，認為引起尿道感染的大腸桿菌完全是屬於第三類的有機體，微生物學家簡稱為 ExPEC，是「腸外致病性大腸桿菌（extraintestinal pathogenic E. coli）」英文首字母縮寫。[8]

與尿道感染有關的菌株具有額外的基因，讓它們能夠附著在腸道外的組織上，躲過免疫系統的攻擊。它們能夠遷移到腹腔、骨頭內襯和肺臟、腦部與脊柱。在過去，任何查看這些身體部位感染的人都不會認為這之間有什麼關聯，因為這全是發生在不同的器官中。但是當發現這些疾病都源自於同一類的大腸桿菌時，研究人員開始重新架構 ExPEC 菌株引起的種種感染，將其視為單一現象，這樣的轉變要動用強大的想像力，等於重新塑造這類感染的形象，現在它看起來比較不像是一般的食源性疾病，反而更像是結核病，這種病無論是在肺部、骨骼還是大腦中發展出病徵，都會判定為同一種疾病。

這種重新定義讓研究人員體認到 ExPEC 的問題非常嚴重。有兩位科學家對此特別感興趣，他們分別是明尼蘇達大學的詹姆斯・強生（James R. Johnson）博士和紐約州立大學布法羅分校的湯瑪斯・羅索（Thomas A. Russo）博士，這兩人試圖以當時的公共衛生資料來界定這問題。在 2003 年，他們計算出美國每年有 600 到 800 萬的尿道感染病例，而且幾乎全是由 ExPEC 造成的。[9] 名列美國主要死因敗血症的也有 ExPECs 引起的病例，每年可能導致 4 萬人死亡。

驚人的數字後面跟著於驚人的帳單。研究人員計算出，光是敗血症的死亡病例可能就花掉美國醫療支出中的 30 億美元；手術感染是 2.52 億美元；肺炎病例則是 1.33 億美元。他們估計，即使是輕微的尿道感染，也需要多次看診，再加上多次前去領處方的交通費用以及等待症狀減緩所損失的工時，加總起來每年可能耗損掉美國 10 億美元。

將這些驚人數字彙整起來，自然而然會產生一個問題：為什麼先前沒有人意識到 ExPEC 竟會造成如此嚴重的威脅？那是因為到這時，ExPEC 菌株對抗生素的抗藥性才增加到讓人辨識出來的地步，另外還要感謝門吉斯的研究，在這些看似毫無關聯的疾病間建立起聯繫。當她將柏克萊學生的尿液樣本 與密西根大學和明尼蘇達大學保健中心的女學生尿液樣本比較時，再次發現抗藥性感染率很高。[10] 在這些學校，40% 的抗藥性感染是由在柏克萊發現的那株大腸桿菌所引起。校園也不是唯一發生這種感染的地方：尿道感染的抗藥性感染在全美國各地都在上升。[11] 在 1990 年代，對複方新諾明產生抗藥性感染的比例從 9% 增加到 18%，而當複方新諾明失效後，對選單中的第二種抗生素的抗藥性比例也開始上升。但是醫學界很晚才注意到這股趨勢，這是因為尿道感染的診斷方式讓人看不到這種上升速度。

一般處理疑似尿道感染的過程是這樣的：患者，幾乎總是女性，因為腎臟痛或排尿時有灼熱感而就醫。再提供尿液樣本後，會在診間進行快篩，確定有無感染，確診後便從幾個醫學協會推薦的抗生素清單中挑選一種，開立處方。快篩的方法幾乎都是將試紙浸泡在尿液樣本中；這種檢驗可靠、價格低廉，而且最重要的是十分快速，僅需要幾分鐘，而不用花上 24 小時來培養細菌。能夠以快篩來檢測，意味著女性可以更快地開始服用抗生素，但這種創新是有代價的：要是沒有培養細菌，就無法進行抗藥性測試。因此，當一名女性的症狀復發而回診時，醫師會認為她是二次感染。沒有之前的細菌培養可以證明她第一次就醫時的感染從未治好。

由於婦科出現太多因為尿道感染症狀復發的回診女性，初級保健醫師開始在年度醫療會議上談論這件事。醫院的腎臟和血液感染專科醫師也拿出診療紀錄，開始比較在健康年輕女性身上發生感染的數量。感染科醫師的主要專業組織難以應付這樣的狀況。在門吉斯首次進行這研究的 12 年後，這組織在 2011 年告訴其成員要評估各地的抗藥性數據，儘管在許多地方根本從未收集過這類數據。[12]在那段時間裡，其他一些研究人員認真考慮了門吉斯對這問題根源的直覺，並開始研究 ExPEC 由食物傳遞的可能性。[13]

明尼蘇達州的教授吉姆・強生（Jim Johnson）是最早對 ExPEC 菌株會導致多少疾病以及會造成多少花費用進行預測的醫師，他對這個問題有其獨到的見解。他在明尼阿波利斯的 VA 醫院治療傳染病，大多數患者都是男性，大多數患者也比門吉斯研究的那批學生來得年長。他的患者也出現尿道感染，但原因不同於女性，主要是來自於導致男性膀胱排尿困難的前列腺肥大，或是免疫系統因老化而衰弱。他們身體的其他部位也感染有 ExPEC，證明這種抗藥性大腸桿菌問題並不是僅發生在年輕女性身上，這疾病比先前所想的更廣泛、更複雜。大腸桿菌一直是強生長久以來的研究題目；他曾協助過門吉斯和她在柏克萊的指導教授李・萊利（Lee W. Riley），幫分她析所發現的第一個抗藥性菌株，而且也同意他們的看法，認為這個問題類似食源性疫情。

但當時幾乎沒有數據來支持他們的這種直覺。雖然早在柏克萊爆發疫情前三年就成立了「國家抗菌抗藥性監測系統（NARMS）」這項聯邦跨部門計畫，但這項計畫的全國性搜尋目標只有一種大腸桿菌菌株，即製造毒素的 O157：H7 這個品系，而不是新發現的 ExPEC。如果強生想要確定發病率，他得自行收集數據。所幸已經有個作業模式可供參考，也就是沒多久前史密斯和奧斯特霍爾姆才在明尼蘇達州的衛生部門進行過的調查，那裡離強生的辦公室不遠。

由於環丙沙星或稱速博新（Cipro）是尿道感染治療中最為關鍵的替代藥物，強生決定調查大腸桿菌是否也出現對環丙沙星所屬的氟喹諾酮這類藥物產生抗藥性，因為當年史密斯和奧斯特霍爾姆就在雞的彎曲桿菌中發現這樣的狀況。[14] 他列出分布在明尼阿波利斯周圍的雜貨店名單：在 17 個城鎮中共有 24 家商店，有個人獨立經營的，也有全國性或地方性的連鎖店。在 2000 年 4 月至 12 月期間，他和明尼蘇達州農業部的同事隨機選擇商店，並在這些店家販售的各類雞肉品牌中購買 10 包分切雞肉。在持續七個月這樣的採樣後，他們積累了 169 包雞肉來分析。只要有 發現大腸桿菌，便會進行喹諾酮類藥物的抗藥性分析，然後將這些抗藥性細菌分成幾大類，包括良性共生體、導致腹瀉的食源性病菌或是具有獨特附著力和毒性基因的 ExPECs。

他們發現帶有抗藥性的 ExPEC 的比例高於預期，在買來的雞肉中，有五分之二的大腸桿菌對喹諾酮類藥物產生抗藥性，而且當中有五分之一的抗藥性菌株是 ExPEC。換句話說，在市售雞肉中，有將近 10% 攜帶有這種新發現的大腸桿菌，不僅可能會導致嚴重感染，還對於治療的主要藥物產生抗藥性。

這項研究結果意味著門吉斯和強生的方向是正確的：在這些雞肉樣品中，具有抗藥性的 ExPEC 是一種食源性細菌。但要確認食物與 ExPEC 感染之間存在有關聯，還有很多工作要做。2005 年，強生和他的合作者發表一份報告，他們分析了一年中在雙城區附近購買的 346 種的食物樣本，這當中包含牛肉、豬肉、雞肉、火雞和農產品，看看哪些最有可能攜帶 ExPEC 菌株，以及它們是否具有抗藥性。[15] 結果他們一共發現了 12 種抗藥性菌株，全都來自火雞樣本，一共對十種不同的人用抗生素具有防禦力。在他們於火雞樣本發現的十種 ExPEC 菌株中，當中有四種對應到會感染人類的大腸桿菌菌株。

在同年發表的第二項研究中，他們仔細檢查了 1648 種食物樣本，其中 195 種是雞肉和火雞肉產品。[16] 他們分析的第一階段僅是簡單評估哪些類型的食物帶有大腸桿菌，光是這樣就開始突顯問題：在蔬果和海鮮中只有 9% 攜帶這種微生物，但 69% 的牛肉和豬肉都有，而雞肉和火雞更是高達 92%。在分析的第二階段，他們則是探究在所發現的大腸桿菌中，有哪些菌株帶有抗藥性。結果最多的也是來自家禽樣本，當中有些甚至對多達五種不同類別的抗生素產生多重抗藥性。到了第三步驟，他們詳加檢驗那些鑑定出來的抗藥性大腸桿菌 ，再次尋找 ExPEC 的分子證據。與其他肉類相比，家禽攜帶 ExPEC 菌株的可能性高出兩倍。

為了要確定這些家禽製品是否會將其上的菌株傳給消費者，這個團隊在雙城附近的城鎮招募了四家醫院來進行合作研究。[17] 他們要求 622 名患者在入院後立即捐出糞便樣本，因為那時他們腸道內部的菌都是來自外界。與此同時，他們購買更多的肉品，在一整年的期間於這四間醫院所在的城鎮購買 40 包雞肉，同時直接跟沒有使用抗生素的雞農買了 40 隻雞。他們在雞肉中鑑定出大腸桿菌菌株，並挑選出當中有抗藥性的，並將 ExPEC 與其他抗藥性菌株分離。他們也在患者的糞便樣本尋找抗藥性大腸桿菌。然後，使用了比門吉斯當年更為精確的分子生物技術，以此來探討在患者和雞肉中發現的抗藥性和敏感性大腸桿菌之間是否有所關連。

最後得出的結果是，在人體腸道發現的抗藥性和敏感性菌株之間並無關聯；但人類的抗藥性菌株卻與雞肉的菌株相匹配。這意味著門吉斯多年前的直覺是正確的。引發廣泛疫情的抗藥性 ExPEC 源自於食物。

強生提出家禽是人類大腸桿菌感染源的假設引發其他研究人員的關注，全球各地陸續出現吻合其假設的調查結果。2006 年，牙買加的一個研究小組在雞肉和當地人身上發現大腸桿菌具有相似的抗藥性模式。[18] 同年，西班牙的研究人員發現住院病患感染的抗藥性大腸桿菌與在雞身上找到的菌株高度類似。[19] 2009 到 2014 年間，在愛達華州、義大利、德國、捷克、芬蘭和加拿大的幾個省也有類似的發現。[20]

2010 年，在丹麥進行了一項大型研究，發現 引起人類尿道感染的多重抗藥性大腸桿菌與在雞肉和即將遭到屠宰的雞身上發現的具有高度相似性。[21] 在丹麥，由於人體抗生素使用量很低，因此研究人員還能夠證明，在人類身上出現抗藥性菌株不應歸咎於醫療處方。2011 年，另一項研究以歐洲 11 個國家的資料來分析，同樣顯示出人類和家禽的大腸桿菌具有非常類似的抗藥性模式，都會對四種不同的抗生素家族產生抗藥性。[22]

門吉斯在柏克萊取得博士學位後回到加拿大，先是在麥吉爾大學任教，然後去了英屬顛哥倫比亞大學。 她與這些學校和加拿大聯邦機構的其他研究人員合作，發現經常吃雞的女性最有可能出現具有抗藥性的尿道感染，同時也發現人類的大腸桿菌菌株和在市售雞肉取得的菌之間遺傳關係十分密切，而且加拿大的雞肉也帶有多重抗藥性的 ExPEC 菌株。[23]

自門吉斯首次開始調查柏克萊學生的感染以來，在將近二十年的時間，進行了約莫 50 項獨立研究，全都顯示雞肉與其攜帶的抗藥性大腸桿菌與引起抗藥性 ExPEC 感染的相同或類似的細菌間，具有很高的相似性。科學家通常選擇比較保守的言語來描述，但在這些研究中，在描述人類 ExPEC 流行病及其顯然是肇因於家禽所攜帶的細菌時，則用了「難以區分」 和「相同」等詞彙。

ExPEC 的問題同時也顯示出要從確切的科學證據發展到政策變革有多麼困難。在這個案子中，無法像聯邦調查人員在席勒的個案中所做的，從感染一路追蹤到家禽生產者。當一名女性出現 ExPEC 的尿道感染或是更嚴重的併發症時，那些帶原的肉和包裝可能早已丟棄。沒有人能確定這會花上多長時間：可能是數週或數月，在那段時間，根據她的用餐地點或購物方式，一名女性可能會吃到幾十家公司加工的肉類。任何一家，或幾家，甚至同時有很多家，都可能是罪魁禍首。

由於無法回溯感染源，找出攜帶抗藥性基因的產品究竟是來自哪一個農民或哪間肉類生產公司，因此沒有一間生產商或加工商可能自願放棄使用抗生素，既便這造成這麼可怕的抗藥性 ExPEC 菌株。沒有人願意承認或認真看待這個造成上千病例、數百萬美元的醫療保健支出和生產力損失的問題，因為在那時總是有另一種抗生素可供使用。然後到了 2015 年，顯然沒有什麼抗生素可用了。

2015 年夏天，來自威爾斯卡地夫大學（Cardiff University）的微生物學家提摩西・瓦爾西（Timothy Walsh）正在中國，準備結束他那年的研究訪問行程。[24] 瓦爾西是抗藥性遺傳學專家，他一直在幫助中國科學家探討抗藥性細菌出現的情況，這時的中國已經成為全球最大的抗生素生產國和消費國。

去機場的路上，他的一位同事在座位上顯得晃晃不安。「提姆，」他說，「我需要告訴你一件事。」

歸心似箭的瓦爾西早已心不在焉，他抬起頭來。他的朋友則低下頭。

「我們找到了一樣東西，」他的朋友說，「我們發現了粘菌素（又名克痢黴素）抗藥性，而且這會傳播。」

瓦爾西驚訝地張大了嘴。對抗藥性細菌研究圈子外的人來說，可能不懂這句話的意義。 但對那些了解的人來說，這很重大。 克痢黴素不僅是種抗生素，而且還是最後一線的抗生素，是一種在其他抗生素逐漸因為抗藥性而失效後仍然還有作用的抗生素。很少人比瓦爾西更能理解這一點，他十分致力於鼓吹全球重視抗藥性新細菌的出現，因而在無意間成為全球知名人士。 這場奮戰將他帶到了中國，而在那臺車上，他知道抗生素問題可能已經接近大禍臨頭的階段。

現年 50 多歲的瓦爾西來自澳洲，長著一個國字臉，不修邊幅的他個性鮮明而強烈。他在塔尚馬尼亞島長大，因為攻讀博士而搬到英國，之後便留在那裡。到 2006 年，他當上卡地夫的教授和系主任，並且在一個非正式但十分緊密的研究人員網絡中擔任領導者，他們擔心抗藥性即將成為一全球危害。那年的年中，瓦爾西收到了這個網絡中另一位研究人員的電子郵件，他正在照顧一位居住在離斯德哥爾摩大約 100 英里的南亞移民。這位 59 歲的患者健康狀況不佳：患有糖尿病多年並曾多次中風，現在住院，長有嚴重的褥瘡。另一位研究人員是卡羅林斯卡研究所（Karolinska Institute）的克里斯提安・吉斯克（Christian Giske），他擔憂的不是傷口，而是在這位男性尿液中發現的一種菌株。這是肺炎克雷白氏菌（*Klebsiella pneumonia*），是醫院常見的病原體，但這細菌的抗藥性似乎異常的強，吉斯克希望瓦爾西能一探究竟。

瓦爾西的分析顯示這株克雷白氏菌對所有首選清單上的抗生素都沒有反應，並且還帶有一種前所未見的基因，這種基因賦予它對最後一線的碳青黴烯類藥物（carbapenems）產生抗藥性。[25] 碳青黴烯類藥物僅用於醫藥界，並沒有用在農業，它們已經成為醫療用藥的支柱，在其他舊藥沒有用時，仍然有療效，所以彌足珍貴。這種會破壞其藥效的新基因令人震驚，更可怕的是，這似乎已經傳播到世界各地。這名男子可能是最近回印度探親時，因病入院而感染到克雷白氏菌。

瓦爾西根據微生物學的傳統，將這個新基因命名為 NDM-1，是「新德里金屬 - β - 內醯胺酶一型（New Delhi metallobetalactamase）」的英文首字母縮寫。他和吉斯克等人在 2009 年 12 月發表了這項發現。接下來一切都往崩毀的方向前進。先是在英國，然後在美國和整個歐洲，陸續發現患者身上帶有 NDM 抗藥性細菌。偏偏這項發現與經濟和政治糾纏在一起，牽涉到醫療旅遊和民族自尊心的問題；印度媒體，甚至連印度國會，都對瓦爾西大加撻罰。瓦爾西擔心帶有 NDM 的細菌不僅是在醫院中，可能也蔓延到自來水和水坑中，他本來想去印度做更多的研究，但卻遭到拒簽。（後來他找到一位去印度工作的英國籍電視攝影師，請他偷偷採集一些水的樣本，並進行分析，結果證明了他的擔心是對的。）

到 2012 年底，各種 NDM 基因的變異型已經擴散到 42 種細菌中，出現在 55 個國家，其發生率上升近千倍。[26] 在西方，這促使自史旺報告以來，各國政府首次對抗生素抗藥性作出反應。2013 年 3 月，英國首席醫療官薩利・戴維斯（Sally Davies）對此提出警語，表示越演越烈的抗藥性構成「一形同災難的威脅」，應當將其與恐怖份子等同視之，進入國家緊急狀態，嚴陣以待。[27] 2013 年 9 月，美國疾病管制中心（CDC）發布了有史以來第一份關於抗藥性細菌的「威脅報告」，還以「噩夢」來稱呼那些對碳青黴烯類產生抗藥性的細菌。[28]「我們即將進入後抗生素時代，」CDC 當時的主任湯姆・福瑞登（Tom Frieden）博士說：「對一些患者和一些微生物來說，我們早就置身在那時代了。」

NDM 並沒有立即造成緊急傷害，這是因為帶有該基因的細菌仍然會受到一兩種抗生素的約束，尚未對它們產生抗藥性。其中最主要的就是粘菌素（克利黴素），這是一種古老的藥物，配方很粗糙，會破壞腎臟，因此往往放在藥架的末端；在過去，只要還有其他藥可用，沒有醫師會開立這種藥物。NDM 的出現讓粘菌素從乏人問津的狀態大翻身，變得彌足珍貴。2012 年，世界衛生組織將這種藥物列入重要抗生素警告清單，是全世界要不惜一切代價保護的抗生素。[29]

但這項警告來得太晚。2015 年，調閱歐盟記錄的研究人員發現，歐盟國家飼養的大部分動物每年接收的粘菌素超過 100 萬磅，而且抗藥性早已出現。[30] 他們之前的研究幾乎沒有受到重視。史旺報告中禁止將抗生素當成生長促進劑使用，但使用粘菌素是合法的，因為它的用途是預防疾病。

在中國也是以這種方式使用。瓦爾西的中國同事剛剛發現的證據就證實了這一點，中國的粘菌素抗藥性不是新興的，這早就存在於農業世界，是當中固定的遺傳居民，只是現在滲透到了人類世界。中國研究人員告訴他，他們在兩年前首次發現這種基因，當時他們正展開一項計畫，要尋找農場動物的抗藥性。他們證實這基因位於質體上，然後又確定這些質體可以在不同種類的細菌間自由移動；他們稱這個新基因為 MCR-1，是第一例移動粘菌素抗藥性（mobile colistin resistance）的英文首字母縮寫。 然後他們開始在動物、肉品和人類身上尋找 MCR，結果反覆發現它，範圍擴及一兩千公里的多個地方。粘菌素並沒有納入中國國家處方用藥；也就是說，在中國並沒有用於人類患者身上。所以自然不會出現任何警示訊號，提醒這種藥物不能再用於人類患者，否則應當早就會響起對這種新抗藥性出現的警訊。

瓦爾西和他的中國同事在 2015 年 11 月發表了他們的調查結果。[31] 這引起的騷動遠超過六年前的 NDM，因為這次受到威脅的不是「幾乎是最後一種」的藥物，而真的就是最後一種。當時有幾間製藥公司正在開發新的抗生素來取代粘菌素，但當中有些要經過多年的試驗才能進入市場，而其他準備出售的產品數量有限，而且價格不菲，以確保在使用上能夠較為保守。若是這最後一線藥物在所有地方都失去效力，在那個時間點上，沒有一種抗生素足以取代粘菌素。

到 2016 年時，在 30 多個國家的動物和人體身上都發現了 MCR。[32] 當然這並不表示，在所有這些國家，細菌感染已變得完全無法治療。在包括美國在內的一些地方，攜帶該基因的細菌根本不會引起感染；它們是結腸或膀胱中的意外過客，是在患者接受其他檢查時偶然發現的。不過在其他國家，包含中國、阿根廷、丹麥、德國和荷蘭，攜帶 MCR 的細菌正在引起嚴重感染。[33] 幸運的是，其他類的抗生素還能應付某些細菌。正如之前研究人員確定的，抗藥性基因是隨機累積在質體上，就像賭徒抽撲克牌一樣。而粘菌素抗藥性是張王牌，可擊敗所有的牌。要是它落在一個僅具有一兩個類似抗藥性基因的細胞中，那麼這細菌仍會對某些抗生素敏感。但是，若是它幫一個細菌完成了同花順，讓它對粘菌素和碳青黴烯類以及頭孢菌素和青黴素皆產生抗藥性，那麼感染者就沒剩多少選擇了。世界上有難以計數的細菌，每 20 分鐘就會產生新一代。這樣的抽牌是無數次的，而質體就在無形間傳輸基因，就像在牌桌下偷傳一張王牌那樣，讓某個細菌拿到滿手好牌。

粘菌素抗藥性（MCR）的發現是估算的結果。NDM 迫使醫學界尷尬地正視長期大量濫用抗生素的問題，但是，MCR 的出現迫使世人明白，不可能再將抗生素武斷地分為「醫療用」和「農業用」，並指望細菌會遵守這其中的差異。細菌世界只有一個，在這片微生物共享的領域中，有人類、動物以及水和土壤；任何損害或改變都會在整個全球生態系引起波動。是時候該將抗生素當作一種會造成意外後果的作用物，對整個地球的健康可能既會帶來益處，也會有害處。世界上已經有少數地方以這樣的觀點來看待抗生素，其監管機構和農民的用法提供了一個模式，值得展開改革的美國研究探討。

第三部

雞肉的改變

第十章

個子小的價值

銀色盤子上堆放著烤雞，雞翅、雞腿、腿排和雞胸分堆放置，看上去十分美味，這些全烤成深褐色，撒上胡椒粒，雞皮酥脆芳香，靜置在雞汁中。伯納・陶齊亞（Bernard Tauzia）在他位於法國西南部的農場養雞，把烤雞交到我手中時，他猶豫了一下。

「你知道嗎？」他用法語問道：「我們的雞與美國雞不同，我們喜歡雞味濃郁，有嚼勁的口感。我們覺得你們的雞……」他停了一會兒，整理腦袋中的文字：「軟，」他決定了這個詞，「我們覺得你們的雞太軟了。」

現在是朗德省（Landes）的康帕涅（Campagne）的午餐時間，這個小鎮是個三角形的行政區，一邊接到大西洋沿岸，一邊與西班牙的一個省接壤。[1] 我們花了一個上午的時間漫步在陶齊亞的農場裡，他的身材精瘦、臉旁看來年輕，但頂著一頭灰白頭髮，目前與妻子瑪莉・歐蒂樂（Marie Odile）、連襟和他的兒子一起經營這地方。我們剛剛去看陶齊亞家養的幾千隻朗德黃雞（poulets jaunes des Landes），牠們的羽翼豐滿還有一雙長腿，體態平衡，頂著一顆直挺挺的頭，會飛上枝頭，並在農場的松樹林間奔跑。與大多數美國生產的那些白羽毛、大胸部的雞交種相比，這些雞看起來顯得精力充沛許多，而且在農場裡滿地跑，難怪肉質這麼不同，不乾不柴，每一口都充滿彈性，並且多汁。牠們的肉質鮮甜，是因為吃了在農場另一區種的玉米以及森林裡的香草植物，也是因為肌肉中流過的血液，這血賦予牠們的肉一種礦物質和微弱的金屬味。

在美國，像陶齊亞養的這種雞很不少見而且價格昂貴，實際上很難找到也很難買到，這正是提到的法蘭克・瑞茲的經驗。在法國，這稀鬆平常。陶齊亞根據政府資助的紅標（Label Rouge）計畫來養雞，這計畫會驗證農民是否遵循其所訂定的嚴格標準。[2] 紅標只允許養生長緩慢的雞品種，還要求從工作時間開始到黃昏都讓雞待在戶外，而且對於夜晚關雞的房舍大小、農場雞舍的總數以及要保留多少土地作為雞在外走動的空間，全都有規定。最關鍵的是，紅標的家禽飼養規定禁止使用抗生素－不僅是因為擔心會產生抗藥性細菌，也是因為抗生素這類藥物是進入工業化生產的先決條件。依照這項計劃所養的雞，其平均成本是一般雞的兩倍，然而事實證明這並不構成市場障礙：紅標雞占法國人全雞購買量的五分之三以上。

「消費者想要紅標產品，他們知道這是一項保證，確保動物享有良好的福利，而且味道好，」陶齊亞說。他瞇起眼睛看著我面前的桌子，咧開嘴笑著說，「他們吃雞的時候，盤子裡是不會剩下任何東西的。」

紅標計劃的誕生源自於一份和英國一樣的不安，這份對集約式養殖的不安，曾引發安德森去尋找抗藥性的來源，以引發史旺報告中對抗生素的控管。[3] 在法國，這份不安倒不是因為抗藥性感染的危險，而是因為他們的生活方式以及所珍愛的食物受到威脅。戰後要生產更多蛋白質的壓力在歐洲也非常沉重，導致各國進口快速生長的明日雞品種，增加低品質的蛋白質來源。工業化的家禽養殖場開始在法國西北海岸的布列塔尼蔓延開來；儘管大家歡迎這種產量大且價格低廉的雞肉，但對這些雞肉的味道卻感到不滿，說它們是「有魚味的雞」（poulet au goût de poisson），嚐起來像是餵給雞吃的碎魚。

在法國另一端的朗德省也陷入掙扎，不僅是因為戰爭造成的物資和經濟破壞，[4] 這導致法國 1% 以上的人口死亡，1949 年 8 月還發生一場森林火災，火勢是現代歐洲最大的一場，再度破壞當地脆弱經濟的復甦。它燒毀了近 200 平方英里的樹木，摧毀了朗德省以松樹樹脂提煉松節油的歷史產業。超過一萬名樹脂工人失去生計。在朗德省幾乎找不到替代工作來填補收入，但一些精明的農民在危機中看到機會。他們提議以這個省的土雞，也就一般所謂的黃雞（poulet jaune）來塑造一個新產業，這個品種是在 1200 年前由西班牙的摩爾士兵帶到法國境內的。

養雞向來是當地種植穀物的農民的第二農產；這些雞之所以叫做黃雞，是因為牠們在田地裡啄食玉米粒，使得雞皮散發出一種金黃色的色調。牠們的特徵獨特，脖子上有一圈裸露的肉，就在頭的下方，又因為經常在森林邊緣走動而變得體格健壯，有了足夠的運動和熟成年齡，讓牠們的肉質非常可口。1959 年，當地農民聯盟組成立了法國第一個家禽業者協會，即「朗德省黃雞保護公會

（Syndicat de Défense du Poulet Jaune des Landes）」。1965 年，他們要求政府不僅要核發給該省的雞一張產地證明——這種證明之前曾發阿爾卑斯山附近的藍腿的布列斯雞（poulet de Bresse）——而且這張證明還要標註當地整個雞隻生產供應鏈的獨特性，包括農場大小、雞棚的歷史設計、飼料配方以及屠宰齡等。

最後，他們爭取得到的，便是全法國第一個紅標認證，此後又陸續有法國各地 29 個不同的家禽生產組織獲得這種認證，他們飼養的都是這種生長緩慢的戶外耐寒雞種。雞的品種和生產群的組合都會獲得「地理保護（géographique protegée）」標章，這是一種歐盟認證的標章，證明這項產品來自一法定區域，還意味著具備有該地點特有風味的「風土（terroir）」保證。認證過程還納入抽查與第三方驗證，包括審核味道和質地的專家以及消費者品嚐小組。

抽查項目也包括食品安全檢查，確保養殖過程採用健康的飼料，並且是在戶外飼養。紅標雞的沙門氏菌 比例為 3%，[5] 而採行現代化密集飼養的法國雞則是 70%。而且因為紅標雞沒有接受常規的抗生素－只有在證實雞群染病時雞農才能取得藥物－牠們所攜帶的沙門氏菌也不具有抗藥性。從來沒有出現過紅標雞引起的重大食源性疾病疫情，也沒有任何抗藥性感染。

陶齊亞的農場面積不到 120 公頃，我們在當中走動時，他跟我解釋道，紅標生產最為關鍵的一點，就是避免使用抗生素來促進生長和預防疾病，也就是說，抗生素的唯一用途就是治療明顯疾病

以及經獸醫診斷的病雞。不過避免使用抗生素僅是實現保護小農和當地農場經濟的一項目標。那時正值 9 月，他田裡種的三種玉米的莖都抽高了，有飼料玉米、甜玉米和另一種用於工業澱粉萃取的品種，全都在田裡沙沙作響著，從他房子那裡放眼望去，整片田野都開始變黃。1965 年提出這計劃的原始公會在幾十年後解散並重組為一系列的農業合作社。在那波演變中，整併出的最大一間就是是美沙杜（Maïsadour）合作社，陶齊亞現在擔任那裡的副社長，這個名稱是取自法語中的「玉米（Maïs）」以及將朗德省一分為二和的阿杜河（Adour）。陶齊亞出生農家，但他家前幾代的地都是租的。他在 1996 年才買下他的土地。他說，這全是靠玉米賺來的。

「紅標是一個基於地域的概念，」當我們沿著草地小徑巷走到一處養雞的地方時，他解釋道：「我們的祖先想要保護這片讓我們得以生產的基礎，這讓我們在這裡所做的一切有了價值。這基於兩樣東西：保護生長緩慢的雞和發展玉米經濟，因為這就是我們種植生養的東西。」根據紅標認證的規定，80% 的雞飼料必須是玉米；再搭配豆科植物和植物蛋白，剩下的養分則是靠雞在田間吃植物和昆蟲時補充。陶齊亞養了 4 萬 8000 隻雞和珠雞，這在朗德省算是規模很大的農場；一般都不超過 1 萬 2000 隻，數量是美國一間雞舍的一半。他也種植牠們要吃的所有玉米。

這條小徑止於一小片邊緣種著松樹的地方，當中立了一排小棚屋：木製的側牆上搭著金屬屋頂，總長度不到十公尺。牆壁末端是一片片平放的鉸接板。陶齊亞將它們打開，固定好後，那些白色身軀上長著紅羽毛的雞便傾巢而出，全都往樹那裡跑去。牠們的移動看似有一目的地，但不會神經兮兮的，像是有一千隻雞那麼寬的羽毛箭。牠們會在樹林那裡待上一整天，直到陶齊亞在黃昏時再次把牠們鎖回雞舍裡。根據規定，朗德省的家禽是完全自由的（en toute liberté），沒有行動距離限制，但是當黑暗降臨時，牠們會自然地回到棚屋。一群雞至少要養到 81 日齡才準備送去屠宰，這是美國標準的兩倍，而且根據市場情況，有可能會養到 92 天，送走一批雞之後，陶齊亞會消毒棚子，然後用拖拉機將其拖到另一塊地，好讓這裡的植被恢復。

這些棚屋很小，面積約 60 平方公尺。（陶齊亞稱之為 cabanes，是法文中的「小屋」。）這種設計很古老，沒有人記得是從何時開始的。小屋總是已森林可取得的東西當材料，但不常用到木材，因為讓當地松樹生長，採收樹脂的獲益遠高於將其砍成木材。多年來，這些廉價的建築物不再是配合環境需求，而比較接近一種優勢，讓年輕人可以輕易進入這一行。「這種小型建築系統不需投入太多資金，」陶齊亞說，「當然，你得做很多活。但即使你沒有錢，也可以開始。」

美沙杜的農民除了他們的雞之外，都還有第二作物，以增加收入，但不見得一定是玉米。在陶齊亞農場東方 50 到 60 公里處的尚馬克・杜胡（Jean-Marc Durroux）和安瑪莉・拉巴伯（Anne Marie Labarbe）就選了葡萄當第二農作，他們製造的是法國西南部特有的雅馬邑（Armagnac），是一種風味獨特的白蘭地。（更有名的干邑白蘭地產區是再往北一點的大西洋海岸區。）杜胡會跟合作社購買飼料，但他讓雞在葡萄田中自行尋找營養補給品。

「牠們喜歡葡萄，」他用法語告訴我，這時他正看著一群剛剛從斜坡上的小屋放出來的雞，衝到一處剛收割的葡萄園中。「有時我們必須把牠們捉出來，因為牠們會吃掉所有東西。但是在收成後，或是在冬天，牠們會為我們整地，還會用糞便來幫土壤施肥，這樣我們就不必添加其他肥料。」

「在農場中培養兩種收成，一種植物和一種動物，這對我們來說非常重要，」他說，「這其實沒有第一和第二之分，這是互補的，能夠幫我們平衡壞天氣或疾病的風險。」

杜胡是個 60 多歲的大塊頭，性格開朗，他們一家人自 1921 年以來一直住在同一塊土地上。當我跟著他進行晨間工作時，他帶我進入一間小雞舍，好讓我看他是如何分配當天的飼料，他以一根穿過農用卡車後面的巨型管子來進飼料。在我們鑽進去前，他遞給我一個外科用的口罩；這個過程很吵，而且塵土飛揚，看起來是重複又累人的工作，跟美國農場那套巨型雞舍內的自動化系統相去甚遠。但與美國雞農相比，這也給了他更多時間和自己養的雞相處。

「沒有多少人願意用這種飼養方式，」在軟管噴出飼料的震動聲和嘶嘶聲中，他得放大嗓門地叫喊，「但這是很有回報的。雞肉的品質是我們養殖業的最佳展示，也是我們自我價值的展現。早在政府要求之前，我們就在為生態盡一分心力。」

紅標認證系統從一開始就拒絕使用農場抗生素，這其中有兩點值得注意的地方，不僅因為它早於 1969 年英國發表的史旺報告，而且即使在英國雄心勃勃且高調的抗生素管制失敗後，紅標農民和支持他們的政府還是設法維持他們的計劃。在英國，組成史旺委員會的改革者、安德森以及他那批成功激發大眾關注的媒體盟友原先

都抱持期待，認為受到這份報告激發出來的法規將迫使畜牧業轉型。他們心中打的算盤大致是這樣：將生長促進劑從市場移除，再加上以獸醫來控管與人用藥物相關的抗生素，那麼將大量動物塞進農場的密集式養殖自然就得停止。

這很樂觀，也很天真。然而幾乎就在這些法規生效時，農業界就找到解套方法。「實際上，在史旺報告中列為獸醫開立抗生素的總銷售量幾乎沒有減少的跡象，」布里斯托大學深具影響力的教授林頓（A. H. Linton）對此提出警語，在 1977 年的一份獸醫期刊上，他寫道：「而且農場很可能陽奉陰違地讓動物接受同樣劑量的抗生素，施用原因可能僅是套上不同的說詞。」[6] 農民確實遵守新規定，透過獸醫處方來取得新規範的抗生素。但是在史旺報告公布後，開立了很多處方藥，英國農場用的抗生素甚至比之前還多。[7] 在 1969 年發表報告後，每年農場的抗生素使用量不降反升，與人類醫學相關的重要藥物就增加 15%。報告公布前兩年，英國有 41 噸抗生素用於牲畜；六年後增加為 80 噸。

這些藥物自由流動，與食物有關的抗藥性感染迅速增加。1980 年，《英國醫學雜誌》在一篇名為「為什麼史旺報告功敗垂成？」的評論中憤怒地提問。[8] 期刊指責農場媒體－地方小報和貿易雜誌－鼓勵農民藐視新法規，前去農村的黑市購買藥物，躲避獸醫的控制。這是預告生長促進劑禁令失敗的早期跡象，顯示出光是這樣的禁令根本無法解決農業造成的抗藥性問題。在之後的幾年內，情況更加惡化，演變成史旺報告彷彿根本沒有發表過一樣。

令人困惑不解的是，英國竟然坐視這種情況發生，畢竟他們的醫學界早已見識過抗生素失效的速度可以有多快。說到底，英國可是青黴素的家鄉，也曾遭遇到一些嚴重疫情，引發疫情爆發的就是青黴素抗藥性葡萄球菌。因此，美占製藥（Beecham Laboratories）選在這裡開發青黴素的半合成替代品甲氧西林（methicillin），該公司在 1960 年的《英國醫學季刊》中還宣稱「對所有葡萄球菌都有效」，想當然爾，英國也成了第一例 MRSA（耐甲氧西林金黃色葡萄球菌）出現的地方，就在甲氧西林這種藥物首次亮相一年後。[9]

甲氧西林失效說明了要保護少量剩餘的抗生素的效力有多麼困難。為了控制感染，醫學界轉向萬古黴素（vancomycin），這是一種很少使用的抗生素，在過去醫師因為它的副作用大，不願意冒險使用，因此保留了它的效力。從 1980 年到 2000 年，全球使用這種藥物的量增加了 100 倍。[10] 當然，抗藥性也隨之出現，尤其是生活在腸道內的腸球菌，而且可能也散播到醫院周圍環境。抗萬古黴素腸球菌（Vancomycin-resistant enterococci 簡稱 VRE）在世界各地迅速發生，這讓研究人員不僅懷疑是否抗藥性純粹是因為醫療用途產生的。是否還有其他因素損害了這種珍貴藥物的效力？

確實有，是來自於農牧業。[11] 歐洲畜牧業會使用大量安巴素（avoparcin），這種藥的化學結構和萬古黴素類似，它們都同屬於糖肽類（glycopeptides）這個家族。萬古黴素僅用於人類，而安巴素僅用於動物；然而由於它們的分子特性過於接近，最後導致令人意想不到的抗藥性問題。到底哪些抗生素可以安全使用，用量又該是多少，在監管上恐將出現一場巨大的拉鋸戰，唯獨生產紅標產品的農民能倖免於難，畢竟他們從不使用抗生素。

看著陶齊亞的雞湧向一排稚嫩的樹，會很容易相信紅標雞已經實現了我們對農業抱持的樸實想像。這樣的想像其實忽視了維持這套歷史系統後面的科技。杜胡以管子放送的飼料是由一位具有家禽科學博士學位的研究員專門調配的，會因應季節變化，補充給牠們森林植物和昆蟲之外的養分。合作社則會研究雞在吃東西時的行為，不僅記錄牠們的體能和體重增加的狀況，還會記錄牠們的偏好。紅標旗下的每個生產小組都會跟當地企業購買、共構或合作，他們會提供支持，將農民的產品推向市場，這包含飼料購買、營養部門以及屠宰和包裝廠。在超市裡出售的每一隻紅標雞都附有一串數字碼，連接到所有處理它們的廠商與雞農，有運輸日期、屠宰日期，屠宰場以及飼養牠的農民。在巴黎郊外的一家超市，我翻開一盒雞蛋，上面印有農場名稱和地址，以及下蛋的日期，蓋子內還有一張二維的 QR 碼圖像。掃完碼之後，我的手機上出現一個附有農民地址和介紹的網頁，還附有他農場的一段小影像。

「只有我們這樣做，」巴斯卡・摩賈尼（Pascal Vaugarny）擔憂地說，「通常只會知道籠養母雞產卵的日期。我們的母雞是自由的，但是我們的農民知道牠們什麼時候下蛋，因為他們跟雞朝暮相處。」

摩賈尼在魯埃農場（Fermiers de Loué）工作，在日後發展成美沙杜的家禽協會說服政府成立紅標制度後，這是第二家獲得紅標認證的合作社。他自願當我的嚮導，而且顯然是非常適合的人選；他的父親瑞蒙・摩賈尼在 1960 年代共同創辦了魯埃。他們與美沙杜大致上維持著一種友好的競爭關係，還共同擁有薩索（Sasso）這家養殖公司，這是為了保持所需的成長緩慢的雞的基因，不過魯埃的規模比其過去的競爭對手大。在法國人吃的紅標雞中，每四隻紅標雞就有一隻出自魯埃雞農，而美沙杜的市占率僅有十分之一，兩者的養殖方法，儘管都在紅標規範內，也有所不同。魯埃雞和黃皮的朗德雞是不同的品種；牠們是白雞（blancs），因為牠們的飼料主要是小麥而不是玉米。（在我離開美沙杜之前，陶齊亞對此聳聳肩的表示：「在西南方，白雞看起來就像是病雞。但再往北一點，他們就喜歡這一味。」）這些白雞也不會到森林裡閒逛，牠們每天會進入大型的圍欄田地，晚上則返回比朗德省的那批小屋更大的棚屋裡，但仍比美國的雞舍小。

「我們管它叫魯埃式建築，因為這是由我們創造的，」摩賈尼一邊在圓環中加快車速一邊說道：「它們是金屬的，長 50 公尺，寬 9 公尺，平積約有 400 平方公尺。裡面養有 4400 隻雞，一間農場只能蓋 4 間。農場夠大的話，可以在兩個地方分別蓋四間。但是每年最多只能養三批雞。」我倚著車門，在筆記本上稍微計算一下。一間魯埃的雞舍只能容納五分之一的美國雞舍裡的雞，但每隻雞的空間比美國肉雞多出三分之一。一間魯埃農場全年生產的雞可以塞近一間普通美國家禽養殖場的角落，多出數千平方英尺的閒置空間。

然而，魯埃顯然有其市場競爭力，它是所有紅標生產商中最具主導力的合作夥伴，而且顯然資金充沛。在看完超市後，摩賈尼帶我穿過嘎吱作響的包裝廠，這裡像是手術室一樣乾淨，雞蛋在清洗後分批裝箱，因此操作員可以標記它們的來源。然後我們參觀了屠宰場，在這裡屠宰的雞全都標記著農場出處以及飼料成分——有機（bio）、非基改（sans OGM）——之後就掛在輪架上，送進一系列冷藏室。摩賈尼指出，氣冷法需要花費更多人工，但這能保持好風味，並減少食源性生物傳播的機會。

摩賈尼載我到他們位於勒芒（Le Mans）這個中世紀城鎮外緣的總部，會見他們合作社的領導階層，這裡在巴黎西南209公里處，24小時都有賽車活動。這棟時尚、節能的辦公大樓與質樸的美沙杜截然不同，外面印著一句標語：「分享好味道、保證好味道、重新發現好味道——這是我們共同的想法。」在室內則張貼著亮眼的海報，還有區分魯埃雞與工業雞的諷刺廣告：一位身材細長的游泳運動員盯著一位健壯的運動員和一個看起來健康的警察在街上巡視，另一旁則是一輛擠進十幾位警察的麵包車，看起來像是馬戲團的小丑車。（在法文的俚語中「雞（poulet）」就是警察。）

會議室裡擺滿了過去魯埃年度農民聚會的黑白照片。摩賈尼指給我看他的父親，他留著鬍鬚，看上去很莊嚴，戴著金屬框的眼鏡，穿著一件70年代的格子夾克。這些泛黃照片中捕捉到的會議場面至今仍持續進行；每年會有1000多名共同擁有和管理這間公司的農民聚集在這裡，確定其營運方向和目標。

「我們的目標不是為了成長而成長，」魯埃現任董事長艾倫・艾立農（Alain Allinant）在摩賈尼帶我去見他時用法語告訴我，他的身材魁梧，頂著一顆圓頭，本身也是雞農。「我們希望消費者在面對一般雞和紅標雞時，會選擇紅標雞，而在紅標雞和魯埃雞之間，會選擇魯埃雞。但是我們絕對不會投入超過市場需求的雞。如果市場需要3000萬隻雞，我們就供應3000萬，不會硬是多出100萬隻。」

這種理念與一般不斷擴張的家禽養殖業大不相同，紅標雞不像工業雞是靠著抗生素來維持，並受到生長促進劑以及公司的快速成長所推動，很難想像紅標雞也是整個家禽產業的一部分。艾立農這樣解釋，每個與他們的雞肉有關的人，舉凡雞農、合作社、超市和消費者，都認為低價和高利潤不是首要目標。他同意保持收入流動非常重要，但同樣重要的是去保護小農的獨立性，並維持能夠支持農業的農村經濟。將農場維持在中等規模的規則可以確保沒有人會為債務壓垮。限制飼養雞群數量能保持牠們的健康，而對戶外飼養的堅持則為生長緩慢的品種保留市場，因為一般家禽業已經放棄牠們。

當然最終的認可是有人持續購買他們的雞，就算紅標雞的成本高於從東歐或巴西等大型企業進口的工業雞。法國人的飲食習慣正在改變，商家和消費者會要求去骨和切塊的雞，而盧埃也開始推出新產品，將調味好的雞預先密封在烘烤袋（sac cuisson）中，不過仍然有人願意付錢買好雞。農民也繼續申請加入合作社；每年，魯埃入社委員會都會與申請人面談，確保他們的土地、財務狀況，特別是動機，符合他們的原則。

艾立農解釋說，最終的目標是平衡，在動物、土地和市場之間取得平衡。這能確保品質，包括農民生活的品質在內。「重點是維持適合家庭規模的農場，」他說。（他使用的動詞是 conserver，在法文中這有「保持」、「保衛」或「珍惜」等意涵。）「夫婦，也許還有他們的孩子，經營兩三個，也許四個雞舍。在 100 公頃的土地上，這是合適的作法。我看過這在美國如何運作，農民或他們的妻子，身兼兩個甚至三個工作，但這在我們這邊非常罕見。這樣的規模很好，可以收回成本，兼顧生活。」

紅標農場的生產模式讓抗生素用量降到最低，維持其農場傳統又能兼顧動物福利，同時還供養那些喜好他們產品的市場。儘管他們可以誇誇其言地吹噓在法國雞肉生產中他們占有主導地位，但這種主張其實引發更多問題。他們之所成功，僅是因為法國的市場小嗎？還是因為法國消費者特別要求食物品質，願意付出高價？一直以來，零抗生素肉品都面臨到的批評是，即使是將所有這些小型農場加總起來，也不足以養活全世界的人口－通常這稱為「即將到來的 90 億人」－只有密集式的工業生產才能滿足這世界對蛋白質的需求。不過，與紅標食品相去不遠的另一個模式帶來另一種可能性，證明即使以工業規模來飼養牲畜也不需要靠著定期使用抗生素來支撐。

第十一章

選擇合作

在荷蘭東南部可以見到一條筆直的長路。[1] 這塊土地平坦得就像是拿尺刮出來的。這裡的農場邊界都很直，構成一塊塊幾何形狀，就像彼此相接的瓷磚一樣，一路延伸到運河處。農場間是以小樹叢分開，這些樹籬都長得很低矮。狹窄的道路延伸到村莊裡，在小圓環處相交。整個景觀看來像是一處精心照料的公園，經過仔細安排和嚴密管理，沒有為從頭上呼嘯而過的鵝保留一絲荒野氣息。

遠遠望去，休爾斯東克農場（Hoeve de Hulsdonk）看起來就跟一般農場無異，散落於房舍和樹籬間，一路上在視野中不時出現又消失，裡面則是典型的小磚房、大型的金屬穀倉以及拖拉機穿過大門時攪起的泥漿。要靠近一點才看得出這地方就跟其周圍環境環境一樣，是完全開放的。公共自行車道穿越其中，在小路和豬舍間還設有公共野餐桌。豬舍兩側裝有巨幅的橫向窗戶，展示幼豬和母豬，任何想要看內部的人，都可一覽無遺；在豬舍的閣樓還設有一間附有玻璃觀景窗的會客室，可經由一具相當寬敞的金屬樓梯上去，門在白天時都不會上鎖。會客室裡有桌椅、廁所、咖啡和水以及各式各樣關於豬的海報。若是在溫和、陽光明媚的冬日早晨，還會見到吉爾伯特・歐斯特拉肯（Gerbert Oosterlaken）穿著印有「Pigs Are Cool」（豬很酷）字樣的上衣。

「大多數人都沒看過養豬場的內部，所以會有各式各樣的傳言，」他說，「我認為有必需要向鄰居證明我們這裡沒有什麼好隱藏的。」

在這個規模龐大、密集式的工業化產業中，沒有見到定期使用抗生素的任何跡象：飼料袋上沒有這樣的標籤、沒有藥粉桶，也沒有準備好要吸入注射器的瓶子。這是因為休爾斯東克農場幾乎不使用抗生素。放眼全球農牧業，這算是相當不尋常，但在荷蘭卻完全正常，這都要歸功於在 2010 年荷蘭政府和農民達成的共識，他們決定採用嚴格的國家標準。歐斯特拉肯便是這項成果背後的一位重要推手。身形高瘦的他，頂著一頭短髮，帶著厚厚的無框眼鏡。講話時經常停頓下來，但是當他真的有話要說時，就會滔滔不絕地講著，彷彿他有很多話要說。他轉向金屬平臺，把戶外靴邊緣的泥土磨掉，然後打開通向觀景室的門。這時母豬的鳴叫聲和幼豬的尖叫聲從下方的地上傳來。

「我們把動物健康和人類健康設為首要目標，」他回過頭來說，「我不需要每天服用抗生素。我的豬也沒有理由要這樣做。」

歐斯特拉肯是本地人，就生長在他現在經營畜牧業的地方，這間農場位於比爾斯（Beers）這個美麗村莊的外緣，當地人口不到兩千人，離德國邊境約 15 公里。他的父親是養豬戶；妻子安托瓦內特的父母也是。自 1982 年歐斯特拉肯從農業學校畢業以來，他的生活重心都放在傳統的集約式養豬業，那時他會飼養大量動物，並經常使用抗生素。當他父親退休時，歐斯特拉肯和他的兄弟便分了他們的家庭農場，為了保證穩定的收入，安托瓦內特在當地一家銀行兼職。他們育有兩個女兒和一個兒子，並建立起自己的農場，他們相信靠著家族知識和認真打拼足以飼養和保護他們的牲口。然而，後來出現的一連串緊急事故，讓他們赫然發現自己對此產業的準備工作有多麼不足。

1997 年爆發了古典豬瘟（swine fever），過去稱這種流行病為「豬霍亂（hog chole）」，這種致命疾病越過邊界，從德國傳到荷蘭的農場。這種病傳播得速度飛快，沒有人能追蹤到帶源的東西。有可能是透過工人或推銷員，或是在市場和工廠間運送的卡車，或是飼料、糞肥乃至於用於人工授精的公豬精液，甚或是風。阻止疫情繼續肆虐的唯一方法就是撲殺所有攜帶病原的豬，以及疑似感染的豬。荷蘭政府清查了荷蘭東南部的大部分地區，宣布撲殺將近 1100 萬頭豬。

疫情並沒有延燒到休爾斯東克農場來，但附近的另一家農場確實受到感染，而根據遏止這場疫情所採行的嚴格標準，歐斯特拉肯一家養的豬也全都得銷毀。1998 年的一個早晨，一個小組開著卡車過來。他們從車上卸下一臺機器，這是臺移動式的電擊裝置，附有一個可容納一隻豬的箱子，將豬推到當中潮濕的金屬板上，便將電流通過其頭部。這個小組到達的那天，歐斯特拉肯的農場裡養了

2500 頭豬，他丈人家還有近 2000 頭豬。他把這些豬全聚集在農場裡，然後一隻接一隻地趕進那臺機器中。即使到了現在，當他談起這件事時，還是會落淚。

在他的農場遭到清理後，歐斯特拉肯的首要任務便是盡可能讓疾病遠離以及保持豬隻健康。他想出一套他所謂的「三週系統」來重新架構他的作業方式。每三個星期，他會在他的農場受孕一組不同的母豬，這可確保在 114 天後會有一群小豬誕生－在他的農場每隻母豬至少會生 14 隻。這些幼豬會一直依循這三週的年齡分組，從斷奶、發育然後搬到附近的其他農場來養肥。創造出這樣的出生群差距，讓他能夠以飼料輸送者、獸醫技術人員等外來者來縮小時間窗口，以減少在無意間帶進來汙染。當有卡車駛入農場時，他堅持要車停在離豬舍最遠的一個小區域。

歐斯特拉肯還做了其他改變。他讓他的母豬在開放式的欄舍而不是籠子中分娩，並讓牠們和幼豬待在一起。他讓母豬和幼豬一起進食，把飼料放在欄舍的地板上，而不是放在溝槽裡，這樣牠們就會吃得更慢。等到要將幼豬與母豬分開時，他就會依照出生群來分幼豬，不會讓各群混合在一起，以防感染。他將豬舍的溫度維持在比以前更溫暖的狀態，花費更多來加熱，他還安裝了過濾器，來清除空氣中的氨氣。他將自己的豬舍分成好幾區各，並且依照藍色、黃色、亮紅色來進行顏色編碼，還添購了顏色相對應的工作服和靴子，這樣他一眼就看得出來是否有人穿著戶外衣服或鞋子進入豬舍，或是一組的人員進入另一區時沒有更換服裝。

因為他努力要保護動物健康，所以歐斯特拉肯過去一直有使用抗生素；這是東南地區密集養豬業的常態。荷蘭太小，不可能擁有自由放養的土地，因此自然而然成為集約養殖方面的專家。荷蘭養的豬幾乎和人口一樣多，當時的居民是 1700 萬，豬的數量是 1400 萬，而在 21 世紀初期，從豬瘟疫情的衝擊中恢復後，荷蘭就成為歐洲的主要肉類出口國。

而這一切是在沒有使用生長促進劑的情況下達成的。在發現安巴素（avoparcin）會造成 VRE（萬古黴素抗藥性腸球菌），破壞人類醫療後，在震驚之餘終於促成歐洲貫徹幾十年前史旺委員會的未竟之業。那時，有少數幾個國家在自己國境內嘗試史旺的建議方案，1986 年瑞典禁用生長促進劑，到 1988 年則禁止使用預防性抗生素，丹麥在 1994 年也隨後效法。[2] 1997 年，歐盟禁止使用安巴素，在 1999 年則開始禁用其他用作促進生長的抗生素，以及與人用抗生素相似或相同的藥物。[3]

荷蘭農民並沒有放棄所有的抗生素；根據歐盟的規定，他們還是可以使用預防劑量來保護農場，避免在疫情爆發時受到影響。他們因為傳染病而失去這麼多的豬，這規定看似合理。但是，另一場新的動物衛生緊急事件即將證明這些抗生素的管制措施還是不足，而且這次的危險不是跨越國界而來，實際上就在自家的路邊。

荷蘭人竟然對農場抗生素這麼放心，這點讓人很驚訝，因為在人類用藥方面，他們抱持相當謹慎的態度。荷蘭的醫療抗生素用量比其他任何歐洲國家都來得少，跟法國人相比，只有他們的四分之一。政府法規會限制醫師可以開立哪些抗生素，以防出現抗藥性細菌，另外還有嚴格的醫院衛生國家標準，來防止病菌擴散。這套稱為「搜索和殲滅」（search and destroy）的標準是在 1988 年建立的，旨在應付 MRSA，這是 1961 年在英國出現並席捲全球的一種抗藥性葡萄球菌。[4] 在醫院中 MRSA 格外危險，因為葡萄球菌會粘在皮膚上。若是洗手時疏忽或不小心，任何一位醫護人員都有可能將其傳出去，而確實就有許多這樣的案例。到 1990 年代，MRSA 在全世界的醫院成為一種致命的流行病。

但在荷蘭則沒有。荷蘭的規定是先假設任何人都可能在不知情的狀況下將 MRSA 帶入醫院，他們要求任何在醫院工作，或是判定為高風險的住院患者都必須先接受檢查，看看是否有攜帶這種病菌。[5] 在其他國家進過醫院接受醫療照護的人，一進入荷蘭的醫院就得先去隔離室，直到測查結果證明他們沒有攜帶抗藥性細菌。任何證實攜帶有抗藥性葡萄球菌的人，不論是病患、醫師、護理師還是清潔人員，都必須依照強制的淋浴方法以殺菌肥皂清洗，並噴灑抗生素凝膠，才能再次進入醫院。

這樣的規定相當嚴格，醫院施行起來成本高昂，但成效卓越。根據在醫院進行的入院檢驗結果，MRSA 這種抗藥性葡萄球菌在荷蘭非常罕見，平均而言 100 人中只有不到一人攜帶。因此當艾瑞克・馮・丹・修維爾（Eric van den Heuvel）在 2003 年 10 月帶他女兒艾芙琳（Eveline）去當地醫院進行手術前檢查時，對檢驗結果感到驚訝與難過，艾瑞克也經營農場，就在距離歐斯特拉肯農場約 20 幾公里處的地方。[6] 隔週，醫院打電話通知他：她帶有 MRSA。

艾芙琳當時才兩歲。她出生時心臟結構有幾處嚴重缺陷，已經做過一次緊急手術，修復心室間的破洞，現在她需要動另一場手術。醫院按照「搜索殲滅」規則來檢查她是否帶菌，即使他們原先並不期待會找到任何東西，因為她已經出院一年多，而且她的家人也沒有前往 MRSA 常見的國家。然而，這項例行檢查的結果不僅顯示她攜帶有 MRSA，而且這個菌株是過去從未在荷蘭記錄到的。在她擺脫這種細菌前，醫院無法讓她入院動手術。那裡的工作人員讓她的父母讓她進行一般的殺菌過程，以殺菌皂、鼻腔凝膠和抗生素來處理，而醫院的流行病學家則開始動員起來，準備追查這種抗藥性細菌的起源。

他們檢查了她的家人。結果發現她的父親艾瑞克和母親艾娜也都帶有這種異常菌株，她 14 歲的哥哥格特也是，只有她八歲的姊姊瑪麗克沒有。流行病學家檢查了她父母的朋友，主要是一群每月碰面一次的農民，他們會在彼此的家輪流舉辦聚會，分享養豬業的技巧；在 23 人中有 6 人也帶有這種菌株。最後，在找不到任何其他線索的情況下，他們檢查了馮・丹・修維爾的豬，從他的 500 頭母豬中隨機挑選了 30 頭。其中有一隻攜帶有這種新型菌株。

這個編號為 ST398 的新 MRSA 菌株，有些不尋常的特性，主要是在其對於一般用來檢測細菌的反應。自 1961 年 MRSA 出現以來，因為它迅速傳播至全球，引起感染爆發，世界各地的科學家一直密切關注這種抗藥性葡萄球菌。然而這次發現的菌株竟然對四環素具有抗藥性，這非常不可思議，因為幾乎從未用過這種藥物來治療 MRSA 所引起的感染。[7]即使在 2004 年陷入 MRSA 大流行的美國，四環素也沒有列在第一批用於治療葡萄球菌感染的藥物名單中。儘管荷蘭在整個歐洲的人用抗生素排行榜上排名最低，但其農用抗生素卻高其他歐盟國家：農民每年給豬吃的四環素超過 30 萬公斤。[8]感染人類的 MRSA 進入農場動物身上，然後在農場抗生素的鍛鍊下獲得抗藥性，然後再次回到人類身邊。[9]

荷蘭之所以會檢測出新的「豬 MRSA」，是因為它和尋常的品系很不一樣，相當突出。但基於同樣的原因，由於一般的 MRSA 菌株無法與之競爭，這個菌株很輕易地就占據了手、鼻腔和醫院櫃檯上的生存空間，MRSA ST398 就這樣蔓延荷蘭全國，就像雜草在剛砍完樹的林地上大幅迅速一樣。

在艾芙琳・丹・修維爾診斷出帶有細菌的四個月後——不過她從未因此而生病——一位住在約 100 公里外的小鎮上的新手媽媽也感染到豬 MRSA，她最初是因為嚴重的乳房炎而去當地醫院就診。[10] 結果發現造成她感染的就是這是新菌株，這是在荷蘭此菌株造成感染的首例，她的丈夫和女兒也帶有這種菌，不過他們沒有生病。她的丈夫是養豬戶；他的三名員工身上也帶有這種新型 MRSA，研究人員從他的 8000 頭豬中隨機挑選了 10 隻，結果當中有 8 隻帶菌。接下來，是一位居住在離這兩戶人家都超過 80 公里的女性，在她的日常生活中不會接觸到豬或農民，她剛剛才接受腎臟移植手術，但又回到醫院。[11] 這次是因為她的心臟內膜出現豬 MRSA 感染，病情相當嚴重。之後，又發生了一起院內感染事件，三名糖尿病患者因為這個豬菌株而出現嚴重的腳部潰瘍，另外還發現三名患者和五名工作人員帶有這個菌株；最後是在一處收容殘疾人士和盲人的療養院出現疫情。[12]

荷蘭人懷疑 MRSA ST398 之所以這麼快就在城鎮間傳播開來的，很可能是因為這個菌株是透過豬群傳播，問題是荷蘭養了數百萬頭豬，要證明這點很難。不過，在這麼小的國家，屠宰豬隻的地方相對較少，有九家屠宰場同意讓政府檢查，他們一共處理全國約三分之二的豬。調查人員發現，屠宰場中有 40% 的豬都帶有這種新型的 MRSA 菌株，而其中有 80% 將豬送到屠宰的農場都有帶菌。

[13] 到 2007 年時，這個新型 MRSA 將荷蘭原本 1% 的葡萄球菌感染率提高到 30%，而幾乎所有的感染都是這種豬菌株造成的。[14] 顯然養豬業造成重大的威脅，倍感壓力的荷蘭政府決定採取行動，改變了過去的「搜索殲滅」策略。現在，任何進入醫院的人，只要在生活中有直接與豬接觸，不論是獸醫、豬農還是其配偶或孩子，就立即送往隔離室，直到檢驗結果證明他們沒有帶菌。這項規定立即造成醫療保健系統的壓力。靠近歐斯特拉肯和馮・丹・修維爾這兩戶人家的奈梅亨（Nijmegen）這個大鎮，周邊一共有 7000 多家養豬場，鎮上大型醫院的隔離室完全不敷使用，無法安置所有農民。

ST398 這場疫情是在歐盟 1999 年部分禁用安巴素和其他幾種生長促進劑後才發生的，這促使歐洲各國採行更進一步的限制，自 2006 年 1 月 1 日起，完全禁用生長促進劑，不論是動物專用、人用或是通用的抗生素。

這是歷史性的一步，許多政府首次同意將抗生素抗藥性列作優先事項處理。但光是這樣還不夠，因為 ST398 菌株的出現清楚顯示出一件事，即預防性使用抗生素，就像生長促進劑一樣，也會刺激抗藥性產生。為何歐洲的管制只做了半套？對此唯一的解釋是，頒布生長促進劑禁令在政治上站得住腳，因為生長促進劑對動物的健康沒有任何貢獻。但預防性抗生素確實有些成效，即使過度使用會增加人類健康的風險。另外一點是，當時勢必假設從市場上移除生長促進劑後，應當會減少農場抗生素的整體用量。完全沒有。

在 1999 年頒布禁令之後，荷蘭政府設置了一套監測計畫，以此來掌握尚未禁止用於牲畜的抗生素用量。這套系統會公布飼料生產商每年的抗生素銷售量和農民的購買量，還加入針對屠宰肉品進行的的抽樣細菌檢體分析。這項計畫勾勒出一詳盡的圖像，呈現動物健康、抗生素使用和抗藥性之間的交互作用，比當時所有其他政府手上的資料都還要完整，而這也很快就顯示出 2006 年的生長促進劑全面禁令並不如每個人所假想的那樣，不能算是真正的勝利。[16] 生長促進劑確實消失在市場上。在年度報告中，荷蘭的銷售量逐年下降，從 1999 年（部分禁令年）超過 275 噸的生長促進劑到 2006 年銷售額完全歸零。但販售給農場的抗生素總量根本沒有變化：從 1999 到 2006 年以及之後的年歲，抗生素總用量每年都穩定保持在 606 噸以上。製造商將他們的藥物重新命名，將生長促進劑的標籤改為預防性抗生素。情況就跟英國在史旺報告後發生的如出一轍，他們遵守法律條文，但完全忽視其立意。

有這麼大量的抗生素不斷進入農場，荷蘭自然又發生多次新型抗藥性菌株的爆發，其中有一次與食物直接相關。雞肉（荷蘭的雞肉年產量每年是 1 億隻）攜帶的大腸桿菌和沙門氏菌中開始出現抗藥性，其中一種稱為 ESBL 抗藥性，這個縮寫是由「廣效性乙內醯胺酶（extended-spectrum beta-lactamase）」這個酵素的英文首字母組合而成，能抵抗青黴素及其家族，還有好幾代的頭孢菌素藥物。[17] 荷蘭的研究人員也開始尋找這與人之間的關聯，就跟史密斯在追查氟喹諾酮類抗藥性以及強生研究食源性 UTI 細菌時所做的那樣。[18] 兩個獨立的研究小組在荷蘭的不同城市購買了雞肉，並收集了醫院病患的血液和糞便樣本。最後，他們得到了同樣的結果。大多數的雞肉樣本都已帶有 ESBL 抗藥性細菌，一組的比例是 80%，另一組則是 94%，在與人類感染到的 ESBL 抗藥性細菌比對後，發現人雞身上的細菌有同樣的遺傳組成。正如「豬 MRSA」展現出歐盟的部分禁令不足以遏止抗藥性問題，這起 ESBL 流行繼續敲響警鐘，意味著即祭出全面性的生長促進劑禁令也沒用，這些措施仍不足以保護人類健康，實際上還差得很遠。

受到這一發現的刺激，荷蘭於 2009 年制定了一些關於農用抗生素的措施，堪稱是當時全球最為完整的控管。這項計劃限制抗生素的銷售量，監管農民在其農場的作業方式，並仔細查核獸醫告知其農場客戶的內容以及販售的藥物。此舉有可能演變成一場政治災難，但是抗藥性細菌廣為散布的發現顯然震驚了荷蘭全國，從農民、獸醫和飼料商以及代表他們的有力組織，都沒有人跳出來反對。事實上，他們還幫助設計這個計畫，並宣傳落實的必要性。

2013 年 11 月，我和吉爾伯特・歐斯特拉肯碰面時，他和所有荷蘭農民都已在限用農場抗生素的規定下養了近七年的豬。我原先預期那些對自己工作充滿熱情的人會對此感到惱火，覺得這些審查和對豬飼料與藥物的嚴格控制綁手綁腳。但他對此津津樂道，將這些規則當作是一種更純粹、更負責任的飼養指南。

「2006 年，我加入了豬農聯盟委員會，」歐斯特拉肯說。我們剛剛結束他的豬舍之旅，坐在走廊旁的休息室裡，這些走廊是各個顏色編碼區的邊界。要依循他嚴格的生物安全標準，保護他的豬群不受感染，我得換掉身上每一件衣服，還得卸妝、洗澡、洗頭，然後穿上農場提供的乾淨衣服，這包括一整套工作服、襪子、運動內衣以及用消毒劑擦過的靴子。他給我倒了杯咖啡，聞起來已經泡了一段時間。由於手邊沒有吹風機，我只能把濕頭髮紮起來，髮髻的水滴還不斷落在我脖子上。

「我們與獸醫達成協議，想在農場嘗試以更好的方式來使用抗生素，」他告訴我，「我們不想做一些需要多年調查的困難事情，而是今天談好，明天就可以用在農場裡。」

歐斯特拉肯對於馮・丹・修維爾的經歷感同身受，他從附近的農民團體得知他的遭遇。「當你聽到這個故事，知道他的女兒得去醫院接受治療，但卻無法入院，這會對你自己的人生產生了很大的影響，」手裡拿著咖啡杯的他說道：「你最不想聽到的是自己的親戚進醫院後，得知他們身上帶有抗藥性細菌。那太可怕了。」

（艾芙琳・馮・丹・修維爾後來康復了；2004 年 1 月除菌療程結束，在確定她沒有帶有抗藥性細菌後，她進行了延遲的手術。她現在 15 歲了，在一家療養院接受助理訓練。她帶有 MRSA 的事情造成一陣恐慌，之後的幾年讓她的父親艾瑞克倍受煎熬，他覺得那次染菌經驗為他們引以為傲的養豬業蒙上陰影。他在 2016 年停止養豬，目前在一家比利時公司工作，提供豬舍清潔方案，它們的配方中含有適當的益菌，能夠占滿微生物的生活空間，不讓致病菌有機可趁。）

當荷蘭政府提出更嚴格的新政策來控管抗生素時，歐斯特拉肯和其他養豬工會對這一挑戰表示歡迎，這是件好事，因為新規則毫無疑問會帶來挑戰。當然，生長促進劑已經不在討論之列，而且現在預防用抗生素也遭到禁止。只有在獸醫同意使用時，才能將抗生素用於疾病治療，而且這些藥物都不能是用於人類醫學的。為了避免農民同時向多個獸醫求助，他們要求每位農民與一名獸醫簽訂契約，並向政府登記，所有的處方簽都會輸入國家資料庫。

有些等級的抗生素仍允許農民使用。有些可以少量存放在農場，其他則交由獸醫開立，必須在進行細菌培養，且經過藥物敏感性測試，證明有非使用不可的必要時，方得使用。政府機構和分別代表豬、牛和雞養殖業的主要團體，共同製定出一套複雜的演算法，讓他們得以決定農民使用抗生素的頻率，並且訂出目標。這項稱為「動物定義每日劑量（animal defined daily dose）」會顯示出一間農場一年中使用抗生素的天數。全荷蘭飼養相同類型動物的農民會以此為基礎，接受評判，以紅黃綠這種交通燈號來表示。要留在綠燈區域，肉雞農民一年內使用抗生素的天數不得超過 15 天；養豬戶則是十天。（歐斯特拉肯的記錄是一天。）

在 2010 年初，荷蘭政府定訂了第一個目標：從 2009 年的數據來看，希望到 2013 年時農場抗生素使用量在兩年內減少 20%，三年減少 50%。荷蘭農民非常配合這套系統，因此提早達成了目標。[19] 在 2012 年底前，他們就已經將全國農用抗生素減少一半。在這幾年間，在屠宰動物時抽檢的肉類樣本中，抗藥性細菌也跟著減少。

歐斯特拉肯快人快語地告訴我，放棄抗生素的承諾並沒有損害到他的底線。「這會得到更好的結果，有健康的豬，一切都變得容易得多，」他這樣跟我說：「牠們健康，才會帶給我利潤；病豬是不會有任何利潤的。」

他仍然覺得自己還可以做得更好，而且正在研究保護豬群不受疾病侵害的新方法：也許是更好的圍欄設計，或是在飼料中添加益生菌，不然就是在豬舍中噴灑益生菌。

「若是要認真看待這問題，為我們的孩子留下一些還有效力的藥物，那就得改善農用抗生素的使用，」他說：「這就是為何這件事值得做的原因：為了你自己，為了下一代，而且還可以從農場獲得更多的利潤。」

雖然荷蘭所有的農民都配合這套新系統——儘管政府說明這項計劃是自願參與，但實際上根本不可能拒絕——還是有些人遭遇到許多困難。即使是技巧高超、經驗豐富並且相信遵守新規則好處的農民，有時也難免陷入困境。

在距離歐斯特拉肯農場僅幾里路的瑞克（Reek）小鎮上，羅伯・溫金斯（Rob Wingens）和艾格伯特・溫金斯（Egbert Wingens）兩兄弟及其家人分別經營著兩家肉雞養殖場。他們每期飼養 25 萬隻雞，每年可飼養八期，這些雞都是跟國際遺傳公司愛維金（Aviagen）購買的，是那種快速生長且雞胸寬大的雜交種，很久以前是歸類在愛拔益加肉雞（Arbor Acres）這個品系下，就是過去曾在明日雞大賽中奪得第二的雞種。（愛維金的雞源自於一家名為羅斯（Ross）的蘇格蘭公司，基本上與美國家禽養者養的康沃爾雞同類，後者是柯布凡特斯（Cobb-Vantress）公司育種出來的，曾經獲得明日雞大賽的首獎。）

溫金斯兩兄弟出生在養雞人家，這在以養豬為主的東南部相當不尋常。他們的祖父養了一小群雞，還有一小群豬，父親將兩種動物都加以擴大；他退休時，將他的財產賣給兩個兒子，那時他每年飼養 4 萬隻肉雞和 700 頭豬。艾格伯特之後又在附近買了第二間農場。兩邊都蓋有低矮，看上去親切溫暖的紅磚建築，就在靠近前門狹窄的鋪砌道路上；而後方則是大型的現代化金屬雞舍，還有大量他們父親製作的各種雞造型的園藝作品，這是他在退休後的娛樂。

溫金斯會讓這些快速生長的雜交種生長 42 天，然後再送去屠宰，這完全符合新的抗生素法規，這些規定並沒有納入任何關於雞的遺傳限制。不過，就荷蘭社會的文化來看，這種做法還是會受到評斷，在這裡的超市會根據肉類是否帶有 Beter Leven（更好生活）的動物福利認證來決定是否要跟農場訂雞。荷蘭的動保人士稱這種混種雞為「爆炸雞」（plofkip），因為牠們的生長速度很快。

「我叫牠們『幸運雞（bofkip）』」羅伯反駁道，「牠們為我們一家帶來幸運。」

根據新的荷蘭標準，溫金斯兄弟算是負責任的農民；他們的年度動物日劑量為 13 天，完全落在綠區內。但是要依循這樣嚴格的新規定來養殖雜交種的雞，維持牠們的健康確實是一項挑戰。「使用少一點抗生素，這是一個很好的心態，」當我們走過將農舍與雞舍隔開的鬆脆的礫石步道時，艾格伯特告訴我：「除非必要，否則我不會想使用任何抗生素。」

就跟幾乎所有其他肉雞養殖業者一樣，溫金斯兄弟會購買小雞來飼養，這些小雞是在荷蘭孵化場孵化，並在一日齡時來到他們的農場。要是這些毛絨絨的新生兒看起來有病或是體態虛弱，即使他們自判斷牠們的健康有異樣，也不能像以前那樣給牠們用藥。「根據經驗，我們知道那些允許我們自行使用的首選藥物根本沒效；需要從第二線或第三線開始選，但除非獸醫進行測試，否則我們不能使用，」艾格伯特說，「所以我們還是從第一線的選擇開始，如果這不起作用，我們就使用第二線的，如果還是不行，這時我們會拿到檢驗結果，然後獲得使用第三線藥物的許可。但是到那時已經過了七、八天，已經有一堆死雞。」

小雞在出生前幾天死亡是一個普遍的問題，許多孵化場會多給雞農一些雞，超過原本訂單的數量，因為已經預設有些會撐不過去，讓雞有個「好的開始」是這一行的執著。溫金斯兄弟也有這樣的執著，因為在禁用大多數的抗生素後，得找到其他方法來維持雞的健康，這畢竟是他們事業的基礎。這對兄弟多花了一筆錢在雞舍的保溫上，使其比標準的溫暖一些，他們也調整飼料成分，開發出獨家飼料，讓研磨廠專門為他們調配。「有很多問題可以用良好的飼料來解決，」羅伯信誓旦旦地跟我說。但他們改良飼料的優勢難以持續，他補充道，「育種公司每年都會改變雞的基因，基因改變之後，牠們也需要不同的食物。要是這些公司能公開他們的改變，那事情就會容易得多。」

我去訪問時，溫金斯兄弟正在進行一場實驗。他們無望繁殖自己的雞，因為遺傳公司嚴格把持智慧財產權，因此不可能在自家繁衍這些快速生長的雞。不過他們還是著手從頭改善，決定直接在自己的農場上孵化這些雞。這可讓這對兄弟去除卡車運輸和溫度變化對小雞造成的壓力，以及同一批蛋中提早孵化的小雞可能長時間挨餓的可能性。他們在一個雞舍中安裝一個離地板只有幾公分的承架，上面放有一盤盤的雞蛋，這樣孵化出來的幼雞就可以立即滾到地上進食，他們會在當中鋪滿再過三天就要孵化的雞蛋。

他們這樣做了幾次，現在他們自己孵化的第一批已經三週大了。當艾格伯特拉開雞舍的門時，羽翼未豐的小雞，好奇地翻滾出來，啄著我靴子上的釦子。

「牠們在這間雞舍出生，而且將在那裡度過一生，」他解釋道，輕輕地將一隻跳到一臺設備上的雞移走：「你看得出來，牠們長得看很好，沒有壓力或是受到驚嚇。在這間雞舍我們得以降低抗生素的用量。」

第十二章

農舍角度

溫金斯兄弟和歐斯特拉肯一家人在這套新的荷蘭監管系統中，力求創新，樂在其中，而在法國，紅標農民則謹慎選擇新技術，將其融入以舊價值為核心的養殖系統中。反觀美國，家禽業者能做的選擇就少了許多。由於傑西・傑威爾以及他在 1930 年代開發出來的垂直整合系統，大公司幾乎為雞農做出所有決策。[1] 全美約有 35 間家禽公司在做育種；他們在收到雞蛋後進行孵化；購買飼料原料，送到自有的飼料處理廠攪拌研磨，並將飼料運送給家禽養殖者；跟雞農收購養好的雞，將牠們運送到自己的屠宰加工廠；包裝成肉品；最後運送到他們談好生意的地方。

這樣的一貫化作業掩蓋了各家公司的理念和操作程序的差異，包括他們使用抗生素的方式和時間。同樣地，這也遮蓋了雞農的差異，這是他們的家傳事業，還是自己選擇的職業，或者對某些人來說，這工作早已不再符合他們的價值觀。對於一些雞農來說，使用抗生素是一種保障，就像是在以繩子綁包裹時多打的一個結，是他們得以生產健康動物的最終保證。對其他人來說，這就好比一面哈哈鏡，從一個他們從未思考過的角度來反映他們的行為和信仰。

美國大約有 2 萬 5000 家肉雞生產商，沒有一家可以代表所有的肉雞養殖戶。但在我遇到的眾多雞農中，萊頓・庫萊（Leighton Cooley）和他的父親賴瑞（Larry）足以代表那些對自己農場的經營情況感到滿意的人，即使整個產業發生了變化。[2]

「我們喜歡這個工作，」賴瑞告訴我。我們一同坐在戶外涼亭裡的一張老沙發上，就在賴瑞那棟位於喬治亞州羅伯塔（Roberta）的白色農舍旁，這裡約在亞特蘭大南方 137 公里處。這是 2016 年一個晴朗的 3 月早晨，天氣溫暖到讓人想要脫下夾克來，微風徐徐，讓早到的蟲子駐足在海灣，我們背靠著一輛老舊的拖拉機，看著這家人的馬在草地上播種。「我們不喜歡耗盡這一切的人。」

現年 60 歲的賴瑞・庫萊，這輩子大部分都在養雞或建造雞舍。他的家族在喬治亞州和北卡羅來納州飼養家禽已經有四代。結婚時獲得一塊土地當禮物，讓他和他的妻子布蘭達（Brenda）開始自己的家禽養殖事業；到 1985 年 4 月，賴瑞成立了庫萊農場（Cooley Farms），為很多家公司養殖肉雞。他們 32 歲的兒子萊頓（Leighton）在大學畢業後也加入了家族企業，當時他的父母給了他一塊地；他把它拿去抵押，建造他的第一批雞舍，一共有四間。現在，這個家族在三塊相鄰的土地上，一共有 18 棟雞舍，庫萊家族一次大約養 50 萬隻雞，一年生產 300 萬隻雞。

萊頓身材高大，在鴨舌帽下頂著一頭短髮。他曾經想要當高中教師或教練，但是能夠整天待在戶外工作的誘惑勝過他對足球的熱愛。現在，他與妻子和三個年幼的兒子一起住在農場裡，養雞和一小群肉牛。在傳統雞肉產業中，他是個安靜的名人，目前擔任全國最大的傳統農業組織「美國農業局（American Farm Bureau）」的年輕農民發言人，曾現身在 2014 年的紀錄片《農田》（Farmland）中，這部片是由美國農民和牧民協會（U.S. Farmers and Ranchers Association）資助，曾在全美各地放映。

庫萊一家是用這產業的標準方式來養雞：每間雞舍養 2 萬 3500 隻，占地 1858 平方公尺。這些雞生活在 15 公分厚的墊料上，這是一層由松樹屑和堆肥混合起來的東西，如同海綿一樣濃密，走在上面就像是踏在厚厚的橡膠上一樣。在不到兩個月的時間內，他們將毛絨絨的小雞養至成雞：38 天的中型雞是提供給速食連鎖店，而 50 天的大型雞則是給超市販賣各種分切雞肉所用。這些雞都養在以堅固牆壁打造的雞舍中，不會有陽光進入破壞以電燈控制的日夜循環，這個光循還主宰牠們的睡眠、清醒和進食時間。頭頂上有隆隆作響的管子，這是用來配送飼料到懸掛在腳踝處的圓形紅盤中。水管沿著飼料線延伸，其上布滿向下的乳頭狀突起，可讓雞用喙敲擊取水。在喬治亞州炎熱的夏天，穿過風扇的微風會先由外部的管道所冷卻，而在少數變冷的日子也會加熱，在剛出生的雞進入雞舍時，會將溫度維持在 32 度，等到牠們成熟時則降到 26.7 度。

多年來，庫萊一家讓我多次進入他們的雞舍，幫助我了解傳統家禽生產的樣貌。一陣潮濕的微風吹過，風扇維持在時速 12.9 公里，足夠吹起的套裝上的袖子，並將沉重的塑膠短靴鞋帶壓在我的小腿上。這套制服可以防止個人衣物將外界汙染物帶入雞舍，保護那些在我腳踝邊咕咕作響的雞。這天早上，目前養的這批雞以達到 42 日齡；看上去已經成熟，頭上頂著紅冠，背上長著白色羽毛，腹部有一道裸露的皮膚穿過。牠們沒有什麼活動空間，但可以在雞舍中自由移動，就像魚群那樣一起動作，然後在低鳴聲中靜止下來。牠們乾淨、直挺挺的，體態平衡，看起來並不焦慮、恐慌或痛苦。

這種養雞方式已經有幾十年的歷史，幾乎所有在美國吃到的雞都是以這種方式養成，世界上其他地方的養雞場也日益效法：全天候養在室內，生活在人造光下，只吃農民提供的東西。這種作業方式讓雞成為一種可預測的作物，讓雞肉成為一種質地、味道和營養成分一致的產品，不論是在一年中的哪個月份、哪個地點、哪種氣候條件下生長，數十億隻雞都是一樣的。這是雞肉經濟的基礎，讓任何人在每一天都能在速食店買到雞肉三明治，在酒吧點一盤雞翅，或是在超市中多拿一包雞腿，只是因為剛好有促銷活動。

對庫萊一家來說，這是一種很好的經營方式。他們已將賺得的利潤轉回到農場上，獲得建造新雞舍和升級設備的貸款。他們對這樣的成果感到自豪，他們信任自己的產品。萊頓說：「我覺得大家對傳統家禽養殖戶的想像是一棟棟骯髒昏暗的房子，裡面養著虛弱、病懨懨的雞。我們不是那樣。」

從庫萊農場往東直行，會穿過美國肉雞養殖帶的東半部。肉雞生產也許是從德馬瓦這一區開始的，但現在最好的雞肉生產州都在南方。[3]喬治亞州名列第一，若把它當成一個獨立的國家來看，要算是全球第四大雞肉經濟體，其次是阿拉巴馬州、阿肯色州（全美最大的雞肉公司泰森食品的發源地）、北卡羅來納 州和密西西比州。不過在距羅伯塔不到六小時車程處，離北卡羅來納州東邊州界一、兩百公尺處，有另一家雞肉生產商，他們的養雞經歷和庫萊家族的大相徑庭。

在費爾蒙特（Fairmont）小鎮經營 C & A 農場的克瑞格・瓦茲（Craig Watts），身材高大瘦長，留著一頭長長的捲髮，他會定期理成平頭；每次剛理完髮，他的頭髮會從鬢角突出，就像剛理完髮的小孩一樣。2014 年我第一次見到他，那時他 48 歲，是個農家之子，他的家族在北卡羅來納還沒有成為一個州以前就一直務農，他自己則是第一代的肉雞生產商。他住在 1901 年由他的曾祖父搭建的一座農舍，周圍的土地已經在家族間傳了好幾代；住在幾哩路外的姑婆保留了這個家庭最初獲得的皇家贈與地，這些土地是在 18 世紀初期開墾的，那時這裡還是英國的殖民地。他的父母種植煙草，但白天都還有另一份正職，才能賺取足夠的錢來養家。瓦茲上高中時，他的父親心臟病發作；儘管活了下來，但是因為心臟衰弱，無法在攝氏 37.8 度的高溫下彎腰耕作。這家人於是關了他們用來烘乾煙草的那間金屬屋頂的棚子，並將他們的田地出租。

瓦茲於 1988 年取得商業學位，並前往一家公司工作，他得測試農用化學品，拜訪農民，並且了解有哪些昆蟲會啃食他們的大豆和棉花，以及有哪些農藥會殘留在土壤中。這是份不錯的工作，讓他賺到足以結婚的錢，但他不喜歡打領帶，每天都做一成不變的事。而且他知道若是要升遷，還得搬到公司位於中西部的總部，那裡的景觀和文化完全是另一回事。然後在 1992 年，一位家禽整合商代表開始與當地農民聊天，用各種圖表來說明，若是他們開始為剛剛在南卡羅來納州邊界成立的普度屠宰廠養肉雞，可以賺取多少獲利。

瓦茲聽了這位先遣代表的說明，研究了他的表格，最後同意簽訂契約，並蓋了兩間可容納 3 萬隻雞的雞舍。三年後，他又蓋了兩間，才一蓋好，監督普度地區處理廠的經理又要求他升級之前所蓋的那兩間。瓦茲可以承擔融資，因為土地和農舍都是他自有的，他在 2001 年付清前兩間的貸款，在 2004 年償還了後來蓋的兩間。他開始覺得有餘裕讓他的妻子和孩子不要過得太拮据。但隨後那間屠宰場又要求他再次升級他的雞舍。

「這不是非做不可，」他說，「只是他們會告訴你，如果你不這樣做，他們不會再給你小雞養。」

儘管他有獲得一些文件，證明他的養雞成效在當地養雞戶中名列前茅，但他對這一切感到厭倦。他已投注了 65 萬美元在他的農場上，但十年來都沒有加薪。他陷入了「錦標賽系統」的壓榨模式中，這系統讓一地區的雞農互相競爭。在收集雞後，他們的勞動報酬是根據飼料體重轉換比來計算的。在每次養殖週期結束時，重量效益比最佳的養雞戶會獲得獎勵金；最差的則會在薪資中被扣除相等金額。

這樣的錦標賽是家禽生產的經濟基礎，最初也是這一行業所特有的。[4]（現在豬肉和雞蛋生產也開始採用這種模式。[5]）業界堅稱這套系統是獎勵雞農的良好做法，並減少他們獨立作業的投資金額。環保倡導者則認為這讓這些大型公司得以擺脫汙染的財務責任與累積廢物的負擔。[6]研究契約和博弈理論的經濟學家則稱讚此系統，認為這在激勵獨立契作戶的同時又能降低價格風險。[7]但是，研究這套做法的其他學者則使用了「種植園（plantation）」和「佃農（sharecropping）」這種奴隸時代的詞彙來描述其對契作雞農的影響。[8]

只要表現得比當地的競爭對手好，雞農就會欣賞這套系統的獎勵。但是當瓦茲繼續養雞時，他開始覺得這套系統就連不在他控制範圍內的事情也會加以懲罰：送來的小雞很弱小，或是長不大，再不然就是對疫苗的反應不佳。有一次的收成非常淒慘，原本應該在幾小時內從孵化場送到他農場的小雞被放在卡車箱子裡過夜。三天後送達時，有好數千隻都死了。

瓦茲開始投書到當地報紙，[9] 並前往國會作證，抗議總是由雞農來承擔達不到目標的後果。2010 年，他開了 800 多公里的車，穿過好幾個州，前去司法部和美國農業部舉行的聽證會上發言，這是歐巴馬政府在其第一任內舉辦的傾聽民意系列活動之一，牲畜和家禽養殖戶紛紛前來訴苦。[10]「我們在這個行業中沒有發言權，但我們投入了大量資金，」那天他這樣說道：「養殖戶將農場和家產拿去抵押是因為相信自己會與家禽公司建立起長期而互利的關係，但最後我們得到的卻是一項完全沒有安全保障的協議。」

到 2014 年，瓦茲對此的挫折感與日俱增，決定採取更為激進的手段。他邀請了「世界農場動物福利協會（Compassion in World Farming）」他的雞舍裡拍攝影片，這是一個農場動物權利組織，過去他們想要揭發農場養殖條件時，幾乎總是只能靠偷拍，但這次有位雞農願意帶領他們一覽家禽生產過程的現實，並在鏡頭前陳述他的經歷。

「如果我不認同這個系統，我必須盡我所能的來改變，」他這樣告訴我，將他的客貨車開到兩線道上，這條小路會通往他的四個雞棚。「大眾在超市中看到的農場的布景展示，有白色的農舍和紅色穀倉，有牛在那裡跑跳，還有咯咯叫的雞，但事實上並不是那樣。根本不是這幅景象。」

瓦茲的契約中並沒有條款禁止他帶人進去雞舍拍攝影片，或是討論內部的條件，但這感覺確實違反了行規；瓦茲期待這支即將推出的影片能夠產生一點效應。讓外人進來之所以會有產生這種禁忌感是有很多原因的，一方面是因為一般雞農不願談論家禽生產過程的心態，另外還要加上想保護商業機密，以及對那些譴責傳統農業的食物運動者所保持的不信任感。

抗生素的使用也落入這份潛規則中。在這行業的大半歷史中，從 1950 年代 FDA 授權使用生長促進劑一直到 21 世紀，很少有人公開談論一般使用抗生素的細節。這正是憂思科學家聯盟在 2001 年要估計農用抗生素時所碰到的軟釘子。

在那項估計後十年，才在一份聯邦報告中首次揭露真正的使用狀況，這是因為 2003 年通過了《動物藥物使用者付費法案》（Animal Drug User Fee Act, ADUFA）。這項法案源自於動物藥物公司對緩慢的新藥審查速度感到不耐煩，於是建立起一套加速此過程的機制：公司向 FDA 支付使用費，由 FDA 聘請更多員工來處理文書工作。這項安排廣受歡迎，在五年內，為 FDA 賺了 4300 萬美元的額外盈收，這也等於確保它在 2008 年取得重新授權的保證。國會議員經過長期攻防後，迫使拜有利（Baytril）或稱恩諾沙星的廣效型寵物用抗生素下市，這讓 FDA 看到機會。他們提出交換條件，表示任何想要獲得新藥上市許可的抗生素製造商都必須提供一些銷售數據。[11]

這些公司最初願意透露的資訊很少；ADUFA 報告的初版（正式名稱是「食用動物抗微生物劑的出售或分銷總結報告」）只有四頁。[12] 不過，光是其中的數字就讓人吃驚，這顯示憂思科學家聯盟在 2001 年的估計其實相當保守。2009 年，販賣給美國畜牧業的抗生素有 1300 萬公斤（另外有 163 萬公斤的抗生素出口用於其他國家飼養的動物）。市場上的食用動物幾乎接受到各種類型的抗生素，有的是和人類一樣的藥物，有的是化學性質相近的同一家族抗生素，如氨基糖苷類的鍊黴素、頭孢菌素；林可醯胺類的克林黴素；大環內酯類的阿奇黴素、青黴素；磺胺類藥物以及四環素類（最常用的一類），還有一類不用於人類的藥物，稱為離子載體（ionophores）。

自第一份報告發表以來，動物用的抗生素數量逐年增加。在 2016 年耶誕節前發布的 2015 年數據中，動物用的總銷售量為 1557 萬公斤。[13] 這份報告從未將動物的抗生素用量與人類用量直接相比，不過在 2011 年，非營利的皮優慈善信託基金（Pew Charitable Trusts）以處方藥銷售的私人記錄來計算，推算出人類抗生素用量的值。結果在那一年，美國的食用動物用了 1358 萬公斤，而人類患者僅用了其四分之一，約 350 萬公斤。[14]

ADUFA 報告提供的農用抗生素總量資訊不僅對美國大眾來說是頭一遭，對於許多畜牧業者來說也是，大家都是第一次認識到這個祕祕密。因為在合約中並沒有要求集成商告知契作雞農給雞的飼料的確切成分，而許多公司也沒有這麼做。

「他們不會告訴我們的，」賴瑞・庫利告訴我，回顧他的這場職業生涯的開端。「也許我們該直接問他們。但我們沒想到。」

更多一絲不苟的公司則是以「飼料券」（feed ticket）的方式

來告知他們的農民，這是一張在將大批飼料送去時會交給他們的收據。飼料單列出飼料配方中蛋白質、脂肪和纖維的百分比， 有可能在短時間內餵食肉雞四種不同的配方，飼料中按噸添加抗生素。庫萊一家和瓦茲在我前去拜訪時都還在為普度牧場養雞，這家公司會提供雞農充滿這些細節的飼料卷，瓦茲讓我看了他所拿到的那些，可以一直回溯到 1990 年代。從這些飼料卷可看出一個令人驚訝的趨勢：瓦茲養的雞所接受的抗生素一直在變化，緩慢但明顯。

最初用的藥物是那些過去的問題藥物，如湯馬斯・朱克斯曾在全世界引起生長促進劑風潮的金黴素。之後，飼料卷上列的是在美國允許的富樂黴素（bambermycin），但在歐洲自 2006 年就遭到禁用。[15] 在瓦茲的記錄中，富樂黴素在 21 世紀初期消失，取而代之的是離子載體。這種藥物的歷史可以追溯到抗生素時代的早期階段，但除了其中一種稱為寧司泰定或耐絲菌素 （nystatin）的藥物有用來治療真菌感染外，離子載體這類抗生素從未真正用在人體上。[16] 在家禽中，這用來減少一種難以根治的寄生蟲，這種寄生蟲病稱之為球蟲病（coccidiosis），常發生在擁擠的雞舍裡，會造成腸道發炎，並引發種種可能導致雞隻死亡的感染。[17] 由於在歐洲頒布的生長促進劑禁令中，家禽用的離子載體不在禁藥之列，因此家禽業者相當依賴這種藥，也嚴格檢查這類藥物是否會引起抗藥性。研究人員當時只提出了一個潛在的問題，是針對桿菌素（bacitracin）的交叉抗藥性，這在美國僅有急救藥膏含有這種成份。[18] 與幾十年來在農業中任意使用的其他藥物不同，離子載體似乎不會對人類健康構成威脅。

在瓦茲的飼料卷上看到離子載體，這證實了一件事：在家禽養殖業中，至少在某個角落，有人注意到這數十年來抗藥性爆發的訊息。雞農可以感覺到他們的產業基礎在轉移，是在往對公眾健康有益的方向前進，但對他們來說，這一切可能都難以理解。

瓦茲是其中一位對此感到掙扎的人。他認為經常使用抗生素的生產系統基本上並不健全，但這不全然是因為這會刺激抗藥性（儘管這也讓他憂心）。這主要是因為一般的家禽飼養感覺起來很殘酷。他說，不論是否使用抗生素，養雞的其他一切，從牠們的遺傳組成、短暫的生命週期到他不得不採行的密集養殖，全都維持一樣的狀態。過去，認同抗生素的使用，讓他開始注意他的雞的健康狀態，但是在遇到他得有所作為的時候，他就畏縮了。

2014 年秋天，瓦茲帶我穿過他的一座棚屋，穿過 3 萬隻 35 日齡的雞。房子裡很熱；他放在墊料上的溫度計讀數為攝氏 31.1 度。與庫萊家的建築相比，這是一個較舊的穀倉。牆壁不是採用堅固的金屬；最初棚子的上方是敞開的，以鐵絲網框住，避免野雞進入，並覆蓋著可捲起的防水布，當作窗簾。在其中一次的雞舍升級工程中，他得在開放區域設置牆壁，現在唯一的光線是來自黃色電燈泡和一束穿過風扇的陽光。雞舍裡聞起來有股接近腐爛的香料味，不過循環的氣流帶走了大部分的味道。空氣中懸浮著小羽毛和墊料的碎屑和灰塵， 我們好像困在一個昏暗的雪球中。

瓦茲抓起一隻雞，把牠翻過來。牠的肚子是紅色的，看起來像是生肉。雞舍裡有些雞躺著，一條腿收在身軀下，以一個奇怪的角度扭出來，不然就是從尾巴後面伸出來這個錯誤的方向。他挑起來一隻，讓我看看腫得像口香糖球的關節。當我們在看這些雞時，另一隻有相同畸形問題的雞試著把脖子往上伸，想要碰觸掛著的供水線上的乳頭狀突起，但是瘸腿讓這雞無法平衡，還沒喝到水，就摔倒了。

「牠沒有辦法碰到那個，而且牠永遠也不長不大了，」他說，「牠之後只會受苦。殺了牠算是做一樁善事。」

我們走過時，大多數的雞都會避開我們，朝牆邊擠。當牠們在我們的腳邊讓出路來時，在牠們的腳下開始浮現一隻隻僵直而空洞的死雞。一隻雞跌跌撞撞地穿過空出來的空間，突然停住，蹲了下來並閉上眼睛。瓦茲跪坐下來，撫摸牠的頭，咯咯地笑著，將手指伸進雞的身體和翅膀間的羽毛。

「我希望我能以不同的方式來養牠們，」他沉思道，「我想要打掉那些牆壁，給牠們自然通風。我想給牠們一些木條來坐，給牠們一些活動做。雞會想要亂翻和啄食，到處走動。醒來時就喝水，然後就整個屁股坐下來，這是不正常的。」

從事這一行 23 年後，瓦茲完全摸透了家禽養殖，就跟對教義問答集的認識一樣徹底，而他也明白務農確實是一種信仰行為，但他正在失去這份信仰。在我們進入雞舍前，他讓我看了他裝在樑柱上的操縱式錄影機的影像，這是為了確保夜間是否有出問題而裝置的。當他晚上睡覺時，錄影機拍攝到公司的工作人員將小雞送來，因為這時比較涼爽，小雞比較平靜。在這段送貨的影片中，工作人員從卡車後方取出一箱小雞，從肩頭翻過，然後將牠們倒出來。小雞受到猛烈撞擊，像小小的風滾草一樣滾過廢料。其中有些還彈來彈去。

瓦茲肯定看這畫面不下十幾次，但他再次看到時，還是皺起了眉頭。「我絕對不會說我待我的雞不好，但這整套系統的設置方式，就是不能讓我好好照顧牠們，」他說。他再次抓抓這隻病雞的脖子；牠睜開眼睛，發出微弱的尖叫聲，然後靠在他的腿上。「業界說它關心動物福利；根本沒有。」

他用雙手輕輕地舉起雞，讓牠將腿伸直，然後將牠放回原處。它搖擺了一會兒，找到平衡，漫步而去。他目送著牠離開。

「我希望能用不同的方式來養，如果可以的話，我想採取不同的方式，」他說，「但就算我真能解約，我不知道我是否還會養雞。想像和現實離得太遠。」

2014 年 12 月推出了瓦茲參與合作的那部《工廠雞農的發聲》（Chicken Factory Farmer Speaks Out），片中展現出受到驚嚇的小雞，還有那些看上去焦慮的雞的，結果這影片在網路上爆紅，有數百萬的點閱人次。[19] 這段影片引發大量新聞關注，《紐約時報》以頭版頭條來報導，雙語數位媒體「聚合（Fusion）」也製作了一部 43 分鐘的紀錄片。[20]

這也引起他在片中提到的普度加工廠的注意，將他改列在「性能改進計劃」名單中，他認為這是一種騷擾，他表示影片推出後他遭到多次過去沒有的檢查。（2015 年 2 月，瓦茲申請了舉報人的法律保護。[21]）食品業的非營利組織「食品完整性中心（Center for

Food Integrity）」集合了一批動物健康科學家小組，來談論影片中的飼養條件，他們的回應顯示出這之間確實存在有一鴻溝，業界的養雞標準和瓦茲渴望的養殖方式實在相去甚遠。

這批專家一致同意這些雞看來是在受苦，[22]但表示瓦茲也有錯：他曾讓畸形雞繼續痛苦地生活下去，而沒有在當下予以人道處理。他們表示，一般預期在雞群中會有 3% 的雞無法達到屠宰年齡，換言之，在一個養有 3 萬隻雞的穀倉裡會有 900 隻這樣的雞，牠們有些會自然死去，但若是其他的看起來在受苦，雞農有責任殺死牠們。對於瓦茲抱怨雞沒有四處走動而老是蹲在同一個地方，專家則引用了業內人士的預期：「肉雞約有 76% 的時間坐著，7% 的時間站著發呆，3.5% 站著理毛，還有 4.7% 的時間站著進食。」對於他想要提供雞隻新鮮空氣和自然光的想法，專家的講法則聽起來有點讓人莫名所以：「雞隻不需要照陽光來滿足牠們轉化維生素 D 的需求，因為飼料中已經提供足夠的維生素 D。」

最後終於談到何謂動物福利。瓦茲對家禽養殖的基本假設深感不滿，他將所養的成千上萬的雞當作是有智能的獨立個體來看待。他設想的是一種不同的農業形式，可以讓牠們運動，尋求快樂。

在訪問瓦茲之後，我回到庫萊家的農場，他們是這錦標賽系統中的勝利組，向來都能達到生產要求條件，我想要了解他們對這套系統的看法。賴瑞・庫萊之前告訴過我，在萊頓加入他們的經營之前，以及他們與普度簽約前，他也曾遇過那些畸形的雞－可能是因為遺傳缺陷，但他沒有足夠的資訊可以確定。這完全是運氣。賴瑞之前說過：「那些雞到達 35 日齡時就開始死去。我們每天損失幾千隻。什麼辦法也沒有。」

萊頓同意有些雞就是會早夭。他每天都會收集死雞並殺死那些在受苦的；這是他農間工作的一部分，每次我去拜訪時，他都在我到達前就完成了。他估計每一期他殺掉或收集到的死雞約占整個雞群的 2%。他實在不喜歡這差事。「要除去牠們真的很難，」他告訴我。我們站在他的一個穀倉裡，雞就圍在我們周圍的地板上。其中三隻睡在我穿著靴子的腳趾上。他指向一隻荷蘭雞，大小只有牠旁邊的雞的三分之二，牠的身高已到頂，卻無法碰到水管，就像瓦茲農場的雞一樣。「那隻雞會口渴而死，」他說，「你不能放任牠們這樣。所以得將那隻除去。」

在庫萊家的農場，尊重動物福利意味著確保雞的乾燥、規律餵食，讓牠們平靜，不會受到驚嚇或受苦。我問他是否考慮過添購一些動物福利推廣者所謂的行為「豐富化」（enrichment）設備，一個讓牠們能四處翻動的房間，一些可以攀爬或棲息的設備，一些可以吸引牠們動動小腦筋的東西。他推了推帽緣，不置可否地說：「這是憐憫嗎？為什麼一隻雞需要智力刺激？或是運動？大多數人運動是為了減重。我們可不希望牠們變輕。」他以手勢指向這間雞舍裡他們做的投資：自動飲水器和餵料器、冷卻系統、警報器和故障保險器，還有雞舍出問題時會立即提醒他的手機繼電器。

「我們所做的一切都是為了監控這些雞的健康，」他說，「一隻雞值得活在一棟健康的房子裡，在一個有利於牠們的良好環境中生活。而那就是吃飼料，增加體重，最後成為一塊健康、充滿營養的肉。」

在美國家禽養殖業的雞農中，大多數人無疑都會認同庫萊家的觀點。少數一些人可能會有瓦茲的感受。問題在於，關於這些養來宰殺的動物的生活品質的這兩種概念是否能夠彼此協調，而在其中抗生素又擔負著什麼角色，如何突顯出這兩者間的差異。受到活動分子的號召以及消費者的推動，美國的養雞產業在這方面才剛剛起步。不過令人驚訝的是，最後引領改革的竟是一些大企業。

第十三章

市場的聲音

德馬瓦半島位於巴爾的摩和威爾明頓（Wilmington）之間，像隻龍蝦爪從東海岸突出來，一直延伸到紐波特紐斯（Newport News）的造船廠，是個容易讓人產生錯覺的地方。駕車在蜿蜒的海岸公路上，置身在一片充滿鹽味、小船以及放在馬路上曬乾的捕蟹網間。但是一開上橫跨半島的13號州際公路，景觀驟變，在穿過德拉瓦州、馬里蘭州東海岸和一小塊的維吉尼亞州時，一路上的風景讓人以為到了愛荷華州，放眼望去盡是低矮的金黃色田野、防風林和一望無際的地平線。這裡是農村區，但相當狹窄，最寬的地方也只有113公里，僅適合小農場發展。其中一家就是位於德拉瓦州的海景農場（Ocean View），瑟希爾・史提勒（Cecile Steele）和她的丈夫威爾默（Wilmer）於1923年在這裡展開他們的肉雞事業。在農場五、六十公里之外的地方，就是馬里蘭州的薩立斯伯里（Salisbury），那裡一棟以白色隔板和紅色牆壁搭建的農舍，就是鐵路代理商亞瑟・普度（Arthur W. Perdue）於 1920 年展開雞蛋事業的地方。

從保存完好的普度農場看過去，那批橫跨馬路的龐大建築群像是任何一家農產企業的總部，林立著宛如倉庫的高大金屬棚屋以及可能是辦公園區的低矮磚造建築。但這裡也不是表面上看起來那麼簡單。普度農場有限公司（Perdue Farms Inc.）是全美第四大雞肉生產商，也是最著名的雞肉品牌之一，這個總部代表著雞肉工業改變農用抗生素看法的開始。[1]

十多年來，普度都沒有公開這項重新評估抗生素的計畫。2014 年 9 月，亞瑟的孫子吉姆・普度（Jim Perdue），也就是現任的董事長，在華盛頓召開記者會，他簡單地宣布：「在此我們要傳達的是，普度目前沒有使用生長促進劑類型的抗生素，而且自 2007 年以來就不再使用。」

普度的這項宣布等於與整個雞肉工業斷然切割，幾十年來其餘的雞肉產業就跟其他工業化農業一樣，一直在對抗政府的抗生素改革。他接下來說的一切，更是加深了其間的裂縫：這家公司僅施以非人用抗生素給他們飼養的 95% 的雞，也就是限量的離子載體。飼料中沒有添加砷——這是一種飽受爭議、但在 2014 年依舊合法的添加劑。[2] 在他所有的孵化場中都沒有施用抗生素。「這一共花費了 12 年的時間來進行，投入非常多努力，」普度公司那天表示，「但我們發現確實可以用較少的抗生素來養出健康的雞。」

在美國食品藥物管理局批准生長促進劑，送給農業界這項大禮的 60 年後，以及這整個產業百般阻撓 FDA 收回這項禮物的近 40 年來，龐大又易怒的產業機構裡開始有人發現，這些藥物或許不值得他們投資，或是他們引起的抗爭。

普度成為業界第一家跨越這條線的公司，在某種意義上是有道理的，畢竟他們的作風一直以來都有點特立獨行。這從第二任董事長法蘭克・普度（Frank Perdue）身上最容易看出來，他是亞瑟的兒子，吉姆的父親。[3] 法蘭克是在他父親創辦公司的那年出生的，19 歲時從大學輟學加入父親的行列，他在 1970 年突發奇想，決定以自己的形象來為公司的產品代言。他委託一家紐約的廣告事務所來打造宣傳活動，利用他那矮胖身材以及大鼻子的形象——實際上他看起來確實跟雞有點形似——再搭配一句鮮明的標語：「要有強悍的男人才能養出鮮嫩的雞」。這廣告很有趣，與當時的文化背道而馳，讓人看得吃驚。在那個時候以公司的執行長來當代言人，而不是創造一個虛構角色，或是請名人代言，確實相當特別，更不尋常的是，他要消費者關注的是包裝品牌，而不是肉的新鮮程度或價格。不過，這些廣告立即在媒體文化中掀起一股潮流，普度的傻勁不斷遭到引用和模仿，成了一種迷因（meme）——這個概念是後來才由英國演化學家理查・道金斯提出——而且這波宣傳活動在電視和報章雜誌上持續了 20 年。

相比之下，他的兒子吉姆則是在嘗試自立門戶後，才回來加入家族事業。[4] 他最初取得的是漁業學博士學位，但在 1983 年改變方向，進入一家普度的加工廠就職，然後又到其他幾個部門工作，最後在 1991 年升任董事長。他認真維持他父親之前與客戶建立的關係，研究了客戶每個月送回公司的 3000 條意見，並且定期與公司的高層經理開會，或是以電話會談詢問公司營運狀況。

「我們開始對抗生素產生愈來愈多疑慮，」普度的食安、品質與現場操作部門的高級副總裁布魯斯・史都華－布朗（Bruce Stewart-Brown）這樣告訴我。1990 年代末期，消費者對抗生素的憂慮與日俱增，那時他正從一家公司的野外獸醫離職，進入普度，監管他們每年養的 6 億隻雞和 1000 萬隻火雞的健康狀況。「我們的想法是這樣：大家都知道孩子生病時，若帶去看醫生，會得到一張處方，在服用一段時間後，孩子會好起來的。但讓人不能理解的是，告訴大家每天早上都要在孩子的早餐麥片中加入抗生素，並且吃上一輩子。沒有人明白怎麼可以這樣對自己的孩子，恐怕也難以理解怎麼會這樣對待自己的食物。我們總是在想，你知道嗎？這就是我們可以努力的方向。」

要決定是否真能停用抗生素，普度必須得先確定他們到底從這些藥物中獲得多少益處。於是公司展開一項研究，在距離總部不遠的德拉瓦州選了 13 家契作農場，另外又在北卡羅來納州東部挑了六家。[5] 在每間農場，普度選出兩間大小和屋齡相同且具有類似結構特徵的雞舍。之後他們定出一份時間表，在相同時間送一批新的小雞到所有這些雞舍，為牠們訂購相同的飼料，成分僅有一點不同。在每間農場，一間雞舍將收到公司的標準飼料，當中含有砷、離子載體和當作生長促進劑的桿菌肽、黃黴素和維吉尼亞黴素等抗生素。另一間雞舍中的雞，也餵食相同的飼料配方，但當中不含任何的生長促進劑藥物。

從 1998 年 10 月到 2001 年 9 月的三年間，普度評估了這兩組雞中的 700 萬隻雞，每隻雞都讓其活到 52 日齡。2002 年，他們將結果列表出來。在接受抗生素的雞與未接受的雞之間，飼料轉化率和屠宰體重的差異僅有千分之幾。兩組雞早夭的數量則差在百分之幾。在沒有施用抗生素的雞群中並沒有爆發流行病，而且遭美國農業部檢查員以出現內科病徵為由而退回的數量實際上還更少。

這項結果證實了普度的獸醫和雞農一直以來所懷疑的：從朱克斯的實驗到普度的這項測試的 50 年間，在某個時刻，生長促進劑已經失去了業界相信的效力。認識到這種趨勢，並據此來塑造其品牌形象的公司，可望獲得巨大的市場優勢，因為這時在外界的消費者，不論是團體還是個人，在選購食品時，都開始拒絕購買使用抗生素飼養的肉類。經過幾十年的拖延，政治變革也在往反對農用抗生素的方向移動。

在發現這項結果的 13 年後，史都華－布朗帶我穿過普度總部周圍的工廠和農場。現在是 2015 年 6 月，自吉姆・普度宣布消息以來，已經過了九個月，這間公司即將宣布他們的下一個里程碑。[6] 除了放棄使用人類抗生素外，他們還決定移除雞隻飼料中 60% 的離子載體。普度開始喊出他們的雞「再也不使用抗生素（no antibiotics ever）」，並且以 N.A.E. 的字母縮寫來表示這種零抗生素的養殖。

普度旗下並沒有雛雞育種公司（雖然曾經有過），這些育種公司會養上好幾個世代的雞，等於坐擁一專有的基因組合。普度的做法是直接去跟國際遺傳公司訂購所需的品種，現在雞的配種幾乎就跟調整配方一樣。他們從大公司那裡買來當作親代的雞，安置在契作農場，等待其下蛋，就會長成普度的肉雞。要維持這些肉雞健康，讓牠們不需用到抗生素，必須從雞蛋開始。史都華－布朗表示，放棄對孵化前的雞胚胎施打慶大黴素（一種人用抗生素）是公司停用抗生素計劃的最後一步，也是最難達成的。在打疫苗的同時施以抗生素向來是業界標準的做法，這可以保護雛雞不會受到外界細菌的感染，因為在疫苗接種時針頭會在蛋殼上留下小孔。在這個炎熱的星期五早晨，一組穿著工作服和頭套的工作人員正在那裡清潔雞蛋，他用一張嬰兒濕紙巾擦拭一大堆散發著珍珠般光澤，帶有象牙白顏色的雞蛋，還得小心翼翼地避免抹去其上蠟質的保護層。

史都華－布朗說：「我們必須把雞蛋清得十分乾淨，達到不需要動用抗生素的程度。這表示雞蛋在進入孵化場時不能帶有糞便、碎屑或泥土，而這需要先充分授權我們的孵化場經理，讓他們與管理種雞群的人溝通，告訴他們送來的雞蛋太髒了。而這又迫使飼養員經理緊盯著他們的雞群，因為總是會有一些母雞喜歡在地板的角落產卵。」

要預防感染，打疫苗比給抗生素更有效。只要打一次，免疫系統就永遠處於備戰狀態，而抗生素則是在每次感染開始時都要施用，不然就是要持續給藥，才能避免感染發生。疫苗不會引起抗藥性，所以長期下來比較安全，但它們較為昂貴並且需要更精準的使用。

往孵化場深處走去，史都華－布朗帶我去看一間跟實驗室一樣乾淨的地方，這裡專門用來調配公司現在使用的疫苗。注射到雞蛋內的疫苗是用來預防兩種病毒性疾病，的，由穿著無菌服的工作人員在層流櫃中操作，這是一種生物安全櫃，不斷有平穩的氣流吹出，保持當中處於無菌狀態。除了孵化前的標準注射外，現在不再同時施以抗生素，普度還在肉雞的短暫生命內施打其他疫苗：其中兩劑是在破殼而出時打的，另一劑則是晚一點。另一點和同業不同的是，他們開始為生產肉雞的母雞接種疫苗。

「我們相信，減少對抗生素需求的最佳方法之一就是接種疫苗，不僅僅是肉雞，還包括產下肉雞的那些母雞，」史都華－布朗說：「如果給母雞接種疫苗，她會將抗體傳到蛋黃中，這樣小雞就可以吸收她提供的保護。」根據他所分享的內部數據，普度 2002 年在接種疫苗的支出示比同業的平均值低了將近 100 萬美元，但是到了 2013 年，這類支出增加了 400 萬美元。

從抗生素轉向疫苗，普度為雞的生命周期提供了一個新的模式。他們改變飼料配方，去除抗生素，添加益生元和益生菌，諸如有機酸、藥草以及那些將牛奶變成優格的種種細菌。公司也移除了養雞業會用的那些來自消毒過的「動物副產品」的蛋白質，像是牛和豬在屠宰完後留下來的皮、蹄和內臟，這當中有時甚至還混有家禽類的殘渣。屠宰處理完的雞肉約有三分之一的重量不會食用，因此在美國每年屠宰的近 90 億隻雞中，會留下近 40 億公斤的內臟、骨頭和羽毛，業界會將這些剩餘物回收後製成飼料添加劑。（2012 年有研究人員發現，源自家禽工業的「羽毛粉」帶有源自於雞飼料的未檢出抗生素殘留。）普度禁止使用這一切，連同所謂的「烘焙餐」（bakery meal）都一併放棄，這種添加物是由廉價的脂肪和油以及過期的烘焙工業食品再製而成。

在距普度公司綜合大樓僅有半小時車程的柯林斯農場（LB Collins）的雞舍裡，正在將普度的新飼料倒入飼料槽中，這座農場上位於德拉瓦州的甘保羅（Gumboro），雞舍裡一批 24 日齡的雞，羽翼未豐的牠們已經可以直立起來，正等在那裡準備飽餐一頓。這些雞剛剛通過飼養過程中一個相當棘手的階段：在三週時，牠們自身的免疫力會提高到母體流傳下來的。在過去，預防性抗生素可以幫助牠們順利度過這段過渡期，並且維持身體系統來承受消化動物性蛋白質的代謝負荷。現在這些抗生素則變得沒有必要。「動物副產品的品質良莠不齊，要追溯問題根源基本上是一場惡夢，」史都華－布朗一邊看著雞衝進餵食器一邊說道，「那些飼料很容易就腐敗，這真的讓人們很惱火。在飼養 NAE 的雞群時，我們發現提供牠們容易消化的飼料可以減少抗生素的使用，全素飼料則更容易消化。」

我們開車一間間地參訪這些農場，農場主人表示減少抗生素用量迫使他們得注意其他細節，像是保持雞舍的清潔，確保雞群間的堆肥溫度高到足以殺菌，注意飲用水管線是否滴漏，以防地板滋生真菌。史都華－布朗說，移除抗生素的最終好處是增加公司對旗下農場作業的認識，移走了掩蓋雞隻是否健康的面紗。「我學到一件事，」他說：「從飼料中移走的東西愈多，學到的東西就愈多。」

這項祕密執行的計畫，讓普度遠離食品界使用抗生素的一般程序。

從 1970 年代第一波的食品運動開始，麻州的「麵包馬戲團

（Bread & Circus）」以及加州的「古奇夫人（Mrs. Gooch's）」等小型的地方公司，競相購買和提供當時數量有限的有機肉類和家禽。（「有機」通常包含「無抗生素」，不過根據美國農業部於2002年制定的聯邦「國家有機標準」，禁用抗生素是從肉雞生命的第二天開始。）在供應端這邊，香腸製造商「蘋果門農場（Applegate Farms）」要算是這領域的先鋒，在1990年代開始他們便製造無抗生素的醃製品和加工肉品。在餐飲業中，加盟連鎖麵包店潘娜拉麵包（Panera Bread Co.）於2004年開始提供無抗生素雞肉。不過，無抗生素的肉類市場則是要到之後才彰顯出規模來，主要是等到全食市場（Whole Foods Market）這家1980年成立的連鎖超市以及1993年成立的奇波雷墨西哥燒烤（Chipotle Mexican Grill）取得銷售成功。

全食市場從一開始就以「無抗生素」為訴求，表示拒絕接受使用生長促進劑或預防性給藥的動物，甚至連曾接受抗生素治療疾病的動物都不收購。奇波雷則打出「誠信食品」（Food With Integrity）的承諾來經營，僅使用當地種植的農產品以及生活條件良好且未接受抗生素治療的動物的肉類。這兩家公司都經營得很好，得以打造自己的供應鏈，納入小農、加工食品製造商以及畜牧者；全食還以提供農業貸款的方式讓其他農民轉型，加入無抗生素飼養的行列。

不過他們的成功並沒有立即說服大批食品業者起而效法；販賣養殖過程完全不使用抗生素的肉品就跟過去的有機產品一樣，似乎僅是符合小眾偏好的市場利基。但除了公眾觀感外，這些公司也注意到這個市場正在增長，並且開始準備要加入。第一個向公眾宣告的公司，還超前普度幾個月，完全超乎大家的預期。2014年2月，南方的三明治連鎖店福來雞（Chick-fil-A）宣布將在五年內完全放棄在其飼養的雞肉中使用抗生素。

福來雞的總部位於亞特蘭大，就在哈茲非爾德傑克森（Hartsfield Jackson）國際機場外緣的一處富裕郊區，這裡是美國基督教中較為保守的福音派的根據地，是俗稱的「聖經帶」樞紐。這家私人公司毫不遮掩其基督徒色彩。[8] 公司要求旗下的餐廳不得在周日營業；公司的座右銘是「成為神所託付給我們一切的忠實好管家來榮耀神」，這句話就刻在總部大門外的立牌上。公司執行長曾引發公眾極大的關注，不過這主要是負面宣傳，因為他表達了基於聖經而反對同性婚姻的立場。[9] 不過，福來雞以南方人的低調風格，成為家禽界中的佼佼者。就銷售額來看，它是美國第八大速食連鎖店，而在主打雞肉的速食連鎖餐廳中則是規模最大的。[10] 在美國的銷售量超過競爭對手肯德基，而且每家分店的收入都高於麥當勞。福來雞擁有忠誠度非常高的客群，在新店開張時，會有人在外面露營，打扮成這家連鎖店的吉祥物荷爾斯坦牛，這樣便能得到一份他們最具有名的三明治，那是以烤製的奶油麵包搭配醃泡菜切片和裹上鹹味香料的無骨炸雞胸。（他們的吉祥物為了保護自己，舉著以錯誤的英文拼寫的「多吃點雞」（Eat Mor Chikin）的招牌，懇求顧客不要吃牛。）

福來雞只賣雞，還有一些飲料、沙拉和幾種早餐品項，在菜單上沒有漢堡、辣醬、炸魚或蝦。因此，這間公司密切關注消費者喜好的動向。在全食開業 30 年以及奇波雷首次亮相近 20 年後，消費傾向出現明顯轉變，不僅是個人購物者的選擇，還有大型機構的採購契約，這些購買力足以創造或改變市場。2010 年，一個包括全美 300 家醫院的聯盟宣布他們將不再購買使用常規抗生素飼養的肉類。[11] 2011 年，美國第三大學區的芝加哥公立學校也宣布改用無抗生素雞。[12] 2013 年，加州大學舊金山分校的評議會（除了大學外，還經營該市最大的醫院）投票通過採購無抗生素的食物，並敦促其他加州大學系統跟隨他們的腳步。[13]

福來雞發布的公告是家禽生產界與美國其他肉類業者分道揚鑣的第一個訊號；七個月後，普度成了第二家宣布的公司。然後一家接一家，大型食品公司和家禽集成商緊接在後。[14] 麥當勞在 2015 年 3 月宣布所有北美餐廳的雞肉都不含抗生素，這個消息一出，震撼整個市場。潛艇堡（Subway）隨後於 2015 年 10 月也做出一樣的宣告。好市多（Costco）表示從 2015 年 3 月起，收購雞肉時將以不含常規抗生素的雞肉為主，而沃爾瑪則在 2015 年 5 月跟進。家禽生產商「朝聖者的驕傲（Pilgrim's Pride）」在 2015 年 4 月表示，其生產的雞中將會有 25% 改成無抗生素。之前飽受食源性疾病爆發所苦的福斯特農場（Foster Farms）也在 2015 年 6 月開始推行。北美最大的雞肉公司泰森食品（Tyson Foods）於 2015 年 4 月宣布，在他們的肉雞產品中（包括孵化場）已經有 80% 不再使用人用抗生素，並且計劃在兩年內達到無抗生素的目標。

雖然他們都稱這些作是捨棄常規抗生素，但這些公司採取的行動並不相同。泰森繼續使用離子載體，這類藥物名列在歐盟禁止用於養雞的生長促進劑名單上；麥當勞表示仍接受使用這些藥物的雞肉供應商。不過，普度則承諾完全停用離子載體。跟普度和其他四家大型公司購買雞肉的福來雞則是立下一道嚴格的標準。福來雞告訴供應商，他們不接受在雞的整個生命週期中用上任何一點抗生素的雞，連離子載體也不行，甚至是用於治療疾病的抗生素都不通融。供應商必須接受年度審核，證明符合規定。

要達到全程零抗生素並不簡單，福來雞為了確保購得這種雞的過程無異是彰顯出背離傳統飼養方式對整個家禽業帶來的挑戰。[15] 不過這家公司將這項決定視為因應市場要求的舉措；在專業調查研究中，70% 的客戶表示他們對於農用抗生素感到擔心。此舉可能會引領潮流，但也可能就此落後。

福來雞估計每年會購買約 1 億 1300 萬公斤的雞肉。在做出這項宣布前，連鎖店的領導階層與其全部的五家雞肉供應商會面，確定他們是否能滿足這項需求。

「在一個完美的世界裡，我們能夠按下開關，」福來雞連鎖店的菜單策略和開發部的副總裁大衛・法默（David Farmer）這樣告訴我，在公司宣布使用無抗生素雞的承諾的幾個月後，我前去他們位於亞特蘭大的總部拜訪他，他說道：「但現實並非如此。我們的目標是在五年內達成，即每年改變 20% 的供應量。」

首先，法默承認他們得花更多的錢。零抗生素的雞價格較高，而且對公司來說，要判斷是否可將這些費用轉嫁給消費者也是一項挑戰。接著，公司必須簡化其採購與後臺決策的複雜性，而這些決策是客戶永遠無法看到的。例如，福來雞從未追隨這個產業中的大雞趨勢，因為如果雞胸肉太大，會放不進他們的招牌三明治。不過它也有賣雞柳條，並且因為雞柳條實際上是雞胸處的肌肉，是緊貼胸骨的胸小肌，而那些來自具有適當大小胸部的雞，雖然拿來作雞肉三明治剛剛好，但拿來做雞柳條就過小。幾年前，他們曾開始跟有飼養大雞的集成商專門訂購雞柳條。但現在面對飼養過程不用抗生素的家禽相對稀少的情況，福來雞必須 採用將雞從頭用到尾的理念，以購買和使用整隻雞為目標。要為以前沒有買過的部位的肉找到一個有用的地方，可能得推出新菜色，或是改變原本所的食物烹飪程序，比方說，在餐廳的湯中加入無抗生素雞肉，而不是從承包商那裡購買完全預製好的湯。

若是在 2014 年初，詢問食品運動領導人士哪家公司會帶領這個產業遠離抗生素，可以肯定沒有人會說是福來雞。也許沒什麼人會提起，但食物行動主義顯然就是在自由主義盛行的沿海地帶出現，然後慢慢滲透到那些共和黨得勢的紅州。福來雞的高階主管及其核心客戶主要是會上教堂，到大型連鎖量販店購物，並且看大學聯盟橄欖球賽的保守派，這些選民不見得會關注動物福利或是抗生素抗藥性。（他們去的某些教會可能還質疑演化論，即使抗藥性正是闡明生物演化的活生生的例子。）但正因為如此，這家公司的轉變才如此令人興奮。這顯示出對農場抗生素的關注，以及減少抗生素所導致的農場經營變化，可能得以跨越文化斷層和黨派界線。

我問法默福來雞之所以揚棄抗生素是否意味著它承認農用抗生素和抗藥性之間有所關聯，他顧左右而言他地表示：「我們不打算參加這場科學辯論，探討這是否會導致抗藥性。」他將這行動視為一項符合公司宣揚基督教精神的任務，履行聖經創世記中賦予人類的責任，「管理海裡的魚、空中的鳥、地上的牲畜和全地。」[16]

「這不是股東價值的問題，」法默告訴我，「這是忠實管理。我們是基於正確的理由去做正確的事情。」

消費者的要求讓福來雞、普度以及之後跟隨他們的公司重新評估抗生素的使用。不過，如果不是同時還發生其他深具影響力的事件，光是文化壓力可能還不足以達成這項目標。經過幾十年的僵局，政壇對於抗生素使用的看法也起了變化。

幾乎就是從 FDA 局長肯尼迪在撤銷生長促進劑許可證的鬥爭中敗下陣來後，美國政壇的氣氛就讓人不敢再輕言推動抗生素改革。箇中原因很複雜，不僅是因為當時掌管 FDA 預算的教父級人物惠特頓議員拒絕任何動作，而且在他於國會任職期間一直把關不放，直到 1995 年他 85 歲時在溫和的政治角力中下臺。（離開國會山莊幾個月後他便過世，是美國史上任職最長的眾議院議員，一共有 53 年。）儘管在經過 1977 年肯尼迪失望的挫敗後，任何進入白宮的政府都可以重新提起這個議題，但接下來的每一任都有更緊迫的事項要優先處理。

兩位數的通貨膨脹、汽油短缺以及伊朗的人質危機，這讓肯尼迪的大老闆吉米・卡特總統在他剩餘的任期中忙得焦頭爛額。他的繼任者羅納德・雷根（Ronald Reagan）和喬治・布希（ George H. W. Bush）是支持商業，抱持小政府（small government）保守主義的共和黨人，從未同意要遏制大型製藥公司的銷售。後來上臺的民主黨總統比爾・柯林頓（Bill Clinton）可能有想嘗試，他曾企圖創建一套全國醫療保健計劃，顯示他有意願處理複雜的問題，但他就任才兩年，就在 1994 年的期中選舉讓共和黨取得 40 年來第一次的反對黨國會多數。這樣的政治阻力，再加上後來持續爆發的醜聞，讓他在任內無法達成其他重大改革。繼任柯林頓的喬治・布希（George W. Bush）是另一位抱持小政府立場的保守派，在他執政的最後一年，又出現嚴重的經濟衰退。

一直要到 2009 年 1 月，巴拉克・歐巴馬（Barack Obama）就職，經濟狀況、國家情緒和白宮領導者才全都到位，讓政策制定者能夠著手處理製藥業。[17] 負責主導此事的是來自紐約州北部的民主黨參議員路易絲・史勞特（Louise Slaughter），擁有公共衛生碩士學位的她經常被稱為「國會裡唯一的微生物學家。」她的妹妹童年死於肺炎，所以她對傳染病的威脅有切身體驗。史勞特孜孜不倦地推動一項簡稱為 PAMTA 的法案，這是《保存抗生素醫療用途法案（Preservation of Antibiotics for Medical Treatment Act）』》的英文首字母縮寫，主旨是要將抗生素保留給至關重要的人類醫療，而不是農用。在每兩年一次的國會會期中，這項法案從未獲得青睞，總是擱置到過期，但是史勞特堅持不懈地一再提案。2009 年 7 月，她再次舉行聽證會，來推動該法案。

當時食品藥物管理局新上任的副局長約書亞・夏弗斯坦（Joshua Sharfstein）博士親自前往行政部門，他告訴一臉驚訝的委員會，「FDA 支持在美國停止將抗生素當作生長促進劑和提升飼料效率的用途。」

與之前的歐盟一樣，美國政府決定要謹慎行事，目標僅放在消除那些最難以辯駁的農用抗生素使用方式。然而，此舉依舊引發農業和獸醫藥業界的憤怒，堅稱科學研究並不支持禁用生長促進劑。

「FDA 在沒有任何科學依據，也沒有與畜牧業展開進一步對話前，就逕行針對這些關鍵議題做出政策決定，」40 多個勢力龐大的生產組織和動物健康研究的畜牧業聯盟（Animal Agriculture Coalition），迅速草擬一封信給 FDA，表達抗議。[18]「沒有一項科學研究能夠提供證據確鑿的關連，證明在農場使用抗生素確實會顯著增加在人類身上出現的抗藥性細菌，」當中的 20 個組織在一份直接發給白宮的聲明中這樣表示。[19] 從李維的開創性實驗以來，在這數十年間早已累積了許多研究，現在竟然還有人提出這些主張，真的讓人難以置信，但公共衛生界的業內人士還有一招。他們直接照著過去的「煙草劇本」來演出，在那份遊說的腳本中，堅稱沒有找到吸煙與癌症相關的足夠證據，需要進行更多的研究，這讓香菸公司得以將種種規範推遲數十年。[20]

畜牧業和動物製藥業搬出煙草劇本的戲碼，表示他們絕不會不戰而退，輕易放棄抗生素。FDA 的律師團告知領導階層這將會場硬仗，規模可能相當龐大。當年肯尼迪嘗試推動生長促進劑禁令時，一共威脅到 16 家藥廠的 62 種抗生素產品。現在，則是 27 家藥廠的 287 種抗生素產品，這些公司準備就每種藥物來和 FDA 對薄公堂。[21] 幾年前讓拜有利（Baytril）從市場下架的攻防戰在法院纏訟了五年。FDA 顯然得另闢蹊徑。

一年後，FDA 透露了他們的辦法。他們決定不強迫業者撤回抗生素，而是要求藥廠合作，參與一項自願改變標籤的計劃，這樣一來他們的藥物就不能合法地當成生長促進劑使用。這項策略是在一份名稱聽起來有點彆腳的該局文件「工業指南草案 209：在食用動物中明智使用具重大醫學用途的抗菌藥物。」（Draft Guidance for Industry 209: "The Judicious Use of Medically Important Antimicrobial Drugs in Food-Producing Animals."）這份「指南 209」有 26 頁，但總結出夏弗斯坦在史勞特舉辦的聽證會上提出的目標：將生長促進劑移出美國市場，並將剩餘的抗生素交由獸醫掌控。[22]

標題中的「 指南」二字非常重要，這是監管術語的藝術，顯示這份文件並沒有法律效力；事實上，它還附帶有免責聲明，在標題頁的頂部印有「包含非約束力建議」的字樣。但這讓倡導管制抗生素的陣營感到不滿意； 他們想要的是肯尼迪之前嘗試的立法手段。[23]「以自願政策的方式來推動這份指南，對於抗菌藥物的不當使用難以產生成效，」美國健康信息基金會（Trust for America's Health）這個非營利的公衛組織，在 FDA 的網站上留下 1000 多條這樣的留言。「食品藥物管理局需要超越指導，採取有法律效力的行動，」皮優慈善信託基金會（Pew Charitable Trusts）也異曲同聲地表示，多年來他們也一直在推動 FDA 採取更嚴格的管制措施。與此同時，整個業界還是堅持原有的戲碼，密西根農場局表示：「沒有一份經過同行審查的科學研究證實過在家畜中明智使用抗生素會增加人類的抗藥性感染。」[24] 類似的言論不勝枚舉，比如「指南 209 中提出的行動並非基於已證實的安全風險研究。」

FDA 於 2012 年 4 月發布了「指南 209」的最終版，並於 2013 年 12 月發布了一份配套文件「指南 213」，[25] 於 2015 年 6 月完成第三份文件「獸醫飼料指令（Veterinary Feed Directive）」，當中規範獸醫的責任。FDA 給製造商三年的緩衝期，進行必要的更改，預定從 2017 年 1 月 1 日起，在美國就不能再合法使用生長促進劑。

儘管這些措施引來強烈反對聲浪，但動物抗生素製造商以驚人的速度敗下陣來。到 2014 年 4 月，有一家藥廠將其公司及其製造的三種藥物退出美國市場，同年 6 月，又有 31 種藥物停售。之後，所有剩下的 26 家藥廠都同意遵守 FDA 的計劃。[26] 製藥業幾十年來就是連最小的限制都抱持反對的立場，突然間這些公司就如潰堤般地改變心意。不過這很有可能是因為業界已經注意到普度農場所觀察到的現象：生長促進劑早已失效。

回到 1948 年，當時湯馬斯・朱克斯的實驗讓他的雞增加了一倍多的體重。那是發生在他的實驗室裡，他也是為了這個目的培育和餵養小雞的，當時並沒有人期望這個過程在現實世界中也可以良好運作。然而，在 1950 年代，青黴素和四環黴素讓雞農在農場中所養的雞增加了 10% 的體重，而且不是因為吃下更多的飼料。[27] 在 1970 年代和 80 年代推出的新型抗生素又繼續推升這個比率，達到 12% 的增長。[28] 根據一項 1970 年的估計，使用生長促進劑每年為家禽業節省了 2000 萬美元的飼料成本。[29]

但到了 1990 年代這項好處開始消失，豬的每日平均體重增加率下降到 4%，肉雞則降 3%。[30] 這樣的差異很小，美國農業部表示一些畜牧業者已經注意到這情況，並且停用生長促進劑。到 2011 年，美國 25% 的圈養牛和 48% 的肉雞（包括普度旗下大部分的雞農，雖然該公司那時尚未公布其改變）的飼養過程都沒有用到生長促進劑。[31] 2015 年，美國農業部的經濟學家計算出在美國農場停用生長促進劑造成的生產率差異僅有 1%。

科學家對這個現象只能提出假設，因為大部分的研究都是由肉類公司自行在內部做的專有調查。有可能是腸道細菌受到微量藥物影響，最終對藥物作產生抗藥性，因此不再有反應；朱克斯最初就已預測可能會發生這情況。另一個可能是牲畜也許達到其最大的遺傳潛力，畢竟每個物種的體型和生長速度都有其自然的限制。

不過最可能的解釋是，生長促進劑從未真正帶來任何益處，只是剛好彌補了農場運作方式的不足，而這些缺失早已不復存在。事實上，早在 1950 年代，研究人員就注意到，在非常乾淨的條件下飼養動物，不論是在實驗室或是農場中，牠們因為生長促進劑而獲得的體重就低於一般農場動物的。70 年後的今天，農場的衛生和監測條件以及工業化的精確營養配方都大幅改善蓄養環境，因此生長促進劑不再發揮作用。

但這並不意味著大部分的肉類生產業者願意放棄所有的抗生素。就算生長促進劑失去效力，預防性抗生素仍然派得上用場，因為這讓畜牧業者不用擔心疾病風險。而 FDA 的指南就跟行之有年的歐洲法規一樣，並未限制 預防性抗生素的使用。正如荷蘭政府在 2008 年所發現的，除非同時實施其他限制措施，要不然禁用生長促進劑只會讓市場轉向使用預防性藥物。FDA 制定的「獸醫飼料指令」應該可以防止那種欺瞞手法。但皮優信託堅稱這些指南不夠嚴格，發現許多新標籤的標示含糊不清，最後還是有三分之一的抗生素毫不受限，可讓農民任意使用，完全沒有受到限期改善的約束。[32] 這似乎違反了這些新規則的精神，成了生長促進劑的延伸，繼續放任抗生素的使用，導致抗藥性繼續增加。

整個肉類生產鍊毫無準備放棄抗生素的跡象。自 2009 年發布第一份 ADUFA 報告以來，美國肉類動物的抗生素使用量依舊穩定上升。在 2016 年底發布的最新報告顯示，自 FDA 開始統計以來，牲畜用抗生素的銷售量增長了 24%。[33]（這份報告總是在一年後發表，因此這些數據是 2015 年的，即 FDA 在正式推行指南前允許業界準備的轉型期間。）但由於 FDA 的資料並沒有依照物種區分，因此無法判定是哪些動物有接受用藥，也就是說無法以此判斷家禽業的實際用量是否減少，若真是如此，那麼養豬業和養牛業是否在同一期間的用量增多。FDA 將會在 2017 年 12 月發布的報告中首次加入這些細節。不過要到 2018 年底的報告中才會看到指南是否如預期的推行，消除生長促進劑的使用，並減少農用抗生素的整體用量。

普度從未談過生長促進劑與疾病預防的關係。這家公司決定不區分抗生素的使用類型，只是盡可能地減少抗生素用量。史都華－布朗曾預想過，要是有顧客讀了飼料券的內容，發現有加入預防性抗生素，他必須解釋這其中的差異。這事似乎不值得花費心力。「我們正在努力幫助人們信任我們，」他這樣告訴我。

2016 年 6 月，這間公司在大型家禽業者間首開先例，宣布了一份周詳的動物福利計劃。這項計劃幾乎涵蓋肉雞養殖的所有層面，大刀闊斧地改變了動物福利推廣者和葛瑞格・瓦茲這類雞農難以忍受的飼養條件。這些變化相當引人注目，甚至吸引來三大動物福利組織的支持：動物慈善組織（Mercy for Animals）、美國人道協會（Humane Society of the United States）和世界農場動物福利組織（Compassion in World Farming）都表達肯定；最後這個組織就是派人去瓦茲的雞舍拍攝的團體。

這項計劃要求在雞舍加裝窗戶，讓雞可以感受自然光； 安裝棲木和稻草包，讓雞攀爬；在 24 小時的日周期中增加熄燈時間，使雞的作息接近正常的一天； 甚至還改變了屠宰系統，安裝了一個讓牠們沉睡不起的氣室。普度進一步投入在重新衡量那些讓雞快速生長的遺傳基因上，也就是那些讓雞迅速長到可屠宰體重的遺傳特性。雖然普度沒有明說，但自從歐洲十年前確定頒布生長促進劑禁令以來，是這些改變讓歐洲農場得以順利轉型。2016 年 10 月，普度甚至放棄了離子載體這種固定使用的預防性抗生素，這在歐洲還是預留有讓雞農使用的空間，而在美國的其他集成商仍允許旗下契作雞農使用。普度表示，僅有在診斷出寄生性球蟲病的雞舍和農場才會使用離子載體。推出這項計畫後，普度在幾年內就讓公司出產的雞達到 95% 以上的零抗生素標準。

「我們認為這是回歸到真正的農場模式，回到我們過去所做的那樣，」吉姆・普度告訴我，「也許過去的雞農比我們之前所想像的精明許多。」

第十四章

過去創造未來

「我從不對雞做任何規畫，」威爾・哈里斯三世（Will Harris III）說。[1]

我們坐在一輛吉普車上，車身側板的下半部滿是噴濺的紅色泥漿。吉普車停在一片深綠色的牧場旁，裡面有數千隻肉雞。

這些雞的鏽紅色羽毛散發著一股光澤，印襯著牠們紅色的雞冠和黃色的腿。牠們在濕漉漉的草叢中刨土和啄食，然後坐在長方形的遮陽篷下，這些篷就附在看起來像是小車庫的奶油色雞舍上。田野裡也有好幾批雞舍，散落其間就像是突然冒出的蘑菇；有六間 在這裡，四間在那裡，遠方的籬笆處還有另一批。籬笆的另一邊養了牛，黑色的牛皮在陽光下閃爍著紅光。在牛群的後面，就是哈里斯農場的中心「白橡樹牧場（White Oak Pastures）」，辦公室、欄舍以及美國農業部批准的屠宰場都聚集在這裡。除了這些，在我們停車處放眼所及區域之外，還有將近 1200 公頃的土地，當中生長著兔子、綿羊、豬、山羊、火雞、鴨子、鵝、珠雞、蛋雞、蔬菜、水果和蜜蜂以及為數甚多更多的肉雞，全都在這片蔥鬱的草地上。

哈里斯是白橡樹的第四代經營者，這裡位於喬治亞州人口稀少的西部邊緣，在班寧堡（Fort Benning）軍事基地南方一小時車程處，往北到佛羅里達州的邊界也要 40 分鐘車程。從他的曾祖父詹姆斯・愛德華・哈里斯（James Edward Harris）開始，他的家族就世代居住在這片土地上，最初他的曾祖父是為了逃離分崩離析的聯邦政府而過來，並於 1866 年在布拉夫頓鎮（Bluffton）外打造了一個自給自足的農場。在過去幾十年間，這裡發展成一片相當大的牧場，這都要拜 20 世紀那些助長美國農業成長的科技之賜，諸如維持單一草種的化肥和殺蟲劑、荷爾蒙、人工授精以及靠著抗生素來維系的單一品種牛群。哈里斯承繼了這樣的作法並依據他在喬治亞大學學到的動物科學，逐項加以擴大。他在農場工作了近 20 年後，忽然開始聽到自己良心的低語，告訴他也許該採取不同的方式。

在接下來的 20 年，哈里斯和他的妻子、女兒及大約 135 名員工將他們的單一品種傳統農場轉型，改造成美國東南部最大的有機認證農場，牧場飼養的種類繁多，而且達到零廢棄物的狀態，成了一間永續經營和創新的實驗室。將肉雞納入這個改造過程是農場轉型成功的關鍵。他們證明家禽不僅可以不用抗生素，還可以擺脫快速生長的遺傳特性與工業化的量產方式。

白橡木牧場和少數其他幾家有別於傳統產業的企業悄然出現，展現出家禽業中零抗生素飼養的新風貌。這些新的養殖模式不僅人性化、個性化，而且野心十足。但還不夠完美。他們各自在不同程度上展現出脫離「大雞」產業所遭遇到的限制，而且也不知道市場對他們的產品會如何反應。

「在 2010 年 1 月以前，我從未養過長羽毛的生物，連隻小鸚鵡都沒有，」哈里斯對我說，「但我們買了一批 500 隻的肉雞，現在我們一次養 6 萬隻。但我不敢說規模還會變大。我想會很慢。」

年過 60 的哈里斯看起來像是個牧牛人，堅毅沉著，留著山羊鬍，頂著光頭，每次在公開場合露面，一定會穿上靴子和白色的史泰森牛仔帽，帽緣從前方往後方深深反摺。不過他講起話來像是個鏗鏘有力但有點放蕩不羈的傳教士，當然他宣揚的是可持續性，而不是宗教。（「過去我整個人投在工業模式中，但我現在就像一個改過自心的妓女，」他曾經這樣對我說，「我胸懷轉變的熱情。」他操著喬治亞州西南部特有的口音這樣說著，與典型的南方口音非常不同，發音時他的牙齒會發出嘶嘶聲。）在他轉型的道路上並沒有經歷靈光乍現的突然啟發，而是多年來他漸漸從動物角度思考農場生活的緩慢改變。

「過去我學到的是，好的動物福利就是要給動物飼料和飲水，而且不要刻意造成牠們的疼痛或不適，」他在 2012 年中葉第一次和我碰面時這樣說，「但這就好像是在說好的父母是看著孩子，把他們鎖在壁櫥裡。給他們充足的食物，一直開著燈，保持 22 度的氣溫。確保他們不會遭到動物咬傷，也不會被黃蜂螫傷，或是因為玩球而弄斷腿。但這算是好父母嗎？不是吧。良好的動物福利不僅是讓牠們免受痛苦，而是要打造一個讓動物可以表現本能行為的環境。」

哈里斯遠離他家族傳統的第一步是打開柵欄，讓他的安格斯牛群在草地上覓食，不再以穀物餵養，而是讓牠們在自然中獲取營養。第二步則是控制生長激素和抗生素的使用，再來是停用使他的牧場全年綠草如茵的合成肥料。

然後他遇到了麻煩。有一些植物牛不喜歡吃，不久前他管它們叫雜草，那時他還得灑藥來維持他的牧草，一種稱為「提夫頓 85」的百慕達草（Tifton 85 Bermuda），這種經過絕育處理的乾草雜交種相當美味，牛群會爭先恐後地啃食，以至於雜草布滿整個田野。所以哈里斯買了一群羊來吃至些雜草。對於一個養牛人來說，這舉動相當大膽；在 19 世紀，養牛的牧民曾以暴力方式將牧羊人趕出西部各州。但是他這批新羊，是一種不需要剪毛的肉羊，這帶給他第二項收穫，而且又適合農場的需求。但可能想得太美好了，他的如意算盤是雜草和牧草都會遭到啃食，但沒想到牧場上覆蓋著大片的羊糞和牛糞。

這時就是雞上場的時候了。若是能找到那些像過去生活在牧場上的雞，牠們會去田野上尋找種子和昆蟲，在尋找美味的蠕蟲和飛蠅幼蟲時就會鬆動糞堆，同時又能貢獻含氮量高氮的糞便來滋養植被。哈里斯在阿拉巴馬州找到一家孵化場，經手古早雞和生長緩慢的雜交種，於是跟他們訂了一批小雞。他剛開始得到了 508 隻，於是他選了一個地方來放牧，在當中放了一個移動式的雞舍，然後把雞放進去，等著看會有什麼結果。這些雞長到可銷售的重量需時 12 週，是一般工業雞的兩倍，但有 506 隻存活下來，而且圍欄內的區域出現大幅改變，一片蔥綠，放眼所及看不到一堆牛糞。哈里斯在 屠宰第一批雞後，又訂購了更多小雞。在嘗試過幾個品種後，當中還有一種快速生長的工業雞，但他對這種雞的養殖過程咒罵不已，最後他選擇了精力充沛的「紅遊俠（Red Ranger）」，這是由幾種古早種雞交出來的品種。

在加入羊和雞之後，哈里斯開始進行輪流放牧的古早做法，這在整個農牧業工業化後就沒有人再用，基本原理是以不同物種來增強或補救受到前一批動物影響的田地。突然間他有了更多的動物：不僅是他以前在圍欄中養的數百隻牛，還有數千隻雞。

有一天，他將一些牛趕到半掛拖車上，準備送去屠宰，他第一次注意到，在整趟車程中，位於下層的牛會被尿液和糞便滴到。這與他新發展出來的動物福利感相違背。為了解決這個問題，他採取了非同小可的一步，大手筆地花了數百萬美元，在自家土地的中心，蓋了自營的屠宰場，而且完全符合美國農業部的檢查標準，第一間蓋給牛，第二間則是雞的。為了確保屠宰場的設計符合人道精神，他特別請來動物福利專家譚波．葛蘭丁（Temple Grandin）擔任顧問。有了這些屠宰場，就能保證他的動物可以在農場度過一生，而且除了最後幾分鐘外，牠們生命中的大多數時光都待在草地上。

目前白橡木牧場養了十種動物，五種是四隻腳的，五種是兩隻腳的，每種既是農場的產品，也是整個收穫周期的貢獻者。在農場裡，羊可能是唯一吃葛根（kudzu ）的速度超越葛根生長速度的動物，哈里斯在將豬移動到一塊地之前，會先放羊來清理雜草叢生的田地和果園。接下來換豬將田地中長滿的植物連根拔起，這樣就可以重新種植替代百慕達草的牧草。屠宰後的骨頭會放在田地中乾燥，然後研磨成肥料。牛皮鞣製後做成錢包；脂肪則用來製作肥皂和蠟燭； 氣管、雞爪和其他的小碎塊則在乾燥後當作為寵物零食出售。沖洗屠宰場的廢水回收後用來灌溉田地。內臟則傾倒在大缸中，當作富含蛋白質的蒼蠅幼蟲的繁殖場，之後便可供雞食用。

雞在這裡扮演著關鍵的角色。白橡木每年飼養 26 萬隻肉雞，並且保持 1 萬 2000 隻蛋雞。牠們和其他的禽鳥，包括鴨、鵝、火雞和珍珠雞是哈里斯的最愛，在一日齡時送到牧場，放在辦公室後方的一間育雛室，在那裡待上三、四週，然後就讓牠們住到田野裡。每批新的肉雞都會安置在一組雞舍中，遠離其他雞群，避免牠們混合在一起。第一個晚上會將牠們鎖在雞舍裡，然後便放牠們自由活動，不過每晚牠們都會本能地返回雞舍，確保安全。牧場員工會給雞水和用來補充其營養的飼料，每隔兩週，會以拖拉機將雞舍拖到 12 公尺外的地方，讓雞去滋養另一塊土地。

雞能夠造福農場，而牠們本身也受益於哈里斯更好的動物福利理念。這種緩慢生長的品種似乎具有較強的免疫系統，在離開育雛室後，不像一般的雞那樣隨便就病倒或死亡。而且因為牠們長得慢，不會產生腿部畸形的問題，心臟和循環系統也沒有負荷過度的傾向。在屠宰之前，牠們的主要死因是遭到其他野生生物捕食。農場裡有大白熊犬、土耳其阿卡巴士犬以及安納托利亞牧羊犬擔任守護犬，會阻止土狼和狐狸來獵捕雞，但在每群雞中，難免還是有些會被棲息在農場樹林裡的貓頭鷹和禿鷹捕食。雞在屠宰時，牠們攜帶的食源性微生物的比例也低於聯邦標準，而且農場沒有使用抗生素，因此這裡不會製造抗藥性問題。

剩下的唯一一項挑戰是，要如何從中獲利。

白橡木每週屠宰 5000 隻雞。每週美國農業部會派員來檢查一次，檢查員會到放置剛屠宰完的雞的冰水桶中，隨機抽出一隻，放進裝滿細菌培養液的塑膠袋中，透過袋子徹底按摩一番，然後把培養液導出來，送到實驗室去培養。白橡木的員工也在同一時間做同樣的事。這個測試是在檢查當中是否含有 沙門氏菌、彎曲桿菌 和 大腸桿菌。 在一年 52 週進行的的病原體測試中，僅允許白橡樹有至多五週的檢出結果是帶菌的。不過，他們通常只有一週。

擁有肉類科學碩士，並在佛羅里達州一間球莖花卉栽培場長大的布萊恩・薩普（Brian Sapp）擔任農場的營運主任，他認為能有這樣的好結果可能是因為在白天時他們都讓雞不斷漫步，而且每個月都會轉移放牧區。「我們無法像在密閉雞舍中那樣控制環境，無法掌握鋪設的窩巢、氣流和溫度，」他說，「但是在封閉的房子裡，那些雞都坐在牠們的糞便和死雞身上，而我們的［動物］若是開始累積病原體的話，在三週內我們就會把牠們弄走。」

就跟法國的紅標計畫一樣，雞隻帶進屠宰場的微生物較少。而且，一旦進入白橡木的加工廠，當中的環境條件又會大幅降低肉雞間傳播細菌的可能性。白橡木一周屠宰與清除內臟的雞的數量有限，相當於是工業化工廠在一小時內處理的，在白橡木是單獨地手工作業，而工業化工廠幾乎完全是自動化。

「我們會檢查每隻雞，每隻雞都處理兩到三次，」薩普這樣告訴我，「如果發現有細菌汙染，我們可以立即停止作業，清理乾淨後 重新開始。若是在一間大工廠，會有一條取內臟的生產線，等到有人發現一臺機器上的雞出問題時，可能已經有300隻雞遭到汙染，你不知道汙染是從哪裡開始的，也不清楚在哪裡結束。」

這些作業方式的缺點就是價格高昂的人力。哈里斯估計，白橡木每隻雞的勞力成本是一般雞的三倍，而這都反應在售價上。「我的草飼牛比全食的穀飼牛貴 30%，但我的雞肉超過 300% ，主要原因是雞肉更適合工業化的製程，」他說，「若把整套過程工業化，我們能夠節省人力、飼料和土地成本。把雞放回牧場，就得承受這些費用。」

大西洋沿岸的全食市場是哈里斯主要的零售管道，其他還有分銷商、餐館和網路銷售。所幸，會去全食購物的消費者並不具有經濟學家所謂的「價格敏感」特性， 他們在考量成本之餘，購買的是意識形態、認同或風味 。白橡木的雞肉味道鮮美，瘦肉多而且味道就跟紅標雞那樣濃郁。但就跟那些雞一樣，不論是去烹調，還是去享用，都是一項挑戰。早期與一位希望重新塑造休閒快餐連鎖店的廚師合作時，有客人抱怨肉太有嚼勁，而且對雞腿內部仍呈粉紅色感到憂心不已。（這樣的顏色表示雞在活著的時候進行了大量需要用到血的運動，但顧客卻以為肉沒煮熟。）

與廚師合作是雞肉計畫的一項重要環節，不僅僅是因為他們會買雞，也是因為他們會傳播給顧客雞的知識。白橡木必須去學習顧客的需求。「我們試著尋找願意頌揚每隻雞都各自不同的廚師，因為這在放牧家禽身上是不可避免的，」哈里斯的女兒珍妮告訴我。她在三個女兒中排行老二，擔任農場的行銷主任；每個人都相信她將來會接手他父親的擔子，繼續經營農場。「但我知道問題在哪裡。他們從我們這裡訂了一箱 12 隻雞，箱子裡有的雞是 1.4 公斤，但有的將近 1.8 公斤。工業生產的方式能夠輕易控制雞的體重。但我們的雞會燃燒卡路里，牠們要逃避捕食者，躲避陽光，洗塵浴，牠們會吃蟲子和不同部位、不同類型的蠕蟲。從動物福利的角度來看，這是非常好的，但牠們的體重就變得難以預測。」

結果是，經過七年白橡樹的雞仍然沒有獲利。哈里斯說很難計算這些雞造成的虧損，因為他沒有按物種來列他的資產負債表。但他推測這間農場的草飼牛肉，也就是他們的招牌產品，打平了其餘所有動物的虧損。他覺得這樣沒什麼不好。「我敢打賭，我們在雞肉生意投資了200萬，甚至可能是300萬美元，我並不後悔，」他說，「我相信總有一天會帶來獲利。」

在其他幾家追求另一種養雞風貌的業者間，已經有人開始獲利。

「聞聞看這個，」史考特・塞克勒（Scott Sechler）說，把桌上一個約10公分高的圓形不透明塑膠罐往我這裡推來。[2]

我扭開蓋子，低頭看著裡面顆粒狀的東西，認真地聞了聞。這氣味很熟悉，但與周邊的環境不符，這裡是賓夕法尼亞州門諾教派地區一個小鎮的二樓辦公室。我想了一會兒。「披薩？」

「牛至油，」他點頭稱是，「還有茴香和一點肉桂。」桌子上還放著幾個罐子，他用粗大的手指輕輕推了一瓶。「這罐是大蒜。這是絲蘭。這個很適合有機市場；裡面沒有加茴香，所以味道不會那麼重。」

塞克勒臉龐泛紅，肩膀寬闊，看起來是個喜歡大啖美食的人，但是他推給我看的這些香料可不是用來煮晚餐的。這些是他為比爾艾文斯（Bell & Evans）的雞調配的飼料添加劑，這家公司的規模在美國私人自營的家禽公司中算是數一數二的大。這些香料相當於天然抗生素，是不會產生抗藥性的化合物，卻可以讓塞克勒放棄生長促進劑和預防性藥物。

塞克勒之前做了很多功課才決定使用綜合香料，他去到老舊的家禽檔案室查閱，詢問前輩先進，最後還自己進行實驗。「我甚至不記得多年來我們到底做過多少嘗試，」他這樣對我說。

「發酵大豆、蘋果醋。有一次我們還買了一整車的大蒜。大家都嘲笑我們，但現在我們手上有八種配方，四種給我們飼養的有機雞，四種提供給非有機雞，我們會輪流使用，這樣房子裡或環境中的細菌就不會有對它們產生免疫力。」

比爾艾文斯不是一個利基生產商，與家禽業的巨頭相比，規模算是小的。這間家族企業現在是由塞克勒主導，在他的孩子瑪歌（Margo）和人稱巴迪（Buddy）的小史考特（Scott Jr.）的幫助下，每年處理大約 6000 萬隻雞。而它可能創下美國飼養肉雞時不用抗生素，也沒有爆發疾病的最長記錄。他們養雞的收費高於所有的傳統雞農，但其營業額已經有超過 30 年的持續增長。它的銷售管道主要是透過全食超市、東北區連鎖超市龍頭衛格門（Wegmans）和小型的獨立商店；塞克勒每週都會拒絕一些潛在的新客戶。他們的經營方式以及對 細節的關注，為其餘的家禽界提供了轉型到無抗生素時得面臨的種種問題的線索，而且根據新的 FDA 法規，豬牛養殖業者也即將要跟進。

塞克勒在賓夕法尼亞州的弗雷德里克斯堡（Fredericksburg）的

一間農場長大，距離比爾艾文斯的總部僅有半小時車程。過去他的父親養了約 20 頭牛，還擔任當地雞隻的小型經銷商，會從農民那裡買雞，屠宰後再送去賣掉。孩提時代，塞克勒就已經有自己的雞舍；他對過去印象最深刻的回憶就是拉開他父親帶回家的飼料袋，聞到當中的魚粉散發出的一股魚腥味。他問父親為什麼人要給雞吃魚，父親回他：「因為這很便宜。」當塞克勒 14 歲時，他的父親生病了。他回想道：「那時就看我要不要把他的擔子扛起來，所以我就接下了。」他曾計畫要去唸大學和法學院。但是在 16 歲時，他買了一輛拖拉機拖車，開始載著一車子的雞，連夜穿越加拿大邊境。當他 24 歲時，一間他訂雞的批發商問他是否有興趣把他們買下來。當時，這間公司有 100 名員工。現在則約有 1700 人，等到兩間新工廠完工時會擴展到 3000 人。

他接手時抱持的態度是，不用垃圾。不用魚粉，也不用廉價的廢棄物，好比那些屠宰場扔掉的器官和毛皮等所謂的動物副產品，也不回收工業化麵包店丟棄的那些過期或腐敗商品。在賓夕法尼亞州，就連椒鹽捲餅都會回收來當動物飼料。「飼料中若含有過多的鹽，雞會喝更多的水，糞便會變濕，雞舍就會氨化，」塞克勒說，「大家都說：『必須要用這些，才能維持低價。』但我們決定不加。」

他的下一個目標是飼料中所用的穀物。他們曾經遇到一些病雞，他懷疑是餵給牠們的大豆和玉米造成的，這些穀類的存放條件不夠嚴謹，容易發霉。一天早上他突然前去飼料廠，要求查看一批貨物，以為會聞到霉味。沒想到聞到的卻是類似強力膠的味道，這是己烷的殘留物，是用來提煉大豆油的一種石油基溶劑。他取消了這家飼料廠的合約，改去尋找以機械壓榨的大豆，並堅持要在美國本土種植的。接下來他放棄了包括離子載體在內的抗生素，然後又移除掉飼料中的酒糟，這些是在乙醇生產過程中殘存下來的一團碳水化合物，當中含有微量的抗生素。

經過這些步驟之後，才終於得到讓他滿意的雞飼料。然後他開始追蹤雞的生活條件。他針對公司的 100 多名契作雞農制定規則，這些雞舍全都得位於距公司一小時的車程內。雞舍必須重建，鋪設混凝土地板，並在兩側開窗。在每一批雞送去屠宰後，必須清理掉所有的殘渣，並且淨空幾個星期，對大多數這個產業的人來說，這些要求算是相當巨大的變化， 一般雞農都任廢料累積在雞舍中堆肥，從未更換。在放進新一批的小雞時，還會給牠們一些克雷格・瓦茲想要使用（但是萊頓・庫利質疑其必要性的）那種行為豐富化器材，諸如可供跳躍的坡道和稻草堆以及讓其啄食和玩耍的紙板管。

他們最大的創舉則是在結束雞的生命的方式上。在多數的大型養雞廠中，會把雞放在籠子裡，堆疊好幾層，然後載離農場。雞被從運輸籠裡拉出來時還活著，而且變得十分警覺，這時會把雞整隻翻轉過來，用扣環鎖住腳踝處，然後倒掛在一條不斷移動的鏈條上。這條運送鏈會把牠們拖入電氣浴中，讓牠們陷入昏迷，然後通過旋轉的刀子，切開牠們的喉嚨，最後進入燙毛槽燙掉羽毛。塞克勒花了數百萬美元裝置一臺氣體擊暈系統。在他的農場裡，會把雞放入像抽屜櫃一樣的容器中，這些抽屜層層疊疊，像一個巨大的辦公室抽屜櫃。在工廠裡，這些抽屜會被送入充滿二氧化碳的隧道中，使雞永久失去意識。在另一端，會將雞腳固定在一水平鏈上，等到屠宰並去除內臟後，會在一條六、七公里長的運送鏈上緩慢拉動，經過一間低溫室，這種「氣冷法」（air chilling）就跟法國紅標廠商的作法一樣，取代了以氯化冰浴冷卻的做法，減少病菌傳染的機會。這些抽屜繼續沿著傳送帶行進，穿過一臺像是巨型洗碗機的構造進行消毒，之後回到架上，裝入公司的卡車。

塞克勒開車送我到工廠後面的停車場，前去看卡車清洗的過程。「你有在高速公路上看過運雞車嗎？」他問道。（這時我已經在好幾個州跟過很多輛。）「那些雞看起來像是浸泡過巧克力。這就是大腸桿菌 和 沙門氏菌 從農場進入工廠，然後又回到農場的途徑。」

塞克勒收集了種種古老的雞紀念品， 他的辦公室滿是表框的印刷品和飾板，家禽期刊擺滿了櫃子的四個大抽屜，年代可回溯到19 世紀初期。他從中拿出一疊，攤在辦公桌上，打開一本 1947 年的，這是在湯馬斯・朱克斯的實驗和明日雞大賽改造美國家禽業的前一年。「沒有比消毒更重要的衛生措施，」他讀道，然後把雜誌闔上。

「一百年來，這裡的每一本雜誌，都在告訴你要清潔、消毒，給雞提供良好的環境，」他說，「有人問我：『你的想法是哪來的？』其實只要回頭看看歷史。一百年前的人養雞養得比我們今天好。」

塞克勒的這套方法得到研究的驗證。2010 年 1 月， 進行食品安全檢測計畫的《 消費者報告》（Consumer Reports）雜誌針對超市多種品牌的 雞 檢測沙門氏菌 和 彎曲桿菌。他們發現在抽查的所有品牌中，只有比爾艾文斯的有機全雞完全不含有這兩種菌。（不過，這家公司後來補充說明，雜誌只測試了八隻比爾艾文斯雞，數量太少，不能擔保公司生產的每隻雞都同樣乾淨。）

他們的這套方法似乎也得到了市場的認可。在 1980 年代經歷幾年不穩定的歲月，塞克勒開始懷疑他的想法是否領先市場太多，但這時公司轉虧為盈，每年至少有 10% 的成長率。他現在正在興建一間新的大型工廠，準備處理更多的雞，同時還擴大公司的熟食產品線，推出裹麵包屑的雞胸和雞柳條等產品；還有 一間新工廠，回收屠宰場的廢棄物來製造有機狗糧；一間裝置有立即供應飼料和水給小雞的荷蘭系統的孵化場，類似於溫金斯兄弟使用的那種。接著他帶去我看那些孵化雞蛋的分層托盤，這時的他就像看到新玩具的孩子一樣雀躍，他表示這種設計可以留住破碎的蛋殼，讓潮濕蓬鬆的小雞輕輕地落在乾淨的表面上，在那裡可以吃喝和伸展。

「我不會說我們是完全地回歸過去的方式，」他告訴我，「但就某種角度來看，我們確實是如此，因為我們回到更關心動物的做法，我們不會選擇成本最低的方式來作業。到最後，我們獲得更好的結果。」

為了清潔和舒適起見，比爾艾文斯農場購買的是遺傳組成主流的雞種，並將大部分的雞都養在室內，因為塞克勒認為這樣更衛生。（他們的有機雞，約占其產量三分之一，則可以到戶外去活動。）他們的雞堪稱是傳統雞的完美版本：清潔、高福利、無抗生素。塞克勒希望擺脫跨國雞種供應商的束縛， 找到自己的雞種來源，購買壽命更長、更強壯的雞。不過即使他做到這一點，他的雞可能也不會與白橡木牧場的雞有多大的差異。

這時塞克勒還略具優勢，因為白橡木的雞還在努力尋找市場。

不過到了 2014 年，白橡樹的一名支持者將他們對雞的想法提升到更高的水平，真的就是往上提高，大約高出 9.1 公里。

「這個架子是雞高湯，」林頓・霍普金斯（Linton Hopkins）說道，在工業貨架上揮動他粗大的手指，上面堆滿了膨脹的真空密封袋。[4]「這包是蔬菜。這個架子放肉汁。那邊我們擺雞胸肉。」

頂著一顆圓頭的霍普金斯長得很壯，穿著釦子扣到頂的廚師服，站在一臺步入式冰箱內，細數著雞肉派的配料。那裡有許多材料，等著製作成數百個派，其中很大一部分都是來自白橡木，包括雞丁、肉汁和蔬菜高湯。這臺步入式冰箱位於一間約 84 坪的預備廚房內，距離尤金餐廳（Restaurant Eugene）僅隔著幾家店面，這是霍普金斯的小餐館企業的旗艦店，已經成為亞特蘭大相當重要的餐廳。

不過這數百個雞肉派並不是準備來沿著街道送到這間小餐廳的後門。一旦組裝完畢，就會放在側邊都有傾斜防濺設計的堅固方形小模子中，然後裝到卡車內，送到南邊 25 公里左右的達美航空（Delta Air Lines）的空廚。在那裡，會將它們堆放在防震托盤中，送上達美航空跨越大西洋航班的商務艙廚房內。霍普金斯在競賽中拿下達美航空行政總廚的位置。他那時正在設計一套展現南方小農的農產品菜單，而白橡木的產品便是當中的基石。

霍普金斯在亞特蘭大的餐飲業呼風喚雨。他的父親是艾默里大學深受好評的神經病學家，退休之後仍然繼續看診，他自己則去美國烹飪學院就讀，並前去紐奧良和華盛頓特區的餐廳歷練一番。2004 年，他回到家鄉，打造一家高級餐廳，店址就在亞特蘭大市中心古老的金融區巴克海特附近。餐廳小而美，提供真誠優雅的服務。但評論家認為，這間餐廳很老調，就像他那批蜂擁而至的客群，他們多半都來自這個以銀髮族為主的街區。開張不到一年，由於水管道爆裂，淹沒了整個地方，幾乎毀了這間餐廳，但這場災難也讓霍普金斯有機會重新思考。他重新裝潢，重新思考菜單，並將餐廳的重點轉向以農場為主的南方美食，製作罐裝鵝肝醬和甜菜焦糖鴨。不久後他獲得詹姆斯比爾德基金會（James Beard Foundation）和《美食與美酒》（Food and Wine）的最佳新人廚師，準備迎接出頭天。

高級餐廳可能是小型生產商向公眾推出他們產品的最佳渠道，但這點讓他倍感困擾。儘管他想以新奇和獨特的菜色來回報他的常客，但他也希望將真正的食物民主化。於是他創立了一個農夫市集，最後發展成亞特蘭大最大的市場。他開了第二間餐廳，這是間美食酒吧，在深夜供應份量較少的草飼牛漢堡，頓時成了城市美食家朝拜之處，之後 他將這轉型成一系列的漢堡亭，開在這城市最大的體育場裡。霍普金斯個性開朗，但他苦思專研要如何支持職人的最佳方法。惡劣的天氣和繁忙的週末可能會減少農夫市集的客人。他曾看過農民呆坐一整個上午什麼都沒有賣出的窘境，再加上大家認為戶外市場是討價還價的地方，因此價格變得比較低。

「食物比餐廳更重要，」他告訴我，「我們如何發展出一套不依賴市集的可持續發展系統？我們可以將食物達到工藝品等級嗎？」

2013 年，他有機會一展身手。總部設在亞特蘭大的達美航空公司舉辦了類似電視實境秀的網路節目《機艙廚師大對決》（Cabin Pressure Cook Off），[5] 主要是為航空公司選出下一位名廚；之前已經選過兩位，一位是邁阿密的米榭爾・伯恩斯坦（Michelle Bernstein），另一位是舊金山的麥可・齊亞瑞歐（Michael

Chiarello）還有一位大師級的侍酒師。他們的目標是找到一個能夠為所謂「高價值客戶」，即頭等艙的超級消費者開發菜單的廚師，這些坐在飛機前排的乘客期待在花了5000或1萬美元買票後，享受備受尊寵的呵護。霍普金斯最後贏了比賽，他決定將飛機菜單當作餐廳菜單來處理，推出新穎、季節性的菜色，食材全部來自當地小農。這家航空公司在克服對這種菜色的震撼後，非常喜歡這個概念，形容他們的飛機餐是「從農場到托盤桌」（farm to tray-table），還註冊了這個短句。根據天氣和收穫來調整菜單對餐廳來說可能很正常，但在空中則是相當激進的做法。航空公司嚴格要求飛機餐的一致性，因為即使是微不足道的差異，好比說雞胸肉多了幾公克，或是在咖啡盤上增加一片餅乾，就有可能惹惱乘客，而且一年下來增加的額外重量，代表要燒掉更多燃料。

霍普金斯負責的是從亞特蘭大飛往歐洲的頭等艙的晚餐和早餐，也就是每週大約要提供3920份餐點，這相當於是一家中型餐廳的出餐份量。他特別決定要重新創造出原本餐飲業就擔負的角色，好比是大型國際公司西斯柯（Sysco）的中間集成商和批發商的功能，而自己則承擔了物流的部分。這意味著他要提前六個月訂購乳酪，這樣才有足夠的時間熟成，並招募了一批桃子果農團隊，因為每種桃子的最佳賞味期只會幾週而已。「有人認為『從農場到餐桌』是指夏天的傳統番茄，」他告訴我，「但它真正的涵義是提高整個採購過程的標準。」

白橡木是這當中非常關鍵的一環。霍普金斯在開尤金餐廳的早期就認識威爾・哈里斯，那時哈里斯只有養牛。白橡樹一開始決定冒險養雞時，霍普金斯就開始跟他們買，但尤金只是家小餐廳。不過這筆交易帶來後面更大的銷售額希望，同時得以強化這兩個人共同支持的可持續價值，因為這讓哈里斯有機會提供一些用處不大的東西。霍普金斯說：「雞高湯是廚房必備品。但是大型食品廠用的是雞肉混料，當中含有大量的澱粉、化學物質和色素。我是個純粹主義者， 我不想看到這個。最棒的雞湯是用蛋雞熬製的，威爾說他有一堆不再下蛋的老母雞，他真的不知道該怎麼處理牠們。所以我表示要把牠們都買下來。」

除了母雞之外，霍普金斯也買了白橡木的肉雞。他把雞腿和雞背加到雞高湯中，他的副廚用一直立式的可傾斜湯鍋來燉煮，有浴缸這麼大，是以校準過的蒸汽來加熱；雞胸在川燙後，將其切塊，送進酥皮蓋的下方。上機後，這可做成漂亮的擺盤，冒泡又酥脆。 空服人員在晚餐前會擺出他們優雅的長型菜單，上面還特別印上白橡木。

只有一個問題。罐頭派是晚餐中的四道前菜之一，在每週的 77 個航班中，提供給大約 30 到 40 個商務艙乘客享用。稍微計算一下，這可能不到 800 個派，而每個派只用到幾盎司的肉，全部加起來也沒很多。「我們每週大約上機 100 個派，」霍普金斯坦承。

威爾・哈里斯和珍妮・哈里斯對此感到失望。他們很看重和這樣一位有影響力的廚師之間的關係，當他與他們談到論達美航空的餐點計畫時，他們以為會有一大筆生意。但是等到真正執行時，這稱不上是他們的主要收入來源。不過這是一種讓人注意到白橡木的產品和他們的價值觀的方式，而且品嚐到的乘客是有人脈、有影響力的消費者，他們當中可能有人會記得雞肉的品牌，回家後去買，或是告訴他們的親朋好友。

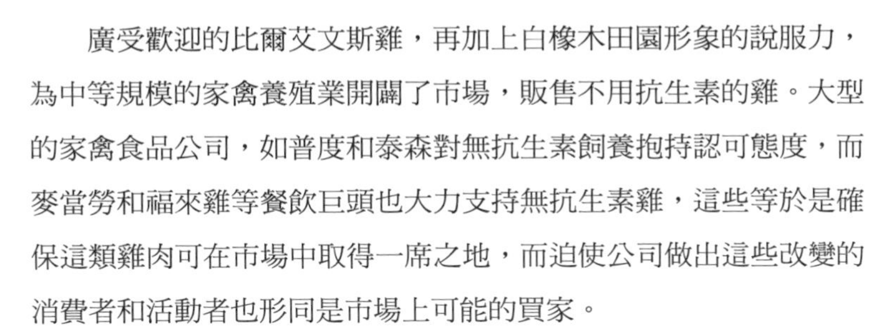

廣受歡迎的比爾艾文斯雞，再加上白橡木田園形象的說服力，為中等規模的家禽養殖業開闢了市場，販售不用抗生素的雞。大型的家禽食品公司，如普度和泰森對無抗生素飼養抱持認可態度，而麥當勞和福來雞等餐飲巨頭也大力支持無抗生素雞，這些等於是確保這類雞肉可在市場中取得一席之地，而迫使公司做出這些改變的消費者和活動者也形同是市場上可能的買家。

不過還是有些家禽公司拒絕擁抱這一趨勢，或者只是無奈地追隨。2015 年 5 月，美國一家大型家禽公司桑德森農場（Sanderson Farms）的執行長喬伊・桑德森（Joe Sanderson）表達他堅決反對抗生素控管的立場，並告訴《華爾街日報》（Wall Street Journal）：「我們有責任照顧這些動物。」[6]2016 年 8 月，這家公司推出一支廣告，在當中稱無抗生素飼養只是「花招」。[7]就是連泰森公司的執行長唐尼・史密斯（Donnie Smith）在 2016 年 4 月與《衛報》談起抗生素的使用時，也表示「我看不出抗生素有什麼問題」，[8]儘管該公司在 2015 年早已承諾不在其肉雞身上施用人用抗生素，但史密斯也說：「我不確定在我看過的科學報告中，有哪一篇指出這與抗藥性直接相關。」不過接任史密斯位置的湯姆・海耶斯（Tom Hayes）則在 2017 年 2 月宣布泰森將全面販售 N.A.E. 肉雞，也就是飼養過程完全不施用抗生素的雞，跟之前普度宣布的一樣。[9]2016 年家禽業最大的一場會議「國際畜產生產與加工博覽會」（International Production and Processing Expo）於亞特蘭大舉辦時，一位內布拉斯加州的牧場主人兼電臺主持人川特・盧斯（Trent

Loos）在一場演講中宣稱：「消費者正引導我們走上一條非常危險的道路。我們不是身陷其中，就像之前在英國發生的，就是要猛踩油門，衝過去。」[10]

過了將近一星期，沒有一家肉類生產的貿易雜誌著墨探討家禽業的未來走向，檢視目前的方向到底是能讓人放心，還是警覺。《美國家禽》（Poultry USA）在2016年4月號刊登了一篇標題為「無抗生素家禽生產的祕密」，在其長達六頁的文章中，只有在開頭承認：「這沒有什麼祕密，成功主要來自依循家禽生產基礎的完善執行。」

儘管如此，美國的家禽業似乎可能是全國畜牧業中第一個放棄常規抗生素的，這也將挑戰豬和牛的養殖。而且確實可能已經產生效應：2016年2月，泰森宣布其生產線上的豬有5%轉為素食和無抗生素飼養，每年總產量超過2000萬頭。[11]然而，在幾個月前，「國家豬肉生產者委員會」（National Pork Producers Council）才在《華爾街日報》上登了整版廣告，抨擊潛艇堡宣布僅提供無抗生素的雞肉、豬肉和牛肉的訴求。這個團體認為「這項決策可能會使我們的食品供應陷入危機。」[12]

如果FDA的規定持續執行下去，而且各個公司真的都信守承諾，那麼移除肉類生產中的抗生素可望減少抗生素對農場工人和附近鄰居造成的威脅。這將會減少抗藥性細菌持續流入環境，也會降低那些未分解掉的抗生素進入附近流域的量，這些完整的化合物會迫使細菌進一步演化，可能會影響到所有人體內的微生物群。[13]最重要的是，這將大幅減少食源性的抗藥性疾病以及抗藥性基因到處遷移的無聲威脅，這些抗藥性基因能透過質體離開原本的食源性生物體，離開農場，很有可能在遙遠的地方造成抗藥性感染。揚棄常規抗生素還帶來另一個重大契機：這是否會引發雞本身出現進一步變化？這個由湯馬斯・朱克斯的實驗催生出的產業，在經過明日雞的發展、集約化生產的興起到克雷格・瓦茲挑起的雞隻福利問題後，能否就此改革？

常常會聽到有人說，不用抗生素就等於是瓦解養殖業工廠化的價值，因為不用生長促進劑，特別是預防性抗生素，會讓集約式的室內養殖變得難以持續。確實如此，但這僅限於某種狀況下。少了常規抗生素，就無法在不注意衛生的典型工業化密閉環境中養那些遺傳組成遭到修改的雞。但美國的普度公司、比爾艾文斯牧場以及世界各地如荷蘭的溫金西斯（Wingenses）等雞農的經驗則顯示出另一個出口，若是改以施打疫苗、餵食其他補充劑、提供足夠的空間、運動機會以及光線等種種補償措施，還是可以在不使用抗生素或只需極少量的條件下，在室內密集飼養雞隻。這些改變措施是為了要在沒有抗生素的情況下維持雞的免疫系統，而這同時也改善了雞的福利和牠們的生活經驗，甚至可能讓牠們享受生活。移除抗生素不是為了破壞集約化農業，而是將集約式農業導入符合動物福利的商業模式。一旦引入，就會從內部打破舊有的假設。

最近，這又衝擊到長期以來稱霸市場的那些生命週期短、體態變形的傳統雞的地位。2016 年 3 月，為全食和其他商店制定動物福利標準的倡導組織「全球動物夥伴」（Global Animal Partnership）做了一項重大宣布，表示他們已說服各大零售商放棄速成雞（plofkip），接受生長較慢的雞種，這些新品種的雞的成熟期是 56 到 62 天，而不是 38 到 42 天。這是一大改進，雖然還不及紅標牧場飼養的 84 天，甚或是 100 天的紀錄。然而這項新活動所影響的雞其實不多，在美國每年近 90 億隻肉雞養殖業中的 2.77 億隻左右。

不過在十年前這個團體也在美國食品業推出無籠蛋，那時也是和全食合作。當時，無籠雞似乎沒有什麼市場利基，僅有少部分的消費者會購買。十年後，有十個州規定採用這種無籠養殖，而且有35家大型食品公司承諾以這種方式飼養。無籠飼養儼然成為主流，並且成為不施用抗生素養雞，提高動物福利的成功模範，承諾一個更好的未來。

這些生長較慢的雞品種也是由那些培育出短命的工業化肉雞的同一批跨國遺傳公司所提供，這顯示要改善這問題是很容易實現的。確實是有更好的雞存在，只是沒有人覺得可以要求。

放棄抗生素能達到什麼，若是成功的話，就會讓雞肉生產多樣化，而且不僅是在遺傳層面上，農場規模、可持續性、價格和口味也都會變得很多元。這聽起來像是一種不可思議的「合格收益」，這種字眼通常是出現在理財顧問的報告中。但是雞肉是工業化世界中最受歡迎的肉類，很快就會成為全球消耗最多的肉類。改變雞肉的生產就會改變地球的肉類經濟及其影響的一切，包括土地使用、用水、廢棄物處理、資源消耗、人類配置、動物權利的概念，以及數十億的人飲食。

只要是在他喬治亞州的家中，不管是哪一天，威爾・哈里斯都喜歡在日落前的幾小時駕車前往他的每個牧場，觀察他的牛群和羊群，在他的座位和手煞車間放了一大杯廉價的梅洛紅酒，以及一把

短管步槍，以免遇到捕食動物和蛇。在我 2015 年去拜訪他的那天，我們將他的吉普車停到一處肉雞場，觀看牠們踱步走回夜間遮蔽物的場景。低矮的夕陽光餘暉映照在牠們紅色羽毛上，牠們跳進 拖車窩在一起，微風帶來一陣著柔和的低鳴。我請他再解釋一下這些雞何以和超市販賣的雞這麼不同。

他開始談論工業雞，陷入一陣憂愁善感的碎語中。他再度開口時，先是咒罵了一番。最後停下來，嘆了口氣，上下調整一下他那頂白色的牛仔帽，第三次嘗試跟我說明。

「問題在於，」他說，「他們所有的雞都是用雞培育出來的。」

結語

2016年9月的某個星期三，天氣熱到不可思議，在曼哈頓東區摩天大樓形成的人工峽谷內，散發著陣陣蒸汽，不過在聯合國那棟現代主義建築內，倒是清新涼爽。穿著歐式剪裁西裝的男士和實用平底鞋的女士在會議室間迅速移動，這裡是193國政府領袖和大使舉辦年會的地方。大會可以是個痛苦的聚會；尖銳而抽象的辯論，充滿了關於武器條約和邊界爭端的細枝末節。但是今天早上，在這棟建築物內有一股嗡嗡作響的能量，來自於一批湧入的訪客，他們在一般情況下絕對不會踏進這裡。情況的發展令人意想不到，聯合國決定來處理全球抗生素的抗藥性問題，舉行了一場「高層會議」來探討這一威脅。[1]

這是史無前例的。聯合國大會幾乎從未納入衛生議題。自1945年聯合國成立以來，只出現過三次，主要是以評估癌症等慢性病造成的全球負擔，以及如何因應伊波拉病毒和愛滋病的緊急情況。那時，世界上還有很多人仍然不知道抗藥性細菌是個問題，更多的人不知道這個問題變得有多廣泛或急迫。然而，聯合國並沒有等待全球建立起集體意識，決定先出手。

聯合國大樓三樓的託管理事會（Trusteeship Chamber）位於一間高挑的寬敞大禮堂，鑲嵌著淺色木板的牆壁，散發著光澤，在靠近天花板的地方設有好幾間同步口譯的小間。聯合國最高階的官員潘基文（Ban Ki-moon）祕書長對著麥克風開始發言。[2]

「各位尊敬的部長、閣下、女士先生們，」他說：「抗生素抗藥性對人類健康，糧食生產和發展的可持續性構成了根本的長期威脅。這是一個迫切的現況，發生在世界各地，不論是在發展中國家還是已開發國家；農村還是都會區；在醫院、農場還是社區。我們正在失去保護人類和動物免受致命感染的能力。」

在專家小組列出種種複雜性後，70 位政府代表，有的來自富裕國家，有的來自貧窮國家，先後表達了對此議題的關切，在當天議程接近尾聲時，大會成員投票通過要立即採取行動。他們承諾要打造更好的監測系統，監測新的抗藥性感染，並支持新藥的研發。與會人士一致認為，各國政府應當立即擬定一套國家型抗生素控管計劃，並在 2018 年向聯合國報告他們變革的進展。他們請聯合國建立一個國際協調機構，類似於幾十年前在防範愛滋病時所做的，監測接下來的種種狀況。

各國政府投票通過的聲明稱抗生素抗藥性是「全球最嚴重、最緊迫的風險。」[3]

對於一直在努力讓世人了解這項威脅的科學家和策略家來說，這一天感覺起來像是一場勝利。卻也短得令人沮喪。在這項聲明中並沒有撥出任何資金，或是設定抗生素的使用限制。不過，至少這場聯合國大會將抗生素抗藥性列為危及全球的重大威脅，議程中的每一次演講和聲明，都在強調農產畜牧業過度使用抗生素，這問題就跟在醫學界的濫用情況一樣重要。幾十年來的警告現在終於有人聽進去。農場抗生素的使用與控管的必要性開始列在全球議程上。

這場聯合國大會似乎是從天而降，沒有緣由，不過這後面的故事可不簡單，在此之前的兩年，國際間在處理抗藥性問題上累積了強烈的動力，自從 1970 年代激發肯尼迪採取行動的史旺報告以來，這是第二次出現這樣的態勢。美國食品藥物管理局突然推出的新指南可能是火花，在過去的局長肯尼迪失敗的 36 年後，終於在 2013 年底重新展開 。2014 年 9 月，美國總統巴拉克•歐巴馬（Barack Obama）發布了一項行政命令，將抗藥性列為國家優先事項，並在政府內設立了一個新的專家常設機構「打擊抗生素抗藥性細菌總統諮詢委員會」（Presidential Advisory Council on Combating Antibiotic-Resistant Bacteria）。[4] 同一時間，在英國，首相大衛•卡麥隆（David Cameron）請來高盛集團（Goldman Sachs）的前首席經濟學家吉姆•奧尼爾（Jim O'Neill）提出一套採取行動方案，以紮實的經濟學為理路，不再僅侷限於醫療範疇。奧尼爾集結了「抗菌藥物抗藥性審議」（Review on Antimicrobial Resistance）小組，他們對全球抗藥性的評估立即登上頭條新聞[5]：全球每年會有 700 萬人因此死亡，若是不採取行動，每年死亡人數將會增加到 1000 萬。[6]

2015 年初又出現第二組令人震驚的數字。一組研究人員研究了發展中國家的收入增長情況，這些是奧尼爾之前稱為「金磚四國」（BRICs）的國家，包括巴西、俄羅斯、印度和中國，並試圖計算額外收入對於肉類需求和農用抗生素消耗量的影響。他們預測，如果不採取任何措施來改變農牧業的運作方式，在 15 年內工廠化農場將迅速增長，而他們的抗生素用量將會比目前多出三分之二，全球用量將會達到 105,596 噸。到 2030 年，中國將會餵食其肉用動物全球抗生素生產量的 30%。

出現這些駭人的估計數字，再加上英美兩國先後採取新的管制措施，引發了國際行動。2016 年 1 月，在達沃斯（Davos）招開的「世界經濟論壇」（World Economic Forum）呼籲要開發新的抗生素和診斷方式，並且「在牲畜中更明智地使用抗生素。」2016 年 5 月，世界衛生組織理事機構的 194 個會員國承諾將會投入國家的力量來遏止抗藥性問題。同一個月，七大工業國（G7）在日本舉行會議，重申抗藥性問題必須成為國際優先處理事項。[7] 在聯合國大會召開前兩週，舉行了 G20 國家高峰會，這當中有西方國家和發展中國家，而且這次會議是由當年全球最大的抗生素生產國和消費國中國來主辦。[8] 他們的結論是抗生素抗藥性「對公共衛生、生長和全球經濟穩定皆構成嚴重威脅。」這些全都為聯合國採取行動鋪路。

在聯合國大會期間，我去找雞。

《紐約》（New York）雜誌指出，這座城市正陷入一陣烤雞狂潮中。這聽來似乎有違常理，因為對廚師或對食客來說，雞肉通常是最安全的選擇；在面對複雜的菜單時，以「我只要雞肉」來回應，實際上算是一則笑話。然而，就我們的家禽養殖歷經的種種來看，從放棄抗生素、延後屠宰時間、提供窗戶和光線以及戶外活動的可能性，所有這些投資於都是基於一個信念，認為雞肉不僅是世界上最簡單、最便宜的蛋白質而已，還是一種在本質上值得我們這樣對待的食材。若是在紐約這個餐館競爭激烈，聚集有全球最好餐廳的城市，能夠嚴肅地把雞看成一道佳餚，那麼投注在雞上的金錢、注意力甚至是同理心，也許正浮現在盤子上。

在紐約市確實出現不少很棒的雞肉料理，像是在昂貴的雞中塞進全蛋、鑲肉，或是懸掛在手工鍛造的火烤架上，再不然就是放在燃燒的乾草中來上菜。不過，我所盼望的並不是奢侈而是一種完整性，是讓雞能活得比工業雞更長、更好，允許牠們到戶外、運動，並鼓勵自行進食的養雞方式。我想要的是一隻類似在法國市場上買到的烤雞，那個讓我朝思暮想、垂涎三尺的美味。最後，我在布魯克林西邊的威廉斯堡大橋的上坡處的馬洛父子餐廳（Marlow & Sons）找到了。這個小小的地方，光源來自鑲嵌在木板中的昏暗燈泡，自 2004 年開始營業。那時推出的「磚雞」一直都在菜單上，當中的雞選用的是北邊的雪舞農場（Snowdance Farm）的戶外雞，烹調時他們會以一重物壓在半雞上方，大幅增加雞和鍋子的接觸，在鍋中煎炸，到雞皮膚鬆脆質地細密，這雞的肉風味十足，嚼起來就知道是有鍛鍊過的。雞的味道鹹而強烈，搭配有檸檬，流出汁液。就算這不是法國的蛤蟆雞，也相去不遠了。吃起來真的 很美味。

這盤美食就是最好的理說明，顯示出放棄抗生素的畜牧業可以獲得怎樣的成果，將生產從工業化最糟糕的狀態中解放出來，保護牲畜、養殖戶、食用者以及那些與農場毫不相關的人的健康；這讓動物有生命，讓牠犧牲的生命變得重要起來。

聯合國釋出的政治承諾是數十年證據累積的成果產物：用常規抗生素飼養肉類動物最後可能會產生危及全世界的抗藥性細菌。但是，廚師、超市和家禽生產商提出拒售抗生素雞肉的承諾，則展現出另一項訊息，即消費者具有改變市場的力量。要是沒有來自醫院、學校系統與家長所組成的消費者壓力，生產大雞的這條產業鍊巨獸永遠不會改變其行進方向，無論調查到多少次的疫情，或是揭露出多少動物福利的醜聞。選購不已常規抗生素飼養的消費者迫使美國也採行其他國家已經走上的道路。他們在政策制定者和生產商之前就取得了成功，並拉著他們前行。

現在所面臨的挑戰是如何保持這股動勢。抗生素問題還沒有解決。在美國這個問題依然存在，因為 FDA 的新規定仍然允許使用預防性抗生素，而且對此幾乎沒有限制。在歐洲也沒有解決； 就在聯合國大會召開前沒多久，一項研究發現在英國超市販賣的雞肉中，有四分之一帶有多重抗藥性細菌，在聯合國大會召開當天，研究人員公布一種導致丹麥居民出現感染的新型 MRSA，有可能是隨著進口的家禽進入這個國家的。在南美洲、南亞和中國，這問題肯定是沒有解決，那裡的規劃者很難想像要如何在沒有使用抗生素的情況下畜養牲畜，提供國人足夠的蛋白質。美國 2016 年的總統大選結果、英國的脫歐公投以及歐洲各地出現的國族主義風潮，這些全球大事都可能引發政治障礙，阻止這股動勢。現在要談這些影響還為時過早。

抗生素抗藥性就跟氣候變遷一樣，是一項令世人難以招架的威脅，而且都是幾十年來由數百萬的個別決定所創造出來，並透過整個工業化過程得到強化。另外還有一點也和氣候變遷很像，工業化的西方和發展中的南方新興經濟體對此抱持分歧的態度。全球有四分之一的國家已經享受過工廠化農業帶來的廉價蛋白質，現在對此感到後悔；但其他區域並不想放棄他們的機會。而最像氣候變遷的一點是，在因應層面上，個人行動的力道仍嫌不足－多數人一邊在家憂心忡忡地看著北極熊淹死的畫面，一邊還是繼續購買生產過程導致海平面上升的螢光燈泡。

改變農場抗生素的使用似乎是條難行的路。但這並不意味著完全不可行。荷蘭的雞農、普度農場與美國其他一家接一家放棄抗生素的公司，這證明在工業規模的生產中，確實可以捨棄生長促進劑或是預防性抗生素。梅沙杜（Maïsadour）和魯埃（Loué）以及白橡木牧場的經營都相當穩定，這顯示出中小型農場可以在重整的肉類經濟中占有一席之地。全食寧可販賣那些生長速度較慢的雞，牠們的遺傳特徵和一般雞不同，比較類似法蘭克・瑞茲所養的那些雞種，這說明若是捨棄抗生素，並且選擇不需要它們也能好好成長的雞，就可以把生物多樣性帶回到家禽生產上。

所有這些成就都是指標，指向雞、牛、豬以及之後的養殖漁業需要走的方向，在這樣的生產模式中，盡量不用抗生素，將它用來照顧生病的動物，而不是養肥或保護牠們。這就是抗生素現在用於人類醫學的方式，也是達到維持抗生素效用和抗藥性風險平衡的唯一途徑。

這不容易實現。需要時間來說服工業化國家的消費者，讓他們明白最便宜的雞肉不是最好的雞肉，並鼓勵發展中國家不要重蹈覆徹，製造出工廠化養殖過程中最糟糕的廢棄物。新的生產模式可能是像在荷蘭推出的高科技，甚或是建立在本土的低強度系統，在南美洲或亞洲打造出等同於紅標農場的畜養環境。但我們不能花太長的時間來改變，因為細菌演化的節奏是毫不留情的，前方沒有剩多少時間了。

目標不僅是改變農場經營，也不僅是要打造安全且永續飼養的肉類市場。最終是要證明湯馬斯・朱克斯的最初選擇是個錯誤，即冒著增加抗藥性細菌毒害世界的風險來生產廉價蛋白質餵養世人。家禽生產不見得會製造抗藥性，集約式畜養也不一定會造成環境破壞，這些經驗都可用來協助其他肉類動物飼養業的轉型。這一切只需要意願，一個讓雞重新成為雞的意願。

謝誌

一個作者要是沒有幾十個人（說不定有幾百個人）的幫助，絕對不可能在一個寫作計畫上花好幾年。不過這本書的問世，還是要特別感謝幾個慷慨分享故事的人。首先要感謝的是我的丈夫羅倫・波爾史垂奇三世（Loren D. Bolstridge III）。十年前我們結婚時，我開始聽他談起他的家族 19 世紀在緬因州當小農的故事；我一直是個都市孩子，除了在倫敦的偏遠郊區住過一段時間之外，所以他的故事給了我很大的啟發。其次是之前在愛荷華大學， 目前在肯特州立大學任職的 塔拉・史密斯（Tara Smith），她帶我認識了在肉用動物身上使用抗生素以及由此產生抗藥性的謎團。我每次和美國疾病管制中心的羅伯・透克斯（Robert Tauxe）博士會面時，他都會提醒我要更仔細了解沙門氏菌。 范德比爾特大學（Vanderbilt University）教授、同時也是《血案》（Bloodwork）、《光城》（City of Light）以及《毒藥之城》（City of Poison）的作者霍莉 ・ 塔克

（Holly Tucker）告訴我一個令人難過的精采故事，她住在印第安納州南部的祖父母因為隔壁搬來了一間大型的火雞場，被迫只能關在自己的小房子裡，整片山丘都是濃濃的雞糞味，夜裡火雞場的聚光燈也把星星都趕走了。

這種種故事——從農場的現況、抗生素的影響，食源性疾病的危險以及家禽生產工業化帶來的巨大衝擊——結合在一起，促使我開始探索畜牧業和抗生素使用的這段交錯的歷史。我希望這本書沒有愧對他們告訴我的事。

這些想法能夠成書，要感謝我的經紀人 Susan Raihofer 的鼎力支持，以及國家地理圖書部編輯 Hilary Black 和 Anne Smyth 的巧妙管理。Susan Banta 是訊息查證高手，煞費苦心地避免我犯錯，若書中仍出現了任何錯誤，完全是我的責任。我還要感謝 Pat Singer 介紹我們認識。

本書的研究調查工作，很幸運能獲得兩項獎助金計畫的支持。第一是麻省理工學院的奈特科學新聞學（Knight Science Journalism）計畫，計畫的前主任 Phil Hilts 給了我一年的經費來探索抗生素的使用。接下來是布蘭迪斯大學（Brandeis University）的舒斯特研究新聞學院（Schuster Institute for Investigative Journalism），由院長 Florence Graves 和兩位孜孜不倦協助我的助理 Claire Pavlik Purgu 和 Lisa Button 領軍，院方還讓一群出色的學生助理協助我，特別是 Jay Feinstein、 Aliza Heeren 和 Madeline Rosenberg。我很幸運得到這幾位圖書館員的支持：布蘭迪斯大學的 Alex Willett、麻省理工學院的 Michelle Baildon、哈佛大學 Widener 圖書館的 Fred Burchsted，以及史丹福大學特藏組的 Daniel Hartwig 和 Tim Noakes，他們授權我查閱 Donald S. Kennedy 的論文。我還要感謝康乃爾大學的 Albert R. Mann 圖書館讓我查閱 Robert Baker 的論文。

寫書的一大挑戰就是同時要想辦法謀生。好幾位編輯都幫了大忙，因此本書有部分文字是發表過的，不過之後都已經重新改寫，這些報導分別提供給之前在 SELF、現在擔任 Real Simple 執行編輯的 Sara Austin；之前在 Modern Farmer、現任職於 First Looking Media 的 Reyhan Harmanci；之前任職於 Slate，現任 職於《華盛頓郵報》的 Laura Helmuth；Atlantic 的 Corby Kummer， 和 More 雜誌的 Nancy Stedman。其中一些報導是由 Sam Fromartz、Tom Laskawy 和「食品與環境報告網」（Food and Environment Reporting Network）支持和安排，他們大力支持關於食品、農業和環境的 報導，和他們一同工作是一大樂事。我還要感謝《紐約時報雜誌》的 Bill Wasik 和 Claire Gutierrez，他們指派我調查 2015 年的禽流感疫情；本書基於空間考量，沒有納入那次的報導，但那次經驗對我來說是無可替代的。（還要感謝目前任職於 HarperCollins 出版社的 Eric Nelson，他在幾年前就叫我要好好探討一下雞塊。）

這個寫書計畫之所以能實現，不僅是因為很多人把他們的切身經歷托負給我，還提供了他們的人脈。我首先要感謝塔夫茨大學（Tufts University）的 Stuart B. Levy 博士，他是美國抗生素抗藥性研究的泰斗；很早就對多次抗藥性感染爆發之間的隱藏關聯性提出警告的明尼蘇達大學的 Michael T. Osterholm；之前已提過的 Robert Tauxe 博士，在我想要了解食源性疾病的影響時對我傾囊相授。感謝喬治華盛頓大學抗生素抗藥性行動中心的創始人 Lance B. Price，以及在該中心工作的 Laura Rogers 和 Nicole Tidwell。

接下來我要感謝的人，沒有按照順序，純然按字母順序排列，因為實在難以衡量他們提供的非凡幫助：ASPCA 的 Suzanne McMillan、比爾艾文斯的 Audrey King 和 Scott Sechler。疾病管制中心的 Thomas R. Frieden 博士，他在我寫這本書的期間擔任主任；Tom Chiller 博士，另外還有 Nicole Coffin、Elizabeth Lee Greene、Dana Pitts、Matthew Wise、Laura Gieraltowski 與 Jolene Nakao 博士等其他許多人。Compassion in World Farming 的 Leah Garces。康乃爾大學的部分有 Robert Gravani，還要感謝你介紹 Robert Baker 一家人，特別是 Dale 和 Michael Baker。感謝達美航空的 Kate Modolo。Farm Forward 的 Ben Goldsmith。美國食品藥物管理局的 Michael Taylor、William Flynn 博士、Megan Bensette 以及在 70 年代擔任 Donald Kennedy 副手的 Thomas Grumbly，他現在是農業研究支持者基金會的主任。感謝法國的 Virginia Dae、Sabine Edelli、Marie Guyot、Maxime Quentin、Pascal Vaugarny，以及 Maïsadour 和 Loué 的雞農——其中特別要感謝我在麻省理工學院的同事的同事，Yves Sciama 和他的妻子 Elise。美國人道協會的 Anna West。國家地理的 Erika Engelhaupt、April Fulton 和 Jamie Shreeve。自然資源保護委員會的 Avinash Kar 和 David Wallinga 博士。荷蘭的 Jan Kluytmans 博士、Dik Mevius 博士、Andreas Voss 博士、Gerbert Oosterlaken、Eric van den Heuvel 和 Kor Mast。皮優慈善信託的 Allan Coukell、Karin Hoelzer 博士和 Katherine Portnoy 以及 Gail Hansen 博士、Shelley Hearne、Alicia LaPorte 和 Joshua Wenderoff。抗菌藥物抗藥性評論的 Jim O'Neill 勳爵、Hala Audi、Will Hall 和 Jeremy Knox 以及 Wellcome Trust 的 Jeremy Farrar 博士和 Longitude Prize 的 Tamar Ghosh；Smaller Films 的 Michael Graziano。Stone Barns Center for Food and Agriculture 的 Craig Haney、Martha Hodgkins、Fred

Kirschenmann 和 Laura Neil。護水者聯盟（Waterkeeper Alliance）中來自馬里蘭州的 Kathy Phillips 以及來自北卡羅來納州的 Baldwin 和 Rick Dove。華盛頓州的 Bill Marler 和他的工作人員以及孜孜不倦的 Reimert Ravenholt 博士，他已經出現在我的兩本書裡，每次去訪問他都很愉快。

在執行這項計畫時，我拜訪了美國六個州的十幾位家禽養殖戶，他們要求匿名，才讓我進去看大規模的家禽生產。你們自己知道在書中的哪裡，我希望你們知道我無比感激你們對我的信任。在我記得住名字的業內人士中，我要感謝 J. Craig Watts、Frank Reese 以及 Larry 和 Leighton Cooley；愛荷華州 West Liberty Foods 公司的 John 和 Brad Moline；加州 Marys Chicken 的 David Pitman ；明尼蘇達州 Just Bare Chicken 的 Paul Helgeson；北卡羅來納州 Joyce Farms 的 Stuart Joyce。此外，美國家禽和雞蛋協會的 John Glisson 博士、全國雞肉理事會的 Tom Super；美國農業部東南家禽研究實驗室的 David Swayne 博士；喬治亞大學獸醫學院的 Susan Sanchez 和美國農民和牧民協會的 Jennifer Reinhard 博士。我要特別感謝喬治亞州白橡樹牧場的哈里斯家族，他們讓我學習到畜牧業知識的熱情的待客之道：Will Harris III 和他的妻子 Yvonne；Jenni Harris 和 Amber Reece Jodi Harris Benoit、John Benoit 和 Brian Sapp 和 Frankie Darsey 以及 Gretchen Howard 和 Melissa Libby。（另外，我還要謝謝 Helen Rosner 告訴我可以去 Marlow & Sons。）

寫作是一孤獨而艱鉅的工作，要是少了朋友一定無法完成。非常感謝 Richard Eldredge、Krista Reese 和 William Houston、Susan Percy、Dean Boswell、Mark Scott、Diane Lore、Frances Katz、Carol Grizzle、Mike 和 Nancy Reynolds；我的作家責任團體的成員，按照

保密規則我無法在此列此他們的名字； 還有我的兄弟姐妹 Robert、Matthew 和 Elizabeth McKenna，還有我們的叔叔，教授兼作家 Fr. Robert Lauder，本書是要獻給他的。（還要感謝愛爾蘭的 Walsh Whiskey Distillery of Carlow，他們的 Writers’ Tears 威士忌有類似疫苗的作用。）

我的謝誌從我的丈夫羅倫開始，寫到最後，我還是想要以他來作結，因為他從頭到尾都在我身邊。沒有他的愛和支持，我不可能完成這項計畫，甚至不會想要動筆去寫。

注 釋

引言

1. Camus, La peste (Paris: Éditions Gallimard, 1947). My translation.
2. Problems in the Poultry Industry. Part III. Hearing Before Subcommittee No.6 of the Select Committee on Small Business, p. 59.

自序

1. Van Boeckel et al., "Global Trends in Antimicrobial Use in Food Animals."
2. Sawyer, The Agribusiness Poultry Industry, p. 225.

第一章

1. 對於席勒發病故事過程的重建是來自對他與他的律師比爾・馬勒以及疾病管制中心的人員：Thomas Chiller、Jolene Nakao、Robert Tauxe、Matthew Wise 和 Laura Gieraltowski 的訪談，還有參考 CDC 的調查文件、加州、俄勒岡州和華盛頓州衛生部門的文件；以及一些法律文件，包括 Marler, "Final Demand Letter to Ron Foster, President, Foster Farms Inc., in re: 2013 Foster Farms Chicken Salmonella Outbreak, Client: Rick Schiller 以及當時的新聞報導。
2. Majowicz et al., "The Global Burden of Nontyphoidal Salmonella

Gastroenteritis."
3. U.S. Centers for Disease Control and Prevention, "Multistate Outbreak of Multidrug-Resistant Salmonella Heidelberg Infections Linked to Foster Farms Brand Chicken (Final Update)."
4. Voetsch et al., "FoodNet Estimate of the Burden of Illness Caused by Nontyphoidal Salmonella Infections in the United States." The CDC estimates that for every salmonella case confirmed by a laboratory, 38 others go unrecorded.
5. U.S. Centers for Disease Control and Prevention, "PulseNet: 20 Years of Making Food Safer to Eat."
6. President of the General Assembly, "Draft Political Declaration of the High-Level Meeting of the General Assembly on Antimicrobial Resistance."
7. Review on Antimicrobial Resistance, "Antimicrobial Resistance: Tacking a Crisis for the Health and Wealth of Nations."
8. U.S. Centers for Disease Control and Prevention, "Antibiotic Resistance Threats in the United States, 2013."
9. Titus and Center for Disease Dynamics, Economics and Policy, "The Burden of Antibiotic Resistance in Indian Neonates."
10. U.S. Centers for Disease Control and Prevention, "Antibiotic Resistance Threats in the United States, 2013."
11. Review on Antimicrobial Resistance, "Antimicrobial Resistance: Tackling a Crisis for the Health and Wealth of Nations."
12. Time line reconstructed from U.S. Centers for Disease Control and Prevention, "Antibiotic Resistance Threats in the United States, 2013" ; Marston et al., "Antimicrobial Resistance."
13. U.S. Centers for Disease Control and Prevention, "Antibiotic Resistance Threats in the United States, 2013."
14. World Health Organization, "The Evolving Threat of Antimicrobial Resistance: Options for Action."
15. Marston et al., "Antimicrobial Resistance."
16. Ibid.
17. Food and Drug Administration, "National Antimicrobial Resistance Monitoring System (NARMS) Integrated Report 2012-2013."
18. Liu et al., "Emergence of Plasmid-Mediated Colistin Resistance Mechanism mcr-1 in Animals and Human Beings in China" ; Paterson and Harris, "Colistin Resistance."
19. Xavier et al., "Identification of a Novel Plasmid-Mediated Colistin-

Resistance Gene, mcr-2, in Escherichia coli, Belgium, June 2016."
20. Kline et al., "Investigation of First Identified mcr-1 Gene in an Isolate from a U.S. Patient—Pennsylvania, 2016."
21. New York: Castanheira et al., "Detection of mcr-1 Among Escherichia coli Clinical Isolates Collected Worldwide as Part of the SENTRY Antimicrobial Surveillance Program in 2014 and 2015" ; New Jersey; Mediavilla et al., "Colistin- and Carbapenem-Resistant Escherichia coli Harboring mcr-1 and bla,NDM-5

Causing a Complicated Urinary Tract Infection in a Patient From the United States."
22. Vasquez et al., "Investigation of Escherichia coli Harboring the mcr-1 Resistance Gene—Connecticut, 2016."
23. Center for Veterinary Medicine, "2013 Summary Report on Antimicrobials Sold or Distributed for Use in Food-Producing Animals." "four times" : Food and Drug Administration, "Drug Use Review."
24. Infectious Diseases Society of America, "Bad Bugs, No Drugs."
25. Humane Society of the United States, "The Welfare of Animals in the Chicken Industry" and "Welfare Issues Wth Selective Breeding for Rapid Growth in Broiler Chickens and Turkeys."
26. "Antibiotics in the Barnyard."
27. Cook, Bumgardner, and Shaklee, "How Chicken on Sunday Became an Anyday Treat."

第二章

1. 朱克斯的生活和他所做的實驗是根據他在晚年所寫的一些文章所重建的，包括："Some Historical Notes on Chlortetracycline" ; "Adventures with Vitamins" ; and "Vitamins, Metabolic Antagonists, and Molecular Evolution." See also Larson, "Pioneers in Science and Technology Series." Obituaries include Sanders, "Outspoken UC Berkeley Biochemist and Nutritionist Thomas H. Jukes Has Died at Age 93" ; Maddox, "Obituary" ; Carpenter, "Thomas Hughes Jukes (1906–1999)" ; Crow, "Thomas H. Jukes (1906–1999)."
2. Lax, The Mold in Dr. Florey' s Coat, pp. 16–20
3. Lax, The Mold in Dr. Florey' s Coat, pp.154–6
4. Lax, The Mold in Dr. Florey' s Coat, pp.169–72
5. Saxon, "Anne Miller, 90, First Patient Who Was Saved by Penicillin."
6. Bud, Penicillin, pp. 55–9

7. Pringle, Experiment Eleven.
8. :Greenwood, Antimicrobial Drugs, pp. 219–22
9. Maeder, Adverse Reactions, pp. 74–77
10. Brown, "Aureomycin, Plot 23 and the Smithsonian Institution."
11. Duggar, Aureomycin and preparation of same.
12. Bugos, "Intellectual Property Protection in the American Chicken–Breeding Industry."
13. Rickes et al., "Comparative Data on Vitamin B12 From Liver and From a New Source, Streptomyces griseus."
14. 朱克斯的實驗是依據下列文獻所重建的： Stokstad et al., "The Multiple Nature of the Animal Protein Factor" ; Stokstad and Jukes, "Further Observations on the 'Animal Protein Factor' " ; Jukes, "Some Historical Notes on Chlortetracycline" ; Jukes, "Vitamins, Metabolic Antagonists, and Molecular Evolution" ; Larson, "Pioneers in Science and Technology Series."
15. Stokstad et al., "The Multiple Nature of the Animal Protein Factor."
16. Stokstad and Jukes, "Further Observations on the 'Animal Protein Factor' " ; Jukes, "Some Historical Notes on Chlortetracycline."
17. "Animal Magicians."
18. Jukes, "Adventures With Vitamins."
19. Jukes, "Antibiotics in Nutrition."
20. Dyer, Terrill, and Krider, "The Effect of Adding APF Supplements and Concentrates Containing Supplementary Growth Factors to a Corn-Soybean Oil Meal Ration for Weanling Pigs" ; Lepley, Catron, and Culbertson, "Dried Whole Aureomycin Mash and Meat and Bone Scraps for Growing-Fattening Swine" ; Burnside and Cunha, "Effect of Animal Protein Factor Supplement on Pigs Fed Different Protein Supplements."
21. Laurence, " 'Wonder Drug' Aureomycin Found to Spur Growth 50%."
22. Loudon, "Deaths in Childbed from the Eighteenth Century to 1935" ; Neushul, "Science, Government, and the Mass Production of Penicillin" ; President's Council of Advisors on Science and Technology, "Report to the President on Combating Antibiotic Resistance" ; Surgeon-General's Office, "Report of the Surgeon-General of the Army to the Secretary of War for the Fiscal Year Ending June 30, 1921."
23. Falk, "Will Penicillin Be Used Indiscriminately?" ; Brown, "The History of Penicillin From Discovery to the Drive to Production."
24. Kaempffert, "Effectiveness of New Antibiotic, Aureomycin, Demonstrated

Against Virus Diseases."
25. Walker, "Pioneer Leaders in Plant Pathology."
26. Moore and Evenson, "Use of Sulfasuxidine, Streptothricin, and Streptomycin in Nutritional Studies with the Chick."
27. Jukes, "Antibiotics in Nutrition."
28. Boyd, "Making Meat."
29. Abraham and Chain, "An Enzyme From Bacteria Able to Destroy Penicillin."
30. "Penicillin' s Finder Assays Its Future."
31. Barber, "The Waning Power of Penicillin."
32. Rountree and Freeman, "Infections Caused by a Particular Phage Type of Staphylococcus aureus."
33. Laveck and Ravenholt, "Staphylococcal Disease: An Obstetric, Pediatric, and Community Problem."
34. White-Stevens, Zeibel, and Walker, "The Use of Chlortetracycline-Aureomycin in Poultry Production."
35. Jukes, "Some Historical Notes on Chlortetracycline."
36. Jukes, "Public Health Significance of Feeding Low Levels of Antibiotics to Animals."
37. Food and Drug Administration, "Certification of Batches of Antibiotic and Antibiotic-Containing Drugs"; also discussed in the excellent Vermont Law Review article: Heinzerling, "Undue Process at the FDA."
38. Freerksen, "Fundamentals of Mode of Action of Antibiotics in Animals."
39. 除了數百份個別研究報告外，有兩場早年的國際研討會也深入探討了生長促進劑，分別是 1956 年在美國華盛頓特區舉第一屆農業抗生素使用國際會議（First International Conference on the Use of Antibiotics in Agriculture）和 1962 年諾丁漢大學復活節農業學校（University of Nottingham' s Easter School in Agricultural Science）。
40. 在朱克斯 1955 年的專著中詳述了這些試驗："Antibiotics in Nutrition."
41. Tarr, Boyd, and Bissett, "Antibiotics in Food Processing, Experimental Preservation of Fish and Beef with Antibiotics"; Deatherage, "Antibiotics in the Preservation of Meat"; Durbin, "Antibiotics in Food Preservation"; Barnes, "The Use of Antibiotics for the Preservation of Poultry and Meat."
42. White-Stevens, Zeibel, and Walker, "The Use of Chlortetracycline-Aureomycin in Poultry Production."
43. Food and Drug Administration, "Exemption From Certification of Antibiotic Drugs for Use in Animal Feed and of Animal Feed Containing

Antibiotic Drugs."
44. Jukes, "Megavitamin Therapy"
45. Jukes: "DDT"; "The Organic Food Myth"; "Food Additives"; "Carcinogens in Food and the Delaney Clause."
46. Conis, "Debating the Health Effects of DDT."
47. Wang, In Sputnik' s Shadow, p. 215
48. Jukes, "A Town in Harmony."
49. Jukes, "Some Historical Notes on Chlortetracycline."
50. "Antibiotics in Animal Feeds."
51. Jukes, "The Present Status and Background of Antibiotics in the Feeding of Domestic Animals."
52. New York Times" : Jukes, "Antibiotics and Meat."
53. Jukes, "Today' s Non-Orwellian Animal Farm."

第三章

1. Haley, Turning the Tables.
2. Sunde, "Seventy-Five Years of Rising American Poultry Consumption."
3. McGowan and Emslie, "Rickets in Chickens, With Special Reference to Its Nature and Pathogenesis."
4. 肉雞（broiler）是一個複雜的術語。 現在，家禽業用它來表示專門養來實用的雞，與產蛋的蛋雞區分開來。不過在最初，「肉雞」是指年輕的雞，年齡和體型適合，肉質鮮嫩，可以直接在高溫中快速烹調，不像老母雞那樣需要小火慢燉才能入口。
5. U.S. Department of Agriculture Bureau of Agricultural Economics, and Bureau of the Census, "United States Census of Agriculture 1950: A Graphic Summary."
6. Horowitz, "Making the Chicken of Tomorrow" ; Bugos, "Intellectual Property Protection in the American Chicken–Breeding Industry."
7. "Problems in the Poultry Industry. Part II," p. 84.
8. Godley and Williams, "The Chicken, the Factory Farm, and the Supermarket" ; Sawyer, The Agribusiness Poultry Industry, pp. 47–9.
9. 這則文案的標題實際上是「每個鍋裡都有雞」（A chicken for every pot）；可以在國家檔案館（National Archives）的線上目錄查看： http://research.archives.gov/ description/187095.
10. 在可說是普世定律的紐約版本中，若是某種東西存在，就會有人仿冒，雞肉交易成為後門交易的來源，在參議院被譴責為「腐敗和卑鄙」，最後導致一起販售「不合適的雞」的聯邦訴訟案。 ALA Schechter Poultry

公司對上控告美國政府（1935 年），起訴兩名布魯克林的屠夫兄弟因為低價販售他們的雞而遭到起訴。 最後在上訴中駁回了羅斯福總統新政的關鍵要點。

11. Sawyer, The Agribusiness Poultry Industry, pp. 82–4.
12. Sawyer, Northeast Georgia; "The New Georgia Encyclopedia"; Gisolfi, "From Crop Lien to Contract Farming"; Gannon, "Georgia' s Broiler Industry."
13. Gannon, "Georgia' s Broiler Industry," p. 308.
14. Striffler, Chicken, p. 43.
15. Sawyer, Northeast Georgia.
16. Hansen and Mighell, Economic Choices in Broiler Production.
17. "Problems in the Poultry Industry," Parts I–III.
18. Pew Environment Group, "Big Chicken."
19. National Chicken Council, "Broiler Chicken Industry Key Facts 2016."
20. Soule, "Chicken Explosion."
21. Toossi, "A Century of Change."
22. Horowitz, "Making the Chicken of Tomorrow."
23. Josephson, "The Ocean' s Hot Dog."
24. 關於羅伯特・貝克的生活和工作的描寫來自於下列人士的採訪：他的遺孀雅各芭・貝克（Jacoba Baker），他的兒子戴爾・貝克（Dale Baker）和孫子麥克・貝克（Michael Baker）; 麥克為 2012 年夏季出版的康奈爾大學的 Ezra 雜誌（("How 'Barbecue Bob' Baker Transformed Chicken"）撰稿； 關於貝克的研究報告，請見康乃爾大學阿爾伯特倫曼圖書館（Cornell' s Albert R. Mann Library）；他的訃聞請見 Cornell Chronicle (Friedlander, "Robert C. Baker, Creator of Chicken Nuggets and Cornell Chicken Barbecue Sauce, Dies at 84") and the New York Times (Martin, "Robert C. Baker, Who Reshaped Chicken Dinner, Dies at 84").
25. 貝克的所有實驗以及食譜和行銷結果，都發表在康乃爾大學的《農業經濟學研究公報》（Agricultural Economics Research Bulletin, AER）和後來的《雜項公報》（Miscellaneous Bulletin）中。They include packaging with sauce, AER 55, December 1960; "Kid' s Pack," AER 81, December 1961; hash, AER 151, August 1964; franks, AER 57, January 1961; chickalona, No. 83, AER 1962; breakfast sausage and burgers, MB 110, 1980; spaghetti sauce, MB 121, November 1981; meatloaf, AER 86, February 1961.
26. Marshall and Baker, "New Marketable Poultry and Egg Products: 12. Chicken Sticks."
27. Love, McDonald' s: Behind the Arches.

28. Dietary Goals for the United States. Prepared by the Staff of the Select Committee on Nutrition and Human Needs, United States Senate.
29. "Per Capita Consumption of Poultry and Livestock, 1965 to Estimated 2016, in Pounds."

第四章

1. "Town and Country Market [Advertisement]."
2. "The Art of Pickin' Chicken Advertisement]."
3. "Fresh Food Plan Found."
4. "Pass the 'Acronized' Chicken, Please!"
5. Harris, "Home Demonstration."
6. Kohler et al., "Comprehensive Studies of the Use of a Food Grade of Chlortetracycline in Poultry Processing."
7. 這時立達柚推出一種新藥，這是一種四環素配方，商標是 Achromycin。但在報章雜誌上的報導卻將其描述為「不朽化」（"Acronizing"），清楚顯示這個保存過程用的是金黴素（Aureomycin），而不是 Achromycin.
8. "Advertising: Logistics to Fore in Big Move."
9. Flanary, "Five Firms Entertain Food Editors."
10. Food and Drug Administration, Tolerances and exemptions from tolerances for pesticide chemicals in or on raw agricultural commodities; tolerance for residues of chlortetracycline.
11. "Miracle Drugs Get Down to Earth."
12. "Mandatory Poultry Inspection," pp. 104–105.
13. "Problems in the Poultry Industry. Part I," p. 13.
14. "Mandatory Poultry Inspection.," pp. 104–105.
15. Bud, Penicillin, pp. 82–83; Collingham, The Taste of War; Stone, "Fumbling With Famine"; Gerhard, "Food as a Weapon"; Fox, "The Origins of UNRRA."
16. Norman, "G.O.P. to Open Inquiry into Meat Famine"; "Army Reduces Meat Ration as Famine Grows."
17. "Report of the Special Meeting on Urgent Food Problems, Washington, D.C., May 20–27, 1946."
18. Farber, "Antibiotics in Food Preservation."
19. "Antibiotics and Food."
20. Mrak, "Food Preservation."
21. "Around Capitol Square."

22. “were shooting whales”：“Whale Steak for Dinner.”
23. Associated Press, “Tyler Firm to Preserve Chickens by Antibiotics”；“Acronize Maintains Poultry Freshness”；“New Poultry Process Will Be Used at Chehalis Plant.”
24. “With Its New Farm & Home Division, Cyanamid Is Placing Increasing Stress on Consumer Agricultural Chemicals.”
25. Associated Press, “Drug May Change Fish Marketing.”
26. “Miracle Drugs Get Down to Earth.”
27. 雷文侯特的經歷來自於我對他的採訪以及其他來源：Epidemic Investigations, maintained at http://www.ravenholt.com; on his interview with the Population and Reproductive Health Oral History Project; and on Laveck and Ravenholt, “Staphylococcal Disease,” and Ravenholt et al., “Staphylococcal Infection in Meat Animals and Meat Workers.”
28. 要到 40 年後，是人才發現葡萄球菌可以在醫院外引起疫情爆發，及醫學界所謂的「群聚」－即家庭、學校和運動隊伍－間的感染：Herold et al., “Community-Acquired Methicillin-Resistant Staphylococcus aureus in Children With No Identified Predisposing Risk.”
29. 自 1946 年成立以來，疾病預防控制中心更改過好幾次名稱，但都維持相同的英文首字母縮寫：CDC。它現在稱為疾病控制和預防中心（Centers for Disease Control and Prevention），但在雷文侯特的培訓時間則稱為傳播疾病中心（Communicable Disease Center）。
30. 比方說 1968 年在密西根州底特律的龐蒂亞克汽車工廠（Pontiac Motors）爆發的類似流感的疾病，就稱為「龐蒂亞克熱（Pontiac fever）」，是由導致退伍軍人症（Legionnaires' disease）的同一種細菌引起的。但一直要等到 1976 年發現退伍軍人症，以及引起它的細菌，才得知這一切的關聯：Kaufmann et al., “Pontiac Fever.”
31. Curtis, “Food and Drug Projects of Interest to State Health Officers”；Welch, “Problems of Antibiotics in Food as the Food and Drug Administration Sees Them.”
32. Welch, “Antibiotics in Food Preservation”；“Antibiotics in Milk”；Garrod, “Sources and Hazards to Man of Antibiotics in Foods.”
33. Vickers, Bagratuni, and Alexander, “Dermatitis Caused by Penicillin in Milk.”
34. Welch, “Problems of Antibiotics in Food as the Food and Drug Administration Sees Them.”
35. World Health Organization, “The Public Health Aspects of the Use of Antibiotics in Food and Feedstuffs.”

36. Communicable Disease Center, "Proceedings, National Conference on Salmonellosis, March 11–13, 1964."
37. Ng et al., "Antibiotics in Poultry Meat Preservation"; Njoku-Obi et al., "A Study of the Fungal Flora of Spoiled Chlortetracycline Treated Chicken Meat"; Thatcher and Loit, "Comparative Microflora of Chlor-Tetracycline-Treated and Nontreated Poultry With Special Reference to Public Health Aspects."
38. "Consumer," "Chicken Flavor."
39. Reed, "Our Readers Speak."
40. "Quality Market [Advertisement]"; "Safeway [Advertisement]"; "Co-Op Shopping Center [Advertisement]."
41 "Capuchino Foods [Advertise.ment]."
42. Atkinson, "Trends in Poultry Hygiene."
43. Harold and Baldwin, "Ecologic Effects of Antibiotics."
44. Coates, "The Value of Antibiotics for Growth of Poultry."
45. Hansard, Gastro-Enteritis (Tees-side).
46. "The Diary of a Tragedy"; "The Men Who Fought It."
47. Anderson, "Middlesbrough Outbreak of Infantile Enteritis and Transferable Drug Resistance."
48. 安德森的天縱英才和易怒性隔，後來在英國各大報上都有詳細介紹：Tucker, "ES Anderson: Brilliant Bacteriologist Who Foresaw the Public Health Dangers of Genetic Resistance to Antibiotics"; "Obituaries: E. S. Anderson: Bacteriologist Who Predicted the Problems Associated with Human Resistance to Antibiotics"; "Obituaries: E. S. Anderson: Ingenious Microbiologist Who Investigated How Bacteria Become Resistant to Antibiotics."
49. Anderson et al., "An Outbreak of Human Infection Due to Salmonella Typhimurium Phage Type 20a Associated With Infection in Calves."
50. Anderson, "The Ecology of Transferable Drug Resistance in the Enterobacteria."
51. Anderson and Lewis, "Drug Resistance and Its Transfer in Salmonella Typhimurium."
52. Watanabe and Fukasawa, "Episome-Mediated Transfer of Drug Resistance in Enterobacteriaceae. I."; Watanabe, "Infective Heredity of Multiple Drug Resistance in Bacteria"; Datta, "Transmissible Drug Resistance in an Epidemic Strain of Salmonella Typhimurium."
53. Anderson and Lewis, "Drug Resistance and Its Transfer in Salmonella

Typhimurium"; Anderson, "Origin of Transferable Drug-Resistance Factors in the Enterobacteriaceae."

54. Dixon, "Antibiotics on the Farm—Major Threat to Human Health."
55. Anderson, "Middlesbrough Outbreak of Infantile Enteritis and Transferable Drug Resistance.

第五章

1. 在唐寧一家進行的實驗始末描述來自對唐寧夫婦和 他們的女兒瑪麗・奧萊利（Mary O' Reilly）的採訪以及李維本人的描述，見 Levy, FitzGerald, and Macone, "Changes in Intestinal Flora of Farm Personnel After Introduction of a Tetracycline- Supplemented Feed on a Farm"; Levy, FitzGerald, and Macone, "Spread of Antibiotic- Resistant Plasmids From Chicken to Chicken and From Chicken to Man"; and Levy, The Antibiotic Paradox.
2. Office of Technology Assessment, Congress of the United States, "Drugs in Livestock Feed."
3. 這些文章還有： "The Dangers of Misusing Antibiotics"; "Germ Survival in Face of Antibiotics"; Fishlock, "Government Action Urged on Farm Drugs."
4. 現在看來令人難以置信，但在 1960 年代英國僅有三個頻道：BBC1、BBC2 和唯一的商業頻道 ITV（代表「獨立電視」）是。 打破三強鼎立局面的第四頻道（Channel 4）直到 1982 年才出現，也是因為是第四個電視台，才有這樣的名字，和天空電視台（Sky Television）要到 1989 年才開播。
5. Dixon, "Antibiotics on the Farm—Major Threat to Human Health."
6. "Antibiotics on the Farm"; Braude, "Antibiotics in Animal Feeds in Great Britain."
7. Harrison, Animal Machines.
8. Sayer, "Animal Machines."
9. Reynolds and Tansey, "Foot and Mouth Disease."
10. Anderson, "Transferable Antibiotic Resistance."
11. 委員會聽取的證詞以及他們的計算都列在在最終動報告中，即史旺報告（Swann Report: Swann and Joint Committee on the Use of Antibiotics in Animal Husbandry and Veterinary Medicine, Report. Presented to Parliament by the Secretary of State for Social Services, the Secretary of State for Scotland, the Minister of Agriculture, Fisheries and Food and the Secretary of State for Wales by Command of Her Majesty.）

12. National Research Council, Proceedings of the First International Conference on the Use of Antibiotics in Agriculture, 19–21 October 1955.
13. Committee on Salmonella, National Research Council, "An Evaluation of the Salmonella Problem."
14. Food and Drug Administration, "Report to the Commissioner of the Food and Drug Administration by the FDA Task Force on the Use of Antibiotics in Animal Feeds"; Lehmann, "Implementation of the Recommendations Contained in the Report to the Commissioner Concerning the Use of Antibiotics on Animal Feed."
15 Solomons, "Antibiotics in Animal Feeds—Human and Animal Safety Issues."
16. Subcommittee on Oversight and Investigations, Antibiotics in Animal Feeds Hearings Before the Subcommittee on Oversight and Investigations of the Committee on Interstate and Foreign Commerce.
17. Jukes, "Public Health Significance of Feeding Low Levels of Antibiotics to Animals."
18. Biographical details are drawn from interviews with Levy; White et al., Frontiers in Antimicrobial Resistance; and Azvolinsky, "Resistance Fighter."
19. "Infectious Drug Resistance."
20. Levy and McMurry, "Detection of an Inducible Membrane Protein Associated With R-Factor-Mediated Tetracycline Resistance."
21. 唐納・肯尼迪的健康狀況不佳，他的妻子羅賓・肯尼迪代表他拒絕採訪。關於肯尼迪的經驗主要是來自他的 FDA 秘書長 Thomas Grumbly，現任農業研究支持者基金會（Supporters of Agricultural Research Foundation）的主席；聯邦記錄；肯尼迪在多年後寫的文章：Kennedy, "The Threat From Antibiotic Use on the Farm"; and on the Donald S. Kennedy papers in the Stanford University Archives.
22. 肯尼迪的談話內容保留在農業委員會農業和家禽小組委員會（Subcommittee on Dairy and Poultry of the Committee on Agriculture）的證詞中，見 Impact of Chemical and Related Drug Products and Federal Regulatory Processes.
23. Subcommittee on Oversight and Investigations, Antibiotics in Animal Feeds.
24. 業界組織的抗議內容都保留在聽證會記錄中：Subcommittee on Dairy and Poultry of the Committee on Agriculture, Impact of Chemical and Related Drug Products and Federal Regulatory Processes.
25. Food and Drug Administration, Diamond Shamrock Chemical Co., et al.:

"Penicillin-Containing Premixes," and Food and Drug Administration, Pfizer, Inc., et al.: Tetracycline (Chlortetracycline and Oxytetracycline) Containing Premixes."

26. 惠特頓的政治生涯於 1931 年當選密西西比州國會議員展開。 肯尼迪出生於 1931 年 8 月 18 日。

第六章

1. 比方說，請見：Lyons, "F.D.A. Chief Heading for Less Trying Job"; "Two Hands for Donald Kennedy."
2. Centers for Disease Control, "Pneumocystis Pneumonia— Los Angeles."
3. Scott Holmberg 在明尼蘇達州的職業生涯和經歷的來自於對他和他的調查合作夥伴 Michael T. Osterholm 的採訪。這次調查他所寫的相關文章有：Holmberg et al., "Drug-Resistant Salmonella From Animals Fed Antimicrobials"; and on news coverage afterward, including Sun, "Antibiotics and Animal Feed," "In Search of Salmonella' s Smoking Gun," and "Use of Antibiotics in Animal Feed Challenged."
4. Holmberg, Wells, and Cohen, "Animal-to-Man Transmission of Antimicrobial-Resistant Salmonella."
5. Sun, "Antibiotics and Animal Feed."
6. Russell, "Research Links Human Illness, Livestock Drugs."
7. Ahmed, Chasis, and McBarnette, "Petition of the Natural Resources Defense Council to the Secretary of Health and Human Services Requesting the Immediate Suspension of Approval of the Subtherapeutic Use of Penicillin and Tetracyclines in Animal Feeds."
8. National Research Council, "Effects on Human Health of Subtherapeutic Use of Antimicrobials in Animal Feeds"; Communicable Disease Control Section, Seattle-King County Department of Public Health, "Surveillance of the Flow of Salmonella and Campylobacter in a Community."
9. House Committee on Government Operations, "Human Food Safety and the Regulation of Animal Drugs."
10. Hennessy et al., "A National Outbreak of Salmonella enteritidis Infections From Ice Cream"; Centers for Disease Control and Prevention, "Four Pediatric Deaths From Community-Acquired Methicillin-Resistant Staphylococcus aureus"; Osterholm et al., "An Outbreak of a Newly Recognized Chronic Diarrhea Syndrome Associated With Raw Milk Consumption."
11. 關於史密斯（Kirk Smith）的背景、職業和研究工作的描述來自於對他的採訪還有他當時的主管 Michael T. Osterholm 他關於這次調查的文章： Smith et al., "Quinolone-Resistant Campylobacter jejuni Infections in Minnesota, 1992-1998."

12. 史密斯在檢查明尼蘇達州資料庫時，在美國屠宰的雞中，每五隻就有一隻帶有沙門氏菌，有四隻有帶彎曲桿菌。 USDA Food Safety and Inspection Service, "Nationwide Broiler Chicken Microbiological Baseline Data Collection Program, July 1994–June 1995."
13. Andersson, "Development of the Quinolones" ; Andriole, "The Quinolones."
14. Gupta et al., "Antimicrobial Resistance Among Campylobacter Strains, United States, 1997–2001."
15. Endtz et al., "Quinolone Resistance in Campylobacter Isolated From Man and Poultry Following the Introduction of Fluoroquinolones in Veterinary Medicine."
16. Jiménez et al., "Prevalence of Fluoroquinolone Resistance in Clinical Strains of Campylobacter jejuni Isolated in Spain" ; Velázquez et al., "Incidence and Transmission of Antibiotic Resistance in Campylobacter jejuni and Campylobacter coli."
17. Piddock, "Quinolone Resistance and Campylobacter spp." ; Gaunt and Piddock, "Ciprofloxacin Resistant Campylobacter spp. in Humans."
18. World Health Organization, "Use of Quinolones in Food Animals and Potential Impact on Human Health."
19. Nelson et al., "Prolonged Diarrhea Due to Ciprofloxacin-Resistant Campylobacter Infection."
20. Angulo et al., "Origins and Consequences of Antimicrobial-Resistant Nontyphoidal Salmonella."
21. Threlfall et al., "Increasing Spectrum of Resistance in Multiresistant Salmonella Typhimurium" ; Threlfall, Ward, and Rowe, "Multiresistant Salmonella Typhimurium DT 104 and Salmonella bacteraemia."
22. Centers for Disease Control and Prevention, "Multidrug-Resistant Salmonella Serotype Typhimurium—United States, 1996" ; Cody et al., "Two Outbreaks of Multidrug-Resistant Salmonella Serotype Typhimurium DT104 Infections Linked to Raw-Milk Cheese in Northern California."
23. Spake, "O Is for Outbreak."
24. Glynn et al., "Emergence of Multidrug-Resistant Salmonella enterica Serotype Typhimurium DT104 Infections in the United States."
25. Hogue et al., "Salmonella Typhimurium DT104 Situation Assessment,

December 1997."

26. Food and Drug Administration, "Enrofloxacin for Poultry: Opportunity for a Hearing."
27. Grady, "Bacteria Concerns in Denmark Cause Antibiotics Concerns in U.S." ; O' Sullivan, "Seven-Year-Old Ian Reddin' s Food Poisoning Put Family Life on Hold."
28. National Research Council, "The Use of Drugs in Food Animals."
29. U.S. Food and Drug Administration Center for Veterinary Medicine, "Human Health Impact of Fluoroquinolone Resistant Campylobacter Attributed to the Consumption of Chicken."
30. Nelson et al., "Fluoroquinolone-Resistant Campylobacter Species and the Withdrawal of Fluoroquinolones From Use in Poultry."
31. Kaufman, "Ending Battle With FDA, Bayer Withdraws Poultry Antibiotic."
32. Mellon, Benbrook, and Benbrook, "Hogging It."

第七章

1. Smith and Daniel, The Chicken Book, pp. 237–9; Sawyer, The Agribusiness Poultry Industry, p. 26.
2. Seeger, Tomhave, and Shrader, "The Results of the Chicken-of-Tomorrow 1948 National Contest" ; Shrader, "The Chicken-of-Tomorrow Program."
3. Nicholson, "More White Meat for You."
4. Boyd, "Making Meat" ; Warren, "A Half-Century of Advances in the Genetics and Breeding Improvement of Poultry."
5. Horowitz, "Making the Chicken of Tomorrow."
6. Shrader, "The Chicken-of-Tomorrow Program" ; Bugos, "Intellectual Property Protection in the American Chicken–Breeding Industry."
7. 培育玉米品種的歷史為理解雞的故事奠定了良好的基礎，請參見：Boyd, "Making Meat."
8. Leeson and Summers, Broiler Breeder Production.
9. Bugos, "Intellectual Property Protection in the American Chicken–Breeding Industry."
10. Penn State Extension, "Primary Breeder Companies—Poultry."
11. "U.S. Broiler Performance."
12. U.S. Department of Agriculture National Agricultural Statistics Service, "Poultry Slaughter 2014 Annual Summary."
13. Zuidhof et al., "Growth, Efficiency, and Yield of Commercial Broilers from 1957, 1978, and 2005."

14. Schmidt et al., "Comparison of a Modern Broiler Line and a Heritage Line Unselected Since the 1950s."
15. Paxton, Corr, and Hutchinson, "The Gait Dynamics of the Modern Broiler Chicken"; Bessei, "Welfare of Broilers."
16. ASPCA, "A Growing Problem. Selective Breeding in the Chicken Industry."
17. Danbury et al., "Self-Selection of the Analgesic Drug Carprofen by Lame Broiler Chickens"; McGeown et al., "Effect of Carprofen on Lameness in Broiler Chickens."
18. 關於法蘭克・瑞斯（Frank Reese）的描寫是根據前去好牧人牧場（Good Shepherd Poultry Ranch）的採訪以及他與我分享的個人文件，還有他的專著：On Animal Husbandry for Poultry Production"; on interviews with Ben Goldsmith and Andrew DeCoriolis of Farm Forward and Leah Garces of Compassion in World Farming; and on stories written about him, including O' Neill, "Rare Breed."
19. Cloud, "The Fight to Save Small-Scale Slaughterhouses"; Janzen, "Loss of Small Slaughterhouses Hurts Farmers, Butchers and Consumers."
20. Pew Environment Group, "Big Chicken."
21. MacDonald and McBride, "The Transformation of U.S. Livestock Agriculture."
22. Ritz and Merka, "Maximizing Poultry Manure Use Through Nutrient Management Planning."
23. 關於麗莎・英塞里歐（Lisa Inzerillo）的經歷是來自前去他們馬里蘭州的家的採訪，以及跟志工 Gabby Cammerata 和 Assateague 海岸警長 Kathy Phillips 的採訪，另外還有來自於當地養雞場談判的新聞報導，包括：Gates, "Somerset Homeowners Clash With Poultry Farmer"; Kobell, "Poultry Mega-Houses Forcing Shore Residents to Flee Stench, Traffic"; Schuessler, "Maryland Residents Fight Poultry Industry Expansion"; Cox, "Why Somerset Turned Up the Heat on Chicken Farms."
24. Pew Environment Group, "Big Chicken."
25. WBOC-16, "Somerset County Approves New Poultry House Regulations."
26. Chesapeake Bay Foundation, "Manure' s Impact on Rivers, Streams and the Chesapeake Bay"; Public Broadcasting System, "Who' s Responsible For That Manure? Poisoned Waters."
27. Bernhardt et al., "Manure Overload on Maryland' s Eastern Shore"; Bernhardt, Burkhardt, and Schaeffer, "More Phosphorus, Less Monitoring."
28. You, Hilpert, and Ward, "Detection of a Common and Persistent tet(L)-

Carrying Plasmid in Chicken-Waste-Impacted Farm Soil" ; Koike et al., "Monitoring and Source Tracking of Tetracycline Resistance Genes in Lagoons and Groundwater Adjacent to Swine Production Facilities Over a 3-Year Period" ; Gibbs et al., "Isolation of Antibiotic-Resistant Bacteria from the Air Plume Downwind of a Swine Confined or Concentrated Animal Feeding Operation."

29. Rule, Evans, and Silbergeld, "Food Animal Transport."
30. Graham et al., "Antibiotic Resistant Enterococci and Staphylococci Isolated From Flies Collected Near Confined Poultry Feeding Operations" ; Ahmad et al., "Insects in Confined Swine Operations Carry a Large Antibiotic Resistant and Potentially Virulent Enterococcal Community."
31. Price et al., "Elevated Risk of Carrying Gentamicin-Resistant Escherichia coli Among U.S. Poultry Workers."
32. Casey et al., "High-Density Livestock Operations, Crop Field Application of Manure, and Risk of Community-Associated Methicillin-Resistant Staphylococcus aureus Infection in Pennsylvania" ; Carrel et al., "Residential Proximity to Large Numbers of Swine in Feeding Operations Is Associated With Increased Risk of Methicillin-Resistant Staphylococcus aureus Colonization at Time of Hospital Admission in Rural Iowa Veterans."
33. Smith et al., "Methicillin-Resistant Staphylococcus aureus in Pigs and Farm Workers on Conventional and Antibiotic-Free Swine Farms in the USA" ; Frana et al., "Isolation and Characterization of Methicillin-Resistahylococcus aureus from Pork Farms and Visiting Veterinary Studennt Stapts" ; Rinsky et al., "Livestock-Associated Methicillin and Multidrug Resistant Staphylococcus aureus Is Present Among Industrial, Not Antibiotic-Free Livestock Operation Workers in North Carolina" ; Castillo Neyra et al., "Multidrug-Resistant and Methicillin-Resistant Staphylococcus aureus (MRSA) in Hog Slaughter and Processing Plant Workers and Their Community in North Carolina (USA)" ; Nadimpalli et al., "Persistence of Livestock-Associated Antibiotic-Resistant Staphylococcus aureus Among Industrial Hog Operation Workers in North Carolina over 14 Days" ; Wardyn et al., "Swine Farming Is a Risk Factor for Infection With and High Prevalence of Carriage of Multidrug-Resistant Staphylococcus aureus."
34. Deo, "Pharmaceuticals in the Surface Water of the USA" ; Radhouani et al., "Potential Impact of Antimicrobial Resistance in Wildlife, Environment and Human Health" ; Singh et al., "Characterization of Enteropathogenic and Shiga Toxin-Producing Escherichia coli in Cattle and Deer in a Shared

Agroecosystem" ; Smaldone et al., "Occurrence of Antibiotic Resistance in Bacteria Isolated from Seawater Organisms Caught in Campania Region" ; Ruzauskas and Vaskeviciute, "Detection of the mcr-1 Gene in Escherichia coli Prevalent in the Migratory Bird Species Larus argentatus" ; Liakopoulos et al., "The Colistin Resistance mcr-1 Gene Is Going Wild" ; Simões et al., "Seagulls and Beaches as Reservoirs for Multidrug-Resistant Escherichia coli."

35. Chee-Sanford et al., "Occurrence and Diversity of Tetracycline Resistance Genes in Lagoons and Groundwater Underlying Two Swine Production Facilities" ; Kumar et al., "Antibiotic Use in Agriculture and Its Impact on the Terrestrial Environment" ; Marshall and Levy, "Food Animals and Antimicrobials."
36. 對於這些觀察最詳盡的探討請見：Blaser, Missing Microbes; but also see Cox and Blaser, "Antibiotics in Early Life and Obesity" ; Cox et al., "Altering the Intestinal Microbiota During a Critical Developmental Window Has Lasting Metabolic Consequences" ; Schulfer and Blaser, "Risks of Antibiotic Exposures Early in Life on the Developing Microbiome" ; Blaser, "Antibiotic Use and Its Consequences for the Normal Microbiome."

第八章

1. 瑞克・席勒（Rick Schiller）的經歷以及頗及他的那場感染疫情的重建是根據對他本人、他的律師比爾・馬勒（Bill Marler） 與疾病管制預防中心人員的採訪，包括 Drs. Thomas Chiller, Jolene Nakao, Robert Tauxe, and Matthew Wise and Laura Gieraltowski，並且參考了；CDC 的調查文件、加州公共衛生部、俄勒岡州公共衛生部和華盛頓州衛生部的文件以及席勒的醫療記錄；法律文件部分有 Marler, "Final Demand Letter to Ron Foster, President, Foster Farms Inc., in re: 2013 Foster Farms Chicken Salmonella Outbreak, Client: Rick Schiller" ，另外還有當時的新聞報導。關於福斯特農場（Foster Farms , Inc.）的回覆，請參閱下面的註釋。
2. Centers for Disease Control and Prevention, "Update: Multistate Outbreak of Escherichia coli O157:H7 Infections From Hamburgers—Western United States, 1992–1993" ; Benedict, Poisoned.
3. Sobel et al., "Investigation of Multistate Foodborne Disease Outbreaks" ; Ollinger et al., "Structural Change in the Meat, Poultry, Dairy, and Grain Processing Industries."
4. Economic Research Service, "Tracking Foodborne Pathogens From Farm to Table."

5. Hise, "History of PulseNet USA."
6. Food and Drug Administration, "National Antimicrobial Resistance Monitoring System (NARMS) Integrated Report 2012–2013"; Center for Veterinary Medicine, Centers for Disease Control and Prevention, and U.S. Department of Agriculture, "On-Farm Antimicrobial Use and Resistance Data Collection: Transcript of a Public Meeting, September 30, 2015."
7. 福斯特農場拒絕讓員工接受採訪。福斯特農場行銷部總監 Ira Brill 在 2016 年 3 月 3 日的電子郵件中發表聲明，部內容如下：

  感謝您對福斯特農場的關注。在進一步考慮您提出要討論福斯特農場食品安全工作的要求後，我決定拒絕您的提議……

  自 2014 年 4 月以來，福斯特農場一直將沙門桿菌（Salmonella）的比例維持在 5%，儘管 2016 年生效的 USDA 標準為 15.7%。而在 2013 年 10 月至 2014 年 4 月期間，福斯特農場將沙門氏菌的部分濃度從美國農業部 2010/2011 行業基準研究中的 25% 左右降至 5%，據我了解，沒有一家公司在減少食源性病原體方面工作是這樣快速或顯著的。
  基本上，這樣的成果歸因於三項因素：
  1. 採行多門檻策略（multi-hurdle approach），試圖在所有關鍵處打擊沙門氏菌，從種雞道奇生長環境，從加工廠到包裝。總體而言，這意味著共計 7500 萬美元的投資。
  2. 加強資料管理。在某些情況下，會分析來自單個複合牧場中高達 8 千個微生物檢體。總體而言，福斯特農場目前每年進行超過 13 萬 5 千次微生物測試，自 2013 年以來又增加約 40%。福斯特農場評估的數據量又需要更複雜的資料管理設施。
  3. 設有一食品安全諮詢委員會，成員來自政府、工業界和學術界等各學科領域的專家，他們會提供建議。雖然 2013 年食品安全問題遠遠落後於福斯特農場，但本公司仍致力於在這領域的改進。比方說，我們正在進行基因測序的開創性研究，以更加了解特定沙門氏菌菌株相關的毒力。福斯特農場也不會將沙門氏菌的防治進展視為商業機密，我們一直與家禽業、美國農業部和疾病預防控制中心分享我們的學習經驗。

8. Holland, "After 75 Years, Foster Farms Remembers Its Path to Success."
9. "Foster Farms—Road Trip [Advertisement]."
10. 疾病預防控制中心已將其在 2013-20145 針對福斯特農場調查的所有

公開報告上網，按照日期分列，見 http://www.cdc.gov/salmonella，亦有總結在在單一文件中：Multistate Outbreak of Multidrug-Resistant Salmonella Heidelberg Infections Linked to Foster Farms Brand Chicken (Final Update)." The reports were made on October 8, 11, 18, and 30, 2013; November 19, 2013; December 19, 2013; January 16, 2014; March 3, 2014; April 9, 2014; May 27, 2014; and July 4 and 31, 2014.

11. Andrews, "Jack in the Box and the Decline of E. coli."
12. "USDA Takes New Steps to Fight E. coli, Protect the Food Supply."
13. Pew Charitable Trusts, "Weaknesses in FSIS' s Salmonella Regulation."
14. Jalonick, "Still No Recall of Chicken Tied to Outbreak of Antibiotic-Resistant Salmonella"; Bonar, "Foster Farms Finally Recalls Chicken"; Kieler, "Foster Farms Recalls Chicken After USDA Inspectors Finally Link It to Salmonella Case."
15. Centers for Disease Control and Prevention, "Multistate Outbreak of Salmonella Heidelberg Infections Linked to Chicken (Final Update) July 10, 2013"; Centers for Disease Control and Prevention, "Outbreak of Salmonella Heidelberg Infections Linked to a Single Poultry Producer—13 States, 2012–2013."
16. Oregon Public Health Division, "Summary of Salmonella Heidelberg Outbreaks Involving PFGE Patterns SHEX-005 and 005a. Oregon, 2004–2012."
17. U.S. Department of Agriculture, "California Firm Recalls Chicken Products Due to Possible Salmonella Heidelberg Contamination."
18. Charles, "How Foster Farms Is Solving the Case of the Mystery Salmonella."
19. Agersø et al., "Spread of Extended Spectrum Cephalosporinase-Producing Escherichia coli Clones and Plasmids from Parent Animals to Broilers and to Broiler Meat in a Production Without Use of Cephalosporins"; Levy, "Reduced Antibiotic Use in Livestock"; Nilsson et al., "Vertical Transmission of Escherichia coli Carrying Plasmid-Mediated AmpC (pAmpC) Through the Broiler Production Pyramid."
20. 見上方 Brill 的聲明。
21. Parsons, "Foster Farms Official Shares Data Management Tips, Salmonella below 5%."
22. Ternhag et al., "Short- and Long-Term Effects of Bacterial Gastrointestinal Infections."
23. Moorin et al., "Long-Term Health Risks for Children and Young Adults

After Infective Gastroenteritis."
24. Arnedo-Pena et al., "Reactive Arthritis and Other Musculoskeletal Sequelae Following an Outbreak of Salmonella Hadar in Castellon, Spain."
25. Clark et al., "Long Term Risk for Hypertension, Renal Impairment, and Cardiovascular Disease After Gastroenteritis From Drinking Water Contaminated with Escherichia coli O157:H7."

第九章

1. 關於食源性泌尿道感染耗費長時間才確定出來的故事，主要來自於多年來與 Amee Manges、ames R. Johnson 和 Lance B. Price 的多次訪談。
2. Manges et al., "Widespread Distribution of Urinary Tract Infections Caused by a Multidrug-Resistant Escherichia coli Clonal Group."
3. Stamm, "An Epidemic of Urinary Tract Infections?"
4. Eykyn and Phillips, "Community Outbreak of Multiresistant Invasive Escherichia coli Infection."
5. Wright and Perinpanayagam, "Multiresistant Invasive Escherichia coli Infection in South London."
6. Lancet 直到 1996 年才在線上期刊發布出來。
7. Phillips et al., "Epidemic Multiresistant Escherichia coli Infection in West Lambeth Health District."
8. Russo and Johnson, "Proposal for a New Inclusive Designation for Extraintestinal Pathogenic Isolates of Escherichia coli."
9. Russo and Johnson, "Medical and Economic Impact of Extraintestinal Infections Due to Escherichia coli."
10. Manges et al., "Widespread Distribution of Urinary Tract Infections Caused by a Multidrug-Resistant Escherichia coli Clonal Group."
11. Sanchez, Master, and Bordon, "Trimethoprim-Sulfamethoxazole May No Longer Be Acceptable for the Treatment of Acute Uncomplicated Cystitis in the United States."
12. Gupta et al., "Managing Uncomplicated Urinary Tract Infection—Making Sense Out of Resistance Data."
13, Jakobsen et al., "Escherichia coli Isolates From Broiler Chicken Meat, Broiler Chickens, Pork, and Pigs Share Phylogroups and Antimicrobial Resistance With Community-Dwelling Humans and Patients With Urinary Tract Infection"; Jakobsen et al., "Is Escherichia coli Urinary Tract Infection a Zoonosis?"
14. Johnson et al., "Isolation and Molecular Characterization of Nalidixic Acid-

Resistant Extraintestinal Pathogenic Escherichia coli From Retail Chicken Products."
15. Johnson et al., "Contamination of Retail Foods, Particularly Turkey, From Community Markets (Minnesota, 1999–2000) With Antimicrobial-Resistant and Extraintestinal Pathogenic Escherichia coli."
16. Johnson et al., "Antimicrobial-Resistant and Extraintestinal Pathogenic Escherichia coli in Retail Foods."
17. Johnson et al., "Antimicrobial Drug-Resistant Escherichia coli From Humans and Poultry Products, Minnesota and Wisconsin, 2002–2004."
18. Miles et al., "Antimicrobial Resistance of Escherichia coli Isolates From Broiler Chickens and Humans."
19. Johnson et al., "Similarity Between Human and Chicken Escherichia coli Isolates in Relation to Ciprofloxacin Resistance Status."
20. Hannah et al., "Molecular Analysis of Antimicrobial-Susceptible and -Resistant Escherichia coli From Retail Meats and Human Stool and Clinical Specimens in a Rural Community Setting" ; Giufre et al., "Escherichia coli of Human and Avian Origin" ; Kaesbohrer et al., "Emerging Antimicrobial Resistance in Commensal Escherichia coli With Public Health Relevance" ; Literak et al., "Broilers as a Source of Quinolone-Resistant and Extraintestinal Pathogenic Escherichia coli in the Czech Republic" ; Lyhs et al., "Extraintestinal Pathogenic Escherichia coli in Poultry Meat Products on the Finnish Retail Market" ; Sheikh et al., "Antimicrobial Resistance and Resistance Genes in Escherichia coli Isolated From Retail Meat Purchased in Alberta, Canada" ; Aslam et al., "Characterization of Extraintestinal Pathogenic Escherichia coli Isolated From Retail Poultry Meats From Alberta, Canada."
21. Jakobsen et al., "Escherichia coli Isolates From Broiler Chicken Meat, Broiler Chickens, Pork, and Pigs Share Phylogroups and Antimicrobial Resistance With Community-Dwelling Humans and Patients With Urinary Tract Infection" ; Jakobsen et al., "Is Escherichia coli Urinary Tract Infection a Zoonosis?"
22. Vieira et al., "Association Between Antimicrobial Resistance in Escherichia coli Isolates From Food Animals and Blood Stream Isolates From Humans in Europe."
23. Manges et al., "Retail Meat Consumption and the Acquisition of Antimicrobial Resistant Escherichia coli Causing Urinary Tract Infections" ; Vincent et al., "Food Reservoir for Escherichia coli Causing Urinary Tract

Infections" ; Bergeron et al., "Chicken as Reservoir for Extraintestinal Pathogenic Escherichia coli in Humans, Canada" ; Aslam et al., "Characterization of Extraintestinal Pathogenic Escherichia coli Isolated From Retail Poultry Meats From Alberta, Canada."

24. mcr-1 基因的發現故事來自於對 Timothy Walsh、Lance B. Price 和 Robert Skov 的多次採訪。
25. Yong et al., "Characterization of a New Metallo-b-Lactamase Gene, blaNDM-1, and a Novel Erythromycin Esterase Gene Carried on a Unique Genetic Structure in Klebsiella pneumoniae Sequence Type 14 from India."
26. Berrazeg et al., "New Delhi Metallo-Beta-Lactamase Around the World."
27. Department of Health, "Antimicrobial Resistance Poses 'Catastrophic Threat,' Says Chief Medical Officer."
28. U.S. Centers for Disease Control and Prevention, "Press Briefing Transcript—CDC Telebriefing on Today' s Drug-Resistant Health Threats."
29. Paterson and Harris, "Colistin Resistance."
30. Kempf et al., "What Do We Know About Resistance to Colistin in Enterobacteriaceae in Avian and Pig Production in Europe?" ; Catry et al., "Use of Colistin-Containing Products Within the European Union and European Economic Area (EU/EEA)."
31. Liu et al., "Emergence of Plasmid-Mediated Colistin Resistance Mechanism mcr-1 in Animals and Human Beings in China."
32. Xavier et al., "Identification of a Novel Plasmid-Mediated Colistin-Resistance Gene, mcr-2, in Escherichia coli, Belgium, June 2016."
33. Skov and Monnet, "Plasmid-Mediated Colistin Resistance (mcr-1 Gene)" ; Rapoport et al., "First Description of mcr-1-Mediated Colistin Resistance in Human Infections Caused by Escherichia coli in Latin America."

第十章

1. 法國朗德（Landes）和魯埃（Loué）合作社的運作以及紅標（Label Rouge）認證系統的資料來自於在法國的訪談，包含：Maxime Quentin；Bernard Tauzia 和 Jean-Marc Durroux； Pascal Vaugarny、StéphaneBrunet、Alain Allinant 和 Christophe Chéreau；和國家種員與品質學院（Institut national de l' origine et de la qualité ）的 Sabine Edelli 和法國農業標章公會（Syndicat national des labels agoles de France）的 Marie Guyot。
2. Stevenson and Born, "The 'Red Label' Poultry System in France."

3. 紅標（Label Rouge）系統的歷史是根據個人訪談以及下列這些書中的描述：Les fermiers de Loué; and Saberan and Deck, Landes en toute liberté.
4. Hoffmann, “The Effects of World War II on French Society and Politics”; Kesternich et al., “The Effects of World War II on Economic and Health Outcomes Across Europe.”
5. Westgren, “Delivering Food Safety, Food Quality, and Sustainable Production Practices.”
6. Linton, “Antibiotic Resistance.”
7. :Braude, “Antibiotics in Animal Feeds in Great Britain.”
8. “Why Has Swann Failed?”
9. Jevons, “ ‘Celbenin’ -Resistant Staphylococci.”
10. Kirst, Thompson, and Nicas, “Historical Yearly Usage of Vancomycin.”
11. Witte, “Impact of Antibiotic Use in Animal Feeding on Resistance of Bacterial Pathogens in Humans”; Wegener et al., “Use of Antimicrobial Growth Promoters in Food Animals and Enterococcus faecium Resistance to Therapeutic Antimicrobial Drugs in Europe”; Witte, “Selective Pressure by Antibiotic Use in Livestock.”

第十一章

1. 關於荷蘭密集式的無抗生素農場的描述來自於對下列農民的採訪：Gerbert Oosterlaken、Eric van den Heuvel（Kor Mast 協助翻譯）、Rob Wingens 和 Egbert Wingens；還有 Jan Kluytmans、Andreas Voss、Hetty van Beers、Joost van Herten、Dik Meevius 和 Albert Meijering。
2. Cogliani, Goossens, and Greko, “Restricting Antimicrobial Use in Food Animals.”
3. Bonten, Willems, and Weinstein, “Vancomycin-Resistant Enterococci”; Casewell, “The European Ban on Growth-Promoting Antibiotics and Emerging Consequences for Human and Animal Health.”
4. Souverein et al., “Costs and Benefits Associated With the MRSA Search and Destroy Policy in a Hospital in the Region Kennemerland, the Netherlands.”
5. Wertheim et al., “Low Prevalence of Methicillin-Resistant Staphylococcus aureus (MRSA) at Hospital Admission in the Netherlands”; Vos and Verbrugh, “MRSA.”
6. Voss et al., “Methicillin-Resistant Staphylococcus aureus in Pig Farming.”
7. de Neeling et al., “High Prevalence of Methicillin Resistant Staphylococcus aureus in Pigs.”
8. van Geijlswijk, Mevius, and Puister-Jansen, “[Quantity of veterinary

antibiotic use]" ; Grave, Torren-Edo, and Mackay, "Comparison of the Sales of Veterinary Antibacterial Agents Between 10 European Countries" ; Grave et al., "Sales of Veterinary Antibacterial Agents in Nine European Countries During 2005–09."

9. wandered into farm animals" : Price et al., "Staphylococcus aureus CC398."
10. Huijsdens et al., "Community-Acquired MRSA and Pig-Farming."
11. Ekkelenkamp et al., "Endocarditis Due to Methicillin-Resistant Staphylococcus aureus Originating From Pigs."
12. Wulf and Voss, "MRSA in Livestock Animals: An Epidemic Waiting to Happen?" ; Fanoy et al., "An Outbreak of Non-Typeable MRSA Within a Residential Care Facility."
13. Neeling et al., "High Prevalence of Methicillin Resistant Staphylococcus aureus in Pigs."
14. Huijsdens et al., "Molecular Characterisation of PFGE Non-Typable Methicillin-Resistant Staphylococcus aureus in the Netherlands, 2007."
15. European Parliament, and Council of the European Union, Regulation (EC) No. 1831/2003 of the European Parliament and of the Council of 22 September 2003 on additives for use in animal nutrition.
16. Ministry of Economic Affairs, "Reduced and Responsible: Policy on the Use of Antibiotics in Food-Producing Animals in the Netherlands."
17. Dierikx et al., "Increased Detection of Extended Spectrum Beta-Lactamase Producing Salmonella enterica and Escherichia coli Isolates From Poultry."
18. Overdevest, "Extended-Spectrum B-Lactamase Genes of Escherichia coli in Chicken Meat and Humans, the Netherlands" ; Lever-stein-van Hall et al., "Dutch Patients, Retail Chicken Meat and Poultry Share the Same ESBL Genes, Plasmids and Strains" ; Kluytmans et al., "Extended-Spectrum-Lactamase-Producing Escherichia coli From Retail Chicken Meat and Humans."
19. National Institute for Public Health and the Environment and Stichting Werkgroep Antibioticabeleid, "Nethmap/MARAN 2013."

第十二章

1. Pew Charitable Trusts, "The Business of Broilers."
2. 本章對傳統的集約式化家禽生產的描述來自於我對十幾位不願具名的雞和火雞養殖者的訪問，以及前去 Larry 和 Leighton Cooley 以及 J. Craig Watts 農場的採訪。

3. U.S. Poultry & Egg Association, “Industry Economic Data.”
4. 對錦標賽系統的直接和隱藏成本的詳盡分析，請參見： Leonard, The Meat Racket.
5. Martinez, “A Comparison of Vertical Coordination in the U.S. Poultry, Egg, and Pork Industries.”
6. Pew Environment Group, “Big Chicken.”
7. Knowber, “A Real Game of Chicken”；Vukina and Foster, “Efficiency Gains in Broiler Production Through Contract Parameter Fine Tuning.”
8. Khan, “Obama’ s Game of Chicken.”
9. Watts, “Easing the Plight of Poultry Growers”；Arbitration: Is It Fair When Forced?
10. Tobey, “Public Workshops.”
11. Center for a Livable Future, “Industrial Food Animal Production in America,” p. 7.
12. 最初的幾份 ADUFA 報告（全部都在此網站：https：//www.fda .gov / ForIndustry / UserFees / AnimalDrugUserFeeActADUFA / ucm042896. htmt）FDA 在 2014 年 9 月已進行修訂，最初的四頁報告增長到 26 頁，最近在 2015 年出的新一代報告長達 58 頁。
13. Center for Veterinary Medicine, “2015 Summary Report on Antimicrobials Sold or Distributed for Use in Food-Producing Animals.”
14. Pew Campaign on Human Health and Industrial Farming, “Record-High Antibiotic Sales for Meat and Poultry Production.”
15. Singer and Hofacre, “Potential Impacts of Antibiotic Use in Poultry Production”；Marshall and Levy, “Food Animals and Antimicrobials.”
16. Butaye, Devriese, and Haesebrouck, “Antimicrobial Growth Promoters Used in Animal Feed.”
17. Chapman, Jeffers, and Williams, “Forty Years of Monensin for the Control of Coccidiosis in Poultry.”
18. Vitenskapkomiteen for mattrygghet (Norwegian Scientific Committee for Food Safety), “The Risk of Development of Antimicrobial Resistance With the Use of Coccidiostats in Poultry Diets.”
19. Compassion in World Farming, Chicken Factory Farmer Speaks Out.
20. Kristof, “Abusing Chickens We Eat”；“Cock Fight: Meet the Farmer Blowing the Whistle on Big Chicken.”
21. Food Integrity Campaign, “Historic Filing.”
22. Center for Food Integrity, “Expert Panel Examines Broiler Farm Video.”

第十三章

1. 普度農場（Perdue Farms）捨棄抗生素使用的經歷來自於多次前去馬里蘭州索爾茲伯里（Salisbury）和其他地方的個人採訪，包括其董事長 Jim Perdue 和食品安全品質和現場操作資深副總 Bruce Stewart-Brown。
2. 飼料用藥 Roxarsone 含有有機砷，其製造商輝瑞藥廠（Pfizer）於 2015 年 4 月將其下市撤出。
3. Rogers, "Broilers"; Sloane, "I Turned My Father' s Tiny Egg Farm Into a Poultry Powerhouse and Became the Face of an Industry."
4. Strom, "Into the Family Business at Perdue."
5. Engster, Marvil, and Stewart-Brown, "The Effect of Withdrawing Growth Promoting Antibiotics From Broiler Chickens."
6. PR Newswire, "After Eliminating Human Antibiotics in Chicken Production in 2014, Perdue Continues Its Leadership."
7. Love et al., "Feather Meal."
8. Schmall, "The Cult of Chick-Fil-A."
9. O' Connor, "Chick-Fil-A CEO Cathy."
10. "The QSR 50."
11. Eng, "Meat With Antibiotics off the Menu at Some Hospitals."
12. "305,000 K-12 Students in Chicago Offered Chicken Raised Without Antibiotics."
13. Fleischer, "UCSF Academic Senate Approves Resolution to Phase Out Meat Raised With Non-Therapeutic Antibiotics."
14. Natural Resources Defense Council, "Going Mainstream."
15. 福來雞（Chick-fil-A）僅販賣零抗生素雞肉的轉變始末來自於個人訪談，包括 David Farmer 以及其他在福來雞位於亞特蘭大總部的其他人士。
16. 關於宗教和政治保守人士處理動物福利問題的方式，在前總統喬治・布希的演講撰稿人 Scully 撰寫的 Dominion 有很好的分析。
17. 美國食品藥物管理局推遲的反農用抗生素建議案的始末來自於下列人員的訪談：前 FDA 工作人員 Thomas Grumbly（現為農業研究基金會支持者主席）、Michael Blackwell（現為美國人道協會獸醫政策高級主管）和 Michael R. Taylor（現為 Freedman Consulting 的高級研究員）; FDA 醫學中心科學政策副主任 William Flynn、民意代表 Louise Slaughter; 以及自然資源保護委員會的 Jonathan Kaplan 和 Avinash Kar；之前在皮優慈善信託（Pew Charitable Trusts），現任喬治華盛頓大學抗生素抗藥性行動中心副主任的 Laura Rogers。
18. Animal Agriculture Coalition, "AAC Followup Letter to Margaret

A. Hamburg, MD, Commissioner, Joshua M. Sharfstein, MD, Deputy Commissioner, Food and Drug Administration."
19. American Association of Avian Pathologists et al., "Letter to Melody Barnes, Assistant to the President, the White House."
20. Brownell and Warner, "The Perils of Ignoring History" ; Malik, "Catch Me if You Can: Big Food Using Big Tobacco' s Playbook?"
21. Center for Veterinary Medicine, "FDA Update on Animal Pharmaceutical Industry Response to Guidance #213."
22. Center for Veterinary Medicine, "Guidance for Industry #209."
23. Trust for America' s Health, "Comment on the Judicious Use of Medically Important Antimicrobial Drugs in Food-Producing Animals—Draft Guidance" ; Pew Charitable Trusts, "Comment on the Judicious Use of Medically Important Antimicrobial Drugs in Food-Producing Animals—Draft Guidance."
24. Michigan Farm Bureau, "Comment on the Judicious Use of Medically Important Antimicrobial Drugs in Food-Producing Animals— Draft Guidance."
25. Center for Veterinary Medicine, "Guidance for Industry #213: New Animal Drugs and New Animal Drug Combination Products Administered in or on Medicated Feed or Drinking Water of Food-Producing Animals: Recommendations for Drug Sponsors for Voluntarily Aligning Product Use Conditions with GFI #209."
26. Center for Veterinary Medicine, "FDA Secures Full Industry Engagement on Antimicrobial Resistance Strategy."
27. Coates, "The Value of Antibiotics for Growth of Poultry."
28. Office of Technology Assessment, U.S. Congress, "Drugs in Livestock Feed" ; Graham, Boland, and Silbergeld, "Growth Promoting Antibiotics in Food Animal Production."
29. Boyd, "Making Meat."
30. Laxminarayan, Teillant, and Van Boeckel, "The Economic Costs of Withdrawing Antimicrobial Growth Promoters From the Livestock Sector."
31. Sneeringer et al., "Economics of Antibiotic Use in U.S. Livestock Production."
32. Hoelzer, "Judicious Animal Antibiotic Use Requires Drug Label Refinements."
33. Center for Veterinary Medicine, "2015 Summary Report on Antimicrobials Sold or Distributed for Use in Food-Producing Animals."

第十四章

1. 關於白橡樹牧場發展來自於前去喬治亞州的布拉夫頓（Bluffton）和亞特蘭大與下列人士的訪談：Will Harris,、Jenni Harris、Brian Sapp、John Benoit 與 Frankie Darsey。
2. 關於貝爾艾文斯（Bell & Evans ）的發展來自於前去賓夕法尼亞州弗雷德里克斯堡（Fredericksburg）和亞特蘭大與下列人士的訪談：Scott Sechler、Scott Sechler, Jr. 以及 Margo Sechler.
3. "Chicken Safety."
4. 關於廚師林頓霍普金斯如何將白橡樹牧場帶入達美航空的描述來自對林頓霍普金斯本人的採訪、他的行政主廚 Jason Paolini 以及 Restaurant Eugene 和達美航空的工作人員以及哈里斯。
5. Levere, "A Cook-Off Among Chefs to Join Delta' s Kitchen."
6. Bunge, "Sanderson Farms CEO Resists Poultry-Industry Move to Curb Antibiotics."
7. Alonzo, "Sanderson Calls Antibiotic-Free Chicken a 'Gimmick' "; Sanderson Farms, The Truth About Chicken—Supermarket.
8. Levitt, " 'I Don' t See a Problem.' "
9. "Tyson Foods New Leaders Position Company for Future Growth."
10. Plantz, "Consumer Misconceptions Dangerous for American Agriculture."
11. "Tyson Fresh Meats Launches Open Prairie Natural Pork"; Shanker, "Just Months After Big Pork Said It Couldn' t Be Done, Tyson Is Raising up to a Million Pigs Without Antibiotics."
12. National Pork Producers Council, "Dear Subway Management Team and Franchisee Owners [Advertisement]."
13. You and Silbergeld, "Learning from Agriculture"; Davis et al., "An Ecological Perspective on U.S. Industrial Poultry Production"; You et al., "Detection of a Common and Persistent tet(L)-Carrying Plasmid in Chicken-Waste-Impacted Farm Soil."
14. "Global Animal Partnership Commits to Requiring 100 Percent Slower-Growing Chicken Breeds by 2024."
15. Roth, "What You Need to Know About the Corporate Shift to Cage-Free Eggs."

結語

1. President of the General Assembly, "Programme of the High Level Meeting on Antibiotic Resistance."

2. United Nations Secretary-General, "Secretary-General' s Remarks to High-Level Meeting on Antimicrobial Resistance [as Delivered]."
3. President of the General Assembly, "Draft Political Declaration of the High-Level Meeting of the General Assembly on Antimicrobial Resistance."
4. President Barack Obama, Executive Order 13676— Combating Antibiotic-Resistant Bacteria.
5. Review on Antimicrobial Resistance, "Antimicrobial Resistance."
6. Van Boeckel et al., "Global Trends in Antimicrobial Use in Food Animals."
7. "G7 Ise-Shima Leaders Declaration."
8. "G20 Leaders' Communiqué."

參考文獻

"A Growing Problem. Selective Breeding in the Chicken Industry: The Case for Slower Growth." ASPCA, November 2015. https://www.aspca.org/sites/default/files/chix_white_paper_nov2015_lores.pdf.

Abbey, A., et al. "Effectiveness of Acronize Chlortetracycline in Poultry Preservation Following Long Term Commercial Use." *Food Technology* 14 (December 1960): 609–12.

Abdula, Nazira, et al. "National Action for Global Gains in Antimicrobial Resistance." *Lancet* 387, no. 10014 (January 2016): e3–5.

Abraham, E. P., and E. Chain. "An Enzyme From Bacteria Able to Destroy Penicillin." *Nature* 146 (December 5, 1940): 837.

"'A Chicken for Every Pot'" *New York Times,* October 30, 1928. Advertisement. https://research.archives.gov/id/187095.

"Acronize Maintains Poultry Freshness." *Florence (SC) Morning News,* June 22, 1956.

"Action Sought on Antibiotics After Babies' Deaths." *Times (London),* April 14, 1969.

"Advertising: Logistics to Fore in Big Move." *New York Times,* January 24, 1957.

Agersø, Yvonne, et al. "Spread of Extended Spectrum Cephalosporinase-Producing *Escherichia coli* Clones and Plasmids From Parent Animals to Broilers and to Broiler Meat in a Production Without Use of Cephalosporins." *Foodborne Pathogens and Disease* 11, no. 9 (September 2014): 740–46.

Ahmad, Aqeel, et al. "Insects in Confined Swine Operations Carry a Large Antibiotic Resistant and Potentially Virulent Enterococcal Community." *BMC Microbiology* 11, no. 1

(2011): 23.
Ahmed, A. Karim, et al. "Petition of the Natural Resources Defense Council to the Secretary of Health and Human Services Requesting the Immediate Suspension of Approval of the Subtherapeutic Use of Penicillin and Tetracyclines in Animal Feeds." November 20, 1984.
Aldous, Chris. "Contesting Famine: Hunger and Nutrition in Occupied Japan, 1945-1952." *Journal of American-East Asian Relations* 17, no. 3 (September 1, 2010): 230–56.
Aleccia, JoNel. "Foster Farms Salmonella Outbreaks: Why Didn't USDA Do More?" NBC-News
.com, December 19, 2013. http://www.nbcnews.com/health/foster-farms-salmonella-outbreaks-why-didnt-usda-do-more-2D11770690
Alonzo, Austin. "Sanderson Calls Antibiotic-Free Chicken a 'Gimmick.' " WATTAgNet.com, August 1, 2016. http://www.wattagnet.com/articles/27744-sanderson-calls-antibiotic-free-chicken-a-gimmick.
American Association of Avian Pathologists et al. "Letter to Melody Barnes, Assistant to the President, the White House." August 14, 2009. http://www.nmpf.org/sites/default/files/Industry-White-House-Antibiotic-Letter-081409.pdf.
Anderson, Alicia D., et al. "Public Health Consequences of Use of Antimicrobial Agents in Food Animals in the United States." *Microbial Drug Resistance* 9, no. 4 (2003): 373–79.
Anderson, E. S. "Drug Resistance in *Salmonella* Typhimurium and Its Implications." *British Medical Journal* 3, no. 5614 (August 10, 1968): 333–39.
——. "Middlesbrough Outbreak of Infantile Enteritis and Transferable Drug Resistance." *British Medical Journal* 1 (February 3, 1968): 293.
——. "Origin of Transferable Drug-Resistance Factors in the Enterobacteriaceae." *British Medical Journal* 2, no. 5473 (November 27, 1965): 1289–91.
——. "Salmonellosis in Livestock." *Lancet* 2, no. 7768 (July 15, 1972): 138.
——. "The Ecology of Transferable Drug Resistance in the Enterobacteria." *Annual Review of Microbiology* 22 (1968): 131–80.
——. "Transferable Antibiotic Resistance." *British Medical Journal* 1, no. 5591 (March 2, 1968): 574–75.
Anderson, E. S., and N. Datta. "Resistance to Penicillins and Its Transfer in Enterobacteriaceae." *Lancet* 1, no. 7382 (February 20, 1965): 407–9.
Anderson, E. S., et al. "An Outbreak of Human Infection Due to *Salmonella* Typhimurium Phage-Type 20a Associated with Infection in Calves." *Lancet* 1, no. 7182 (April 22, 1961): 854–58.
Anderson, E. S., and M. J. Lewis. "Characterization of a Transfer Factor Associated with Drug Resistance in *Salmonella* Typhimurium." *Nature* 208, no. 5013 (November 27, 1965): 843–49.
——. "Drug Resistance and Its Transfer in *Salmonella* Typhimurium." *Nature* 206, no. 984 (May 8, 1965): 579–83.

Anderson, E. S. "One Fine Day." *New Scientist,* January 19, 1978.

Andersson, M. I. "Development of the Quinolones." *Journal of Antimicrobial Chemotherapy* 51, no. 90001 (May 1, 2003): 1–11.

Andrews, James. "Jack in the Box and the Decline of *E. coli.*" *Food Safety News,* February 11, 2013. http://www.foodsafetynews.com/2013/02/jack-in-the-box-and-the-decline-of-e-coli/#.WKO_UfONtF8.

Andriole, Vincent T. "The Quinolones: Past, Present, and Future." *Clinical Infectious Diseases* 41, Suppl. 2 (2005): S113–S119.

Angulo, F. J., et al. "Origins and Consequences of Antimicrobial-Resistant Nontyphoidal Salmonella: Implications for the Use of Fluoroquinolones in Food Animals." *Microbial Drug Resistance* 6, no. 1 (2000): 77–83.

Angulo, F. J., et al. "Evidence of an Association Between Use of Anti-Microbial Agents in Food Animals and Anti-Microbial Resistance Among Bacteria Isolated From Humans and the Human Health Consequences of Such Resistance." *Journal of Veterinary Medicine. B, Infectious Diseases and Veterinary Public Health* 51, no. 8–9 (November 2004): 374–79.

Animal Agriculture Coalition. "AAC Followup Letter to Margaret A. Hamburg, MD, Commissioner, Joshua M. Sharfstein, MD, Deputy Commissioner, Food and Drug Administration." July 16, 2009. http://www.aavld.org/assets/documents/AAC%20followup%20letter%20to%20FDA%20-%20FINAL%20-%20July%2016%202009.pdf.

"Animal Magicians: A $60,000 Horse, and Rabbits on a Modern Laboratory Farm Help Produce Precious Serum That Saves Many Human Lives." *Popular Science* (February 1942).

"Antibiotic Is Approved." *New York Times,* October 4, 1956.

"Antibiotic on Human Food." *Science News-Letter* 68, no. 24 (1955): 373.

"Antibiotics and Food." *Chemical and Engineering News,* December 12, 1955.

"Antibiotics as Food Preservatives." *British Medical Journal* 2, no. 4997 (1956): 870.

"Antibiotics in Milk." *British Medical Journal* 1, no. 5344 (June 8, 1963): 1491–92.

"Antibiotics in the Barnyard." *Fortune,* March 1952.

"Antibiotics on the Farm." *Nature* 219 (July 13, 1968): 106–7.

"Antibiotics Used to Preserve Food." *New York Times,* October 20, 1956.

Arcilla, Maris S., et al. "Dissemination of the *mcr-1* Colistin Resistance Gene." *Lancet Infectious Diseases* 16, no. 2 (February 2016): 147–49.

Årdal, Christine, et al. "International Cooperation to Improve Access to and Sustain Effectiveness of Antimicrobials." *Lancet* 387, no. 10015 (January 2016): 296–307.

"Army Reduces Meat Ration as Famine Grows." *Chicago Tribune,* September 29, 1946, sec. 1.

Arnedo-Pena, A., et al. "Reactive Arthritis and Other Musculoskeletal Sequelae Following an Outbreak of *Salmonella* Hadar in Castellon, Spain." *Journal of Rheumatology* 37, no. 8 (August 1, 2010): 1735–42.

"Around Capitol Square." *Burlington (NC) Daily Times,* November 21, 1956.

"The Art of Pickin' Chicken." *(Syracuse, NY) Post-Standard,* July 3, 1957. Advertisement.

Aslam, Mueen, et al. "Characterization of Extraintestinal Pathogenic *Escherichia coli* Isolated From Retail Poultry Meats From Alberta, Canada." *International Journal of Food Microbiology* 177 (May 2, 2014): 49–56.

Associated Press. "Antibiotics Will Be Used in Animal Feeds for '77." *New York Times,* September 24, 1977.

———. "DNA Evidence Links Drug-Resistant Infection to Dairy Farm," October 4, 1999.

———. "Drug May Change Fish Marketing." *Fairbanks (AK) Daily News-Miner.* December 1, 1955.

———. "F.D.A. to Order Big Cuts in Penicillin for Animals." *New York Times,* April 16, 1977.

———. "He's Used to Having the Feathers Fly : Chicken Farmer Frank Perdue Is No Stranger to Controversy." *Los Angeles Times,* November 30, 1991.

———. "Tyler Firm to Preserve Chickens by Antibiotics." *Corpus Christi (TX) Caller Times.* December 18, 1955.

Atkinson, Joe W. "Trends in Poultry Hygiene." *Public Health Reports (1896-1970)* 72, no. 11 (1957): 949–56.

"Aureomycin Keeps Poultry Fresh." *Denton (MD) Journal*, December 16, 1955.

Ayres, J. C. "Use of Antibiotics in the Preservation of Poultry." In *Antibiotics in Agriculture: Proceedings of the University of Nottingham Ninth Easter School in Agricultural Science,* edited by M. Woodbine, 244–71. London: Butterworths, 1962.

Azad, M. B., et al. "Infant Antibiotic Exposure and the Development of Childhood Overweight and Central Adiposity." *International Journal of Obesity* 38, no. 10 (October 2014): 1290–98.

Azvolinsky, Anna. "Resistance Fighter." *Scientist,* June 1, 2015.

Bailar, John C., and Karin Travers. "Review of Assessments of the Human Health Risk Associated with the Use of Antimicrobial Agents in Agriculture." *Clinical Infectious Diseases* 34, Suppl. 3 (June 1, 2002): S135–43.

Baker, Michael. "How 'Barbecue Bob' Baker Transformed Chicken." *Ezra,* Summer 2012.

Baker, O. E., and United States. *A Graphic Summary of Farm Animals and Animal Products: (Based Largely on the Census of 1930 and 1935).* Miscellaneous Publication/U.S. Department of Agriculture, no. 269. Washington, D.C.: U.S. Department of Agriculture, 1939. https//catalog.hathitrust.org/Record/009791326.

Barber, Mary. "The Waning Power of Penicillin." *British Medical Journal* 2, no. 4538 (December 2, 1947): 1053.

Barnes, E. M. "The Use of Antibiotics for the Preservation of Poultry and Meat." *Bibliotheca Nutritio Et Dieta* 10 (1968): 62–76.

Barnes, Kimberlee K., et al. "A National Reconnaissance of Pharmaceuticals and Other Organic Wastewater Contaminants in the United States—I) Groundwater." *Science of the Total Environment* 402, no. 2–3 (September 1, 2008): 192–200.

Barza, Michael. "Potential Mechanisms of Increased Disease in Humans From Antimicrobial Resistance in Food Animals." *Clinical Infectious Diseases* 34, Suppl. 3 (June 1, 2002): S123–25.

Barza, Michael, and Karin Travers. "Excess Infections Due to Antimicrobial Resistance: The 'Attributable Fraction.'" *Clinical Infectious Diseases* 34, Suppl. 3 (June 1, 2002): S126–30.

Bates, J. "Epidemiology of Vancomycin-Resistant Enterococci in the Community and the Relevance of Farm Animals to Human Infection." *Journal of Hospital Infection* 37 (October 1997): 89–101.

Batt, Angela L., et al. "Evaluating the Vulnerability of Surface Waters to Antibiotic Contamination From Varying Wastewater Treatment Plant Discharges." *Environmental Pollution* 142, no. 2 (July 2006): 295–302.

Benarde, M. A., and R. A. Littleford. "Antibiotic Treatment of Crab and Oyster Meats." *Applied Microbiology* 5, no. 6 (November 1957): 368–72.

Benedict, Jeff. *Poisoned: The True Story of the Deadly E. coli Outbreak That Changed the Way Americans Eat*. Buena Vista, VA: Inspire Books, 2011.

Bergeron, Catherine Racicot, et al. "Chicken as Reservoir for Extraintestinal Pathogenic *Escherichia coli* in Humans, Canada." *Emerging Infectious Diseases* 18, no. 3 (March 2012): 415–21.

Bernhardt, Courtney, et al. "More Phosphorus, Less Monitoring." Environmental Integrity Project, September 8, 2015. http://www.environmentalintegrity.org/reports/more-phosphorus-less-monitoring/.

Bernhardt, Courtney, et al. "Manure Overload on Maryland's Eastern Shore." Environmental Integrity Project, December 8, 2014. http://www.environmentalintegrity.org/news/new-report-manure-overload-on-marylands-eastern-shore/.

Berrazeg, M., et al. "New Delhi Metallo-Beta-Lactamase Around the World: An eReview Using Google Maps." *Eurosurveillance* 19, no. 20 (May 22, 2014).

Bessei, W. "Welfare of Broilers: A Review." *World's Poultry Science Journal* 62, no. 3 (September 2006): 455–66.

Blaser, M. J. "Antibiotic Use and Its Consequences for the Normal Microbiome." *Science* 352, no. 6285 (April 29, 2016): 544–45.

Blaser, Martin J. "Who Are We? Indigenous Microbes and the Ecology of Human Diseases." *EMBO Reports* 7, no. 10 (October 2006): 956–60.

———. *Missing Microbes: How the Overuse of Antibiotics Is Fueling Our Modern Plagues*. New York: Holt and Co., 2014.

Blaser, Martin J., and Stanley Falkow. "What Are the Consequences of the Disappearing Human Microbiota?" *Nature Reviews Microbiology* 7, no. 12 (2009): 887–94.

Bogdanovich, T., et al. "Colistin-Resistant, *Klebsiella pneumoniae* Carbapenemase (KPC)-Producing *Klebsiella pneumoniae* Belonging to the International Epidemic Clone ST258." *Clinical Infectious Diseases* 53, no. 4 (August 15, 2011): 373–76.

Bonar, Samantha. "Foster Farms Finally Recalls Chicken." *LA (CA) Weekly*, July 7, 2014.

http://www.laweekly.com/content/printView/4829157.
Bondt, Nico, et al. "Trends in Veterinary Antibiotic Use in the Netherlands 2004-2012." Wageningen, NL: LEI, Wageningen University, November 2012. http://www.wur.nl/upload_mm/8/7/f/e4deb048-6a0c-401e-9620-fab655287fbc_Trends%20in%20use%202004-2012.pdf.
Bonten, Marc J. M., et al. "Vancomycin-Resistant Enterococci: Why Are They Here, and Where Do They Come From?" *Lancet Infectious Diseases* 1, no. 5 (2001): 314–25.
Boyd, William. "Making Meat: Science, Technology, and American Poultry Production." *Technology and Culture* 42, no. 4 (2001): 631–64.
Braude, R. "Antibiotics in Animal Feeds in Great Britain." *Journal of Animal Science* 46, no. 5 (May 1978): 1425–36.
Braude, R., et al. "The Value of Antibiotics in the Nutrition of Swine: A Review." *Antibiotics and Chemotherapy* 3, no. 3 (March 1953): 271–91.
Brown, J. R. "'Aureomycin, Plot 23 and the Smithsonian Institution,' Excerpted From JR Brown, '100 Years—Sanborn Field: A Capsule of Scientific Agricultural History in Central Missouri,' " MU in Brick and Mortar, 2006. http://muarchives.missouri.edu/historic/buildings/Sanborn/files/aueromycin.pdf.
Brown, Kevin. "The History of Penicillin From Discovery to the Drive to Production." *Pharmaceutical Historian* 34, no. 3 (September 2004): 37–43.
Brownell, Kelly D., and Kenneth E. Warner. "The Perils of Ignoring History: Big Tobacco Played Dirty and Millions Died. How Similar Is Big Food?" *Milbank Quarterly* 87, no. 1 (March 2009): 259–94.
Bruinsma, Jelle. "World Agriculture: Towards 2015/2030: An FAO Perspective." Food and Agriculture Organisation of the United Nations. Accessed February 17, 2017. http://www.fao.org/docrep/005/y4252e/y4252e05b.htm.
Bud, Robert. *Penicillin: Triumph and Tragedy*. New York: Oxford University Press, 2006.
Bugos, Glenn E. "Intellectual Property Protection in the American Chicken–Breeding Industry." *Business History Review* 66, no. 1 (March 1992): 127–68.
Bunge, Jacob. "Sanderson Farms CEO Resists Poultry-Industry Move to Curb Antibiotics." *Wall Street Journal,* May 20, 2015. http://www.wsj.com/articles/sanderson-farms-ceo-resists-poultry-industry-move-to-curb-antibiotics-1432137667.
Burnside, J. E., and T. J. Cunha. "Effect of Animal Protein Factor Supplement on Pigs Fed Different Protein Supplements." *Archives of Biochemistry* 23, no. 2 (September 1949): 328–30.
Butaye, P., et al. "Antimicrobial Growth Promoters Used in Animal Feed: Effects of Less Well Known Antibiotics on Gram-Positive Bacteria." *Clinical Microbiology Reviews* 16,
no. 2 (April 1, 2003): 175–88.
"Capuchino Foods Advertisement." San Mateo (CA). *The Post*. January 17, 1962.

Carpenter, Kenneth J. "Thomas Hughes Jukes (1906–1999)." *Journal of Nutrition* 130, no. 6 (2000): 1521–23.

Carrel, Margaret, et al. "Residential Proximity to Large Numbers of Swine in Feeding Operations Is Associated With Increased Risk of Methicillin-Resistant *Staphylococcus aureus* Colonization at Time of Hospital Admission in Rural Iowa Veterans." *Infection Control and Hospital Epidemiology* 35, no. 2 (February 2014): 190–92.

Casewell, M. "The European Ban on Growth-Promoting Antibiotics and Emerging Consequences for Human and Animal Health." *Journal of Antimicrobial Chemotherapy* 52, no. 2 (July 1, 2003): 159–61.

Casey, Joan A., et al. "High-Density Livestock Operations, Crop Field Application of Manure, and Risk of Community-Associated Methicillin-Resistant *Staphylococcus aureus* Infection in Pennsylvania." *Journal of the American Medical Association Internal Medicine* 173, no. 21 (November 25, 2013): 1980.

Castanheira, Mariana, et al. "Detection of *mcr-1* Among *Escherichia coli* Clinical Isolates Collected Worldwide as Part of the SENTRY Antimicrobial Surveillance Program in 2014 and 2015." *Antimicrobial Agents and Chemotherapy* 60, no. 9 (September 2016): 5623–24.

Castanon, J. I. R. "History of the Use of Antibiotic as Growth Promoters in European Poultry Feeds." *Poultry Science* 86, no. 11 (November 1, 2007): 2466–71.

Castillo Neyra, et al. "Multidrug-Resistant and Methicillin-Resistant *Staphylococcus aureus* (MRSA) in Hog Slaughter and Processing Plant Workers and Their Community in North Carolina (USA)." *Environmental Health Perspectives*, February 7, 2014.

Catry, Boudewijn, et al. "Use of Colistin-Containing Products within the European Union and European Economic Area (EU/EEA): Development of Resistance in Animals and Possible Impact on Human and Animal Health." *International Journal of Antimicrobial Agents* 46, no. 3 (September 2015): 297–306.

CDC Foodborne Diseases Active Surveillance Network. "FoodNet 2012 Surveillance Report (Final Report)." Atlanta, GA: U.S. Department of Health and Human Services, Centers for Disease Control and Prevention, 2014. https://www.cdc.gov/foodnet/PDFs/2012_annual_report_508c.pdf.

" 'Celbenin'-Resistant Staphylococci." *British Medical Journal*, January 14, 1961, 1113–14.

Center for Food Integrity. "Expert Panel Examines Broiler Farm Video," April 19, 2016. http://www.foodintegrity.org/wp-content/uploads/2016/04/ACRP-broiler-video-04-19-16
-FINAL.pdf.

Center for a Livable Future. "Industrial Food Animal Production in America: Examining the Impact of the Pew Commission's Priority Recommendations." Baltimore, MD: Johns Hopkins Bloomberg School of Public Health, October 2013. http://www.jhsph.edu/research/centers-and-institutes/johns-hopkins-center-for-a-livable-future/_pdf/research/clf_reports/CLF-PEW-for%20Web.pdf.

Center for Veterinary Medicine, Food and Drug Administration, U.S. Department of Health and Human Services. "2009 Summary Report on Antimicrobials Sold or Distributed for Use in Food-Producing Animals (Revised September 2014)." Washington, D.C.: Food and Drug Administration, December 9, 2010. http://www.fda.gov/downloads/ForIndustry/UserFees/AnimalDrugUserFeeActADUFA/UCM231851.pdf.

——. "2010 Summary Report on Antimicrobials Sold or Distributed for Use in Food-Producing Animals (Revised September 2014)." Washington, D.C.: Food and Drug Administration, October 28, 2011. http://www.fda.gov/downloads/ForIndustry/UserFees/AnimalDrugUserFeeActADUFA/UCM277657.pdf.

——. "2011 Summary Report on Antimicrobials Sold or Distributed for Use in Food-Producing Animals (Revised September 2014)." Washington, D.C.: Food and Drug Administration, February 5, 2013. http://www.fda.gov/downloads/ForIndustry/User Fees/AnimalDrugUserFeeActADUFA/UCM338170.pdf.

——. "2012 Summary Report on Antimicrobials Sold or Distributed for Use in Food-Producing Animals." Washington, D.C.: Food and Drug Administration, September 2014. http://www.fda.gov/downloads/ForIndustry/UserFees/AnimalDrugUserFeeAct ADUFA/UCM416983.pdf.

——. "2013 Summary Report on Antimicrobials Sold or Distributed for Use in Food-Producing Animals." Washington, D.C.: Food and Drug Administration, April 2015. http://www.fda.gov/downloads/ForIndustry/UserFees/AnimalDrugUserFeeActAD UFA/UCM440584.pdf.

——. "2014 Summary Report on Antimicrobials Sold or Distributed for Use in Food-Producing Animals." Washington, D.C.: Food and Drug Administration, December 2015. http://www.fda.gov/downloads/ForIndustry/UserFees/AnimalDrugUserFeeAct ADUFA/UCM476258.pdf.

——. "2015 Summary Report on Antimicrobials Sold or Distributed for Use in Food-Producing Animals." Washington, D.C.: Food and Drug Administration, December 2016. http://www.fda.gov/downloads/ForIndustry/UserFees/AnimalDrugUserFeeAct ADUFA/UCM534243.pdf.

——. "FDA Announces Final Decision About Veterinary Medicine." July 28, 2005. https://www.fda.gov/NewsEvents/Newsroom/PressAnnouncements/2005/ucm1084 67.htm.

——. "FDA Secures Full Industry Engagement on Antimicrobial Resistance Strategy," June 30, 2014. http://www.fda.gov/AnimalVeterinary/NewsEvents/CVMUpdates/ ucm403285.htm.

——. "FDA Update on Animal Pharmaceutical Industry Response to Guidance #213." June 11, 2015. http://www.fda.gov/AnimalVeterinary/SafetyHealth/AntimicrobialResistance/ JudiciousUseofAntimicrobials/ucm390738.htm.

——. "FDA Update on Animal Pharmaceutical Industry Response to Guidance #213," March 26, 2014. http://www.fda.gov/AnimalVeterinary/SafetyHealth/Antimicrobial

Resistance/JudiciousUseofAntimicrobials/ucm390738.htm.
——. "Guidance for Industry #152: Evaluating the Safety of Antimicrobial New Animal Drugs With Regard to Their Microbiological Effects on Bacteria of Human Health Concern." Washington, D.C.: Food and Drug Administration, October 23, 2003. http://www.fda.gov/downloads/AnimalVeterinary/GuidanceComplianceEnforcement/GuidanceforIndustry/UCM052519.pdf.
——. "Guidance for Industry #209 : The Judicious Use of Medically Important Antimicrobial Drugs in Food-Producing Animals." Washington, D.C.: Food and Drug Administration, April 30, 2012. http://www.fda.gov/downloads/AnimalVeterinary/GuidanceCompliance
Enforcement/GuidanceforIndustry/UCM216936.pdf.
——. "Guidance for Industry #213: New Animal Drugs and New Animal Drug Combination Products Administered in or on Medicated Feed or Drinking Water of Food-Producing Animals: Recommendations for Drug Sponsors for Voluntarily Aligning Product Use Conditions With GFI #209." Washington, D.C: Food and Drug Administration, December 2013. http://www.fda.gov/downloads/AnimalVeterinary/GuidanceCompliance
Enforcement/GuidanceforIndustry/UCM299624.pdf.
——. "Human Health Impact of Fluoroquinolone Resistant *Campylobacter* Attributed to the Consumption of Chicken." October 18, 2000. https://www.fda.gov/downloads/AnimalVeterinary/SafetyHealth/RecallsWithdrawals/UCM152308.pdf
——. "Product Safety Information—Questions and Answers Regarding 3-Nitro (Roxarsone)." April 2015. http://www.fda.gov/AnimalVeterinary/SafetyHealth/ProductSafetyInformation/ucm258313.htm.
Center for Veterinary Medicine, Food and Drug Administration, Centers for Disease Control and Prevention, and U.S. Department of Agriculture. "On-Farm Antimicrobial Use and Resistance Data Collection: Transcript of a Public Meeting, September 30, 2015." Washington, D.C., September 30, 2015. https://www.regulations.gov/document?
D=FDA-2015-N-2768-0011.
Centers for Disease Control and Prevention, U.S. Department of Health and Human Services. "Antibiotic Resistance Threats in the United States, 2013." Atlanta, GA: U.S. Department of Health and Human Services, Centers for Disease Control and Prevention, November 2013. https://www.cdc.gov/drugresistance/threat-report-2013/.
——."Four Pediatric Deaths From Community-Acquired Methicillin-Resistant *Staphylococcus aureus*—Minnesota and North Dakota, 1997-1999." *Morbidity and Mortality Weekly Report* 48, no. 32 (August 20, 1999): 707–10.
——. "Multidrug-Resistant *Salmonella* Serotype Typhimurium—United States, 1996." *Morbidity and Mortality Weekly Report* 46, no. 14 (April 11, 1997): 308–10.
——. "Multistate Outbreak of *Salmonella* Heidelberg Infections Linked to Chicken (Final

Update) July 10, 2013," July 10, 2013. https://www.cdc.gov/salmonella/heidelberg-02-13/index.html.
——. "Multistate Outbreak of Multidrug-Resistant *Salmonella* Heidelberg Infections Linked to Foster Farms Brand Chicken (Final Update)." Atlanta, GA, July 31, 2014. https://www.cdc.gov/salmonella/heidelberg-10-13/index.html.
——. "Nosocomial Enterococci Resistant to Vancomycin—United States, 1989-1993." *Morbidity and Mortality Weekly Report* 42, no. 30 (August 6, 1993): 597–99.
——. "Outbreak of *Salmonella* Heidelberg Infections Linked to a Single Poultry Producer—13 States, 2012–2013." *Morbidity and Mortality Weekly Report* 62, no. 27 (July 12, 2013): 553–56.
——."Pneumocystis Pneumonia—Los Angeles." *Morbidity and Mortality Weekly Report* 30, no. 21 (June 5, 1981): 250–52.
——. "Press Briefing Transcript—CDC Telebriefing on Today's Drug-Resistant Health Threats." Centers for Disease Control and Prevention, September 16, 2013. https://www.cdc.gov/media/releases/2013/t0916_health-threats.html.
——. "PulseNet: 20 Years of Making Food Safer to Eat." Accessed April 3, 2016. https://www.cdc.gov/pulsenet/pdf/pulsenet-20-years_4_pg_final_508.pdf.
——. "Update: Multistate Outbreak of *Escherichia coli* O157:H7 Infections From Hamburgers—Western United States, 1992–1993." *Morbidity and Mortality Weekly Report* 42, no. 14 (April 16, 1993): 258–63.
Cetinkaya, Y., et al. "Vancomycin-Resistant Enterococci." *Clinical Microbiology Reviews* 13, no. 4 (October 2000): 686–707.
Chaney, Margaret S. "The Role of Science in Today's Food." *Marriage and Family Living* (May 1957): 142-149.
"Changes in Methods of Marketing Are on the Way." *Salisbury (MD) Times,* December 4, 1956.
Chapman, H. D., et al. "Forty Years of Monensin for the Control of Coccidiosis in Poultry." *Poultry Science* 89, no. 9 (September 2010): 1788–1801.
Charles, Dan. "How Foster Farms Is Solving the Case of the Mystery Salmonella." The Salt, National Public Radio, August 28, 2014. http://www.npr.org/sections/the salt/2014/ 08/28/342166299/how-foster-farms-is-solving-the-case-of-the-mystery -salmonella.
——. "Is Foster Farms a Food Safety Pioneer or a Persistent Offender?" The Salt, National Public Radio, July 9, 2014. http://www.npr.org/sections/the-salt/2014/07/09/330160016/ is-foster-farms-a-food-safety-pioneer-or-a-persistent-offender.
Chee-Sanford, J. C., et al. "Occurrence and Diversity of Tetracycline Resistance Genes in Lagoons and Groundwater Underlying Two Swine Production Facilities." *Applied and Environmental Microbiology* 67, no. 4 (April 1, 2001): 1494–1502.
Cherrington, John. "Why Antibiotics Face Their Swann Song." *Financial Times,* November

11, 1969.
Chesapeake Bay Foundation. "Manure's Impact on Rivers, Streams and the Chesapeake Bay," July 28, 2004. http://www.cbf.org/document.doc?id=137.
"Chlortetracycline as a Preservative." *Public Health Reports (1896–1970)* 71, no. 1 (1956): 66.
"Clamp down." *Economist*, November 22, 1969.
Clark, W. F., et al. "Long Term Risk for Hypertension, Renal Impairment, and Cardiovascular Disease After Gastroenteritis From Drinking Water Contaminated With *Escherichia coli* O157:H7: A Prospective Cohort Study." *British Medical Journal* 341, (November 17, 2010): c6020.
Cloud, Joe. "The Fight to Save Small-Scale Slaughterhouses." *Atlantic,* May 24, 2010. https://www.theatlantic.com/health/archive/2010/05/the-fight-to-save-small-scale-slaughter houses/ 57114/.
Coates, M. E. "The Value of Antibiotics for Growth of Poultry." In *Antibiotics in Agriculture: Proceedings of the University of Nottingham Ninth Easter School in Agricultural Science,* edited by M. Woodbine. London: Butterworths, 1962, 203–208.
Coates, M.E., et al. "A Mode of Action of Antibiotics in Chick Nutrition." *Journal of the Science of Food and Agriculture* (January 1952): 43–48.
"Cock Fight: Meet the Farmer Blowing the Whistle on Big Chicken." *Fusion Interactive,* February 2015. http://interactive.fusion.net/cock-fight/.
Cody, S. H., et al. "Two Outbreaks of Multidrug-Resistant *Salmonella* Serotype Typhimurium DT104 Infections Linked to Raw-Milk Cheese in Northern California." *Journal of the American Medical Association* 281, no. 19 (May 19, 1999): 1805–10.
Cogliani, Carol, et al. "Restricting Antimicrobial Use in Food Animals: Lessons From Europe." *Microbe* 6, no. 6 (2011): 274–79.
Cohen, M. L., and R. V. Tauxe. "Drug-Resistant Salmonella in the United States: An Epidemiologic Perspective." *Science* 234, no. 4779 (November 21, 1986): 964–69.
Collignon, Peter. "Fluoroquinolone Use in Food Animals." *Emerging Infectious Diseases* 11, no. 11 (November 2005): 1789–92.
Collignon, Peter, et al. "Human Deaths and Third-Generation Cephalosporin Use in Poultry, Europe." *Emerging Infectious Diseases* 19, no. 8 (August 2013): 1339–40.
Collingham, E. M. *The Taste of War: World War Two and the Battle for Food.* London: Allen Lane, 2011.
Combs, G. F. "Mode of Action of Antibiotics in Poultry." In *Proceedings of the First International Conference on the Use of Antibiotics in Agriculture, 19-21 October 1955,* pp. 107–26. Washington, D.C.: National Academy of Sciences, 1956.
Comery, R., et al. "Identification of Potentially Diarrheagenic Atypical Enteropathogenic *Escherichia coli* Strains Present in Canadian Food Animals at Slaughter and in Retail Meats." *Applied and Environmental Microbiology* 79, no. 12 (June 15, 2013): 3892–96.

Committee on Salmonella, National Research Council. *An Evaluation of the Salmonella Problem.* Washington, D.C.: National Academy of Sciences, 1969.

Committee on the Judiciary, U.S. Senate. *Arbitration: Is It Fair When Forced? 2011. Hearing Before the Committee on the Judiciary, U.S. Senate,* 112th Cong., 1st sess., Pub. L. No. J-112-47, 2011. https://www.gpo.gov/fdsys/pkg/CHRG-112shrg71582/html/CHRG-112shrg71582.htm.

Communicable Disease Center, U.S. Department of Health, Education and Welfare. *Proceedings, National Conference on Salmonellosis, March 11-13, 1964.* Atlanta, GA: U.S. Department of Health, Education and Welfare, March 1965.

Communicable Disease Control Section, Seattle-King County Department of Public Health. "Surveillance of the Flow of *Salmonella* and *Campylobacter* in a Community. Prepared for U.S. Department of Health and Human Services, Public Health Service, Food and Drug Administration Bureau of Veterinary Medicine." Seattle: Seattle-King County Department of Public Health, August 1984.

Compassion in World Farming. *Chicken Factory Farmer Speaks Out.* 2014. https://www.youtube.com/watch?v=YE9l94b3x9U.

Conis, Elena. "Debating the Health Effects of DDT: Thomas Jukes, Charles Wurster, and the Fate of an Environmental Pollutant." *Public Health Reports* 125, no. 2 (April 2010): 337–42.

"Consumer." "Chicken Flavor." *Mercury*. December 30, 1959.

Cook, Robert E., et al. "How Chicken on Sunday Became an Anyday Treat." In *That We May Eat: The Yearbook of Agriculture—1975.* Washington, D.C.: U.S. Department of Agriculture, 1975, 125–32.

"Co-Op Shopping Center." *(Eau Claire, WI) Daily Telegram*, June 17, 1964. Advertisement.

Cox, Jeremy. "Why Somerset Turned Up the Heat on Chicken Farms." Delmarva Media Group, June 13, 2016. http://www.delmarvanow.com/story/news/local/maryland/2016/06/10/why-somerset-turned-up-heat-chicken-farms/85608166/.

Cox, Laura M., and Martin J. Blaser. "Antibiotics in Early Life and Obesity." *Nature Reviews Endocrinology* 11, no. 3 (December 9, 2014): 182–90.

Cox, Laura M., et al. "Altering the Intestinal Microbiota During a Critical Developmental Window Has Lasting Metabolic Consequences." *Cell* 158, no. 4 (August 2014): 705–21.

Crow, James F. "Thomas H. Jukes (1906–1999)." *Genetics* 154, no. 3 (2000): 955–56.

Cunha, T. J., and J. E. Burnside. "Effect of Vitamin B_{12}, Animal Protein Factor and Soil for Pig Growth." *Archives of Biochemistry* 23, no. 2 (September 1949): 324–26.

Curtis, Jack M. "Food and Drug Projects of Interest to State Health Officers: Antibiotics and Food." *Public Health Reports (1896–1970)* 71, no. 1 (1956): 50–51.

Danbury, T. C., et al. "Self-Selection of the Analgesic Drug Carprofen by Lame Broiler Chickens." *Veterinary Record* 146 (March 11, 2000): 307–11.

"Dangerous Contaminated Chicken." *Consumer Reports* (January 2014). http://www.con-

sumer
reports.org/cro/magazine/2014/02/the-high-cost-of-cheap-chicken/index.htm
"The Dangers of Misusing Antibiotics." *Guardian (Manchester)*, February 3, 1968.
Dar, Osman A, et al. "Exploring the Evidence Base for National and Regional Policy Interventions to Combat Resistance." *Lancet* 387, no. 10015 (January 2016): 285–95.
Das, Pamela, and Richard Horton. "Antibiotics: Achieving the Balance Between Access and Excess." *Lancet* 387, no. 10014 (January 2016): 102–4.
Datta, N. "Transmissible Drug Resistance in an Epidemic Strain of *Salmonella* Typhimurium." *Journal of Hygiene* 60 (September 1962): 301–10.
Davis, Meghan F., et al. "An Ecological Perspective on U.S. Industrial Poultry Production: The Role of Anthropogenic Ecosystems on the Emergence of Drug-Resistant Bacteria From Agricultural Environments." *Current Opinion in Microbiology* 14, no. 3 (June 2011): 244–50.
Dawson, Sam. "Food Research." Massillon (OH). *Evening Independent*, June 1, 1956.
——. "New Methods to Keep Food Under Study." *Freeport (IL) Journal-Standard*, June 1, 1956.
Deatherage, F. E. "Antibiotics in the Preservation of Meat." In *Antibiotics in Agriculture: Proceedings of the University of Nottingham Ninth Easter School in Agricultural Science*, edited by M. Woodbine, 225–43. London: Butterworths, 1962.
——. Method of preserving meat. U.S. Patent 2786768 A, filed May 12, 1954, and issued March 26, 1957. http://www.google.com/patents/US2786768.
——. "Use of Antibiotics in the Preservation of Meats and Other Food Products." *American Journal of Public Health and the Nation's Health* 47, no. 5 (May 1957): 594–600.
Dechet, Amy M., et al. "Outbreak of Multidrug-Resistant *Salmonella enterica* Serotype Typhimurium Definitive Type 104 Infection Linked to Commercial Ground Beef, Northeastern United States, 2003-2004." *Clinical Infectious Diseases* 42, no. 6 (March 15, 2006): 747–52.
Deo, Randhir P. "Pharmaceuticals in the Surface Water of the USA: A Review." *Current Environmental Health Reports* 1, no. 2 (June 2014): 113–22.
Department of Health. "Antimicrobial Resistance Poses 'Catastrophic Threat,' Says Chief Medical Officer." Gov.uk, March 12, 2013. https://www.gov.uk/government/news/antimicrobial-resistance-poses-catastrophic-threat-says-chief-medical-officer--2.
"The Diary of a Tragedy." *Evening Gazette (Middlesbrough)*, March 7, 1968.
Dierikx, Cindy, et al. "Increased Detection of Extended Spectrum Beta-Lactamase Producing *Salmonella enterica* and *Escherichia coli* Isolates From Poultry." *Veterinary Microbiology* 145, no. 3–4 (October 2010): 273–78.
Dietary Goals for the United States. Prepared by the Staff of the Select Committee on Nutrition and Human Needs, United States Senate. 2nd ed. Washington, D.C.: Government Printing Office, 1977.
Dixon, Bernard. "Antibiotics on the Farm—Major Threat to Human Health." *New Scientist*,

October 5, 1967.

Dow Jones. "U.S. Approves Antibiotic Drug to Preserve Uncooked Poultry." *Bridgeport (CT) Telegram*, December 1, 1955.

Du, Hong, et al. "Emergence of the *mcr-1* Colistin Resistance Gene in Carbapenem-Resistant Enterobacteriaceae." *Lancet Infectious Diseases* 16, no. 3 (March 2016): 287–88.

Duggar, Benjamin M. Aureomycin and preparation of same. Patent U.S. Patent 2,482,055 A, filed February 11, 1948, and issued September 13, 1949. http://www.google.com/patents/US2482055.

Durbin, C. G. "Antibiotics in Food Preservation." *American Journal of Public Health and the Nation's Health* 46, no. 10 (October 1956): 1306–8.

Dyer, I. A., et al. "The Effect of Adding APF Supplements and Concentrates Containing Supplementary Growth Factors to a Corn-Soybean Oil Meal Ration for Weanling Pigs." *Journal of Animal Science* 9, no. 3 (August 1950): 281–88.

Eckblad, Marshall. "Dark Meat Getting a Leg Up on Boring Boneless Breast." *Wall Street Journal*, April 16, 2012. http://www.wsj.com/articles/SB10001424052702304587704577333923937879132.

"Economic Report on Antibiotics Manufacture." U.S. Federal Trade Commission, June 1958. http://hdl.handle.net/2027/mdp.39015072106332.

Economic Research Service, U.S. Department of Agriculture. "Tracking Foodborne Pathogens From Farm to Table." Washington, D.C.: U.S. Department of Agriculture Economic Research Service, January 9, 1995. https://www.ers.usda.gov/webdocs/publications/mp1532/32452_mp1532_002.pdf.

Ekkelenkamp, M. B., et al. "Endocarditis Due to Methicillin-Resistant *Staphylococcus aureus* Originating From Pigs." *Nederlands Tijdschrift Voor Geneeskunde* 150, no. 44 (November 4, 2006): 2442–47.

Elfick, Dominic. "A Brief History of Broiler Selection: How Chicken Became a Global Food Phenomenon in 50 Years." Aviagen International, 2013. http://cn.aviagen.com/assets/Sustainability/50-Years-of-Selection-Article-final.pdf.

Endtz, Hubert P., et al. "Quinolone Resistance in *Campylobacter* Isolated from Man and Poultry Following the Introduction of Fluoroquinolones in Veterinary Medicine." *Journal of Antimicrobial Chemotherapy* 27, no. 2 (1991): 199–208.

Eng, Monica. "Meat With Antibiotics off the Menu at Some Hospitals." *Chicago Tribune,* July 20, 2010. http://articles.chicagotribune.com/2010-07-20/health/ct-met-hospital-meat-20100718_1_antibiotic-free-antibiotics-for-growth-promotion-food-producing-animals.

Engster, H. M., et al. "The Effect of Withdrawing Growth Promoting Antibiotics From Broiler Chickens: A Long-Term Commercial Industry Study." *Journal of Applied Poultry Research* 11, no. 4 (December 1, 2002): 431–36.

European Centre for Disease Prevention and Control, European Food Safety Authority, and

European Medicines Agency. "ECDC/EFSA/EMA First Joint Report on the Integrated Analysis of the Consumption of Antimicrobial Agents and Occurrence of Antimicrobial Resistance in Bacteria from Humans and Food- Producing Animals." *EFSA Journal* 13, no. 1 (January 30, 2015): 4006–20.

European Medicines Agency. "Updated Advice on the Use of Colistin Products in Animals Within the European Union: Development of Resistance and Possible Impact on Human and Animal Health." London: European Medicines Agency, July 27, 2016. http://www.ema.europa.eu/docs/en_GB/document_library/Scientific_guideline/2016/07/WC500211080.pdf

———. "Use of Colistin Products in Animals Within the European Union: Development of Resistance and Possible Impact on Human and Animal Health." London: European Medicines Agency, July 19, 2013. http://www.ema.europa.eu/docs/en_GB/document_library/Report/2013/07/WC500146813.pdf.

European Parliament, and Council of the European Union. "Regulation (EC) No. 1831/2003 of the European Parliament and of the Council of 22 September 2003 on Additives for Use in Animal Nutrition." Regulation (EC) No. 1831/2003 § (2003). http://eur-lex .europa.eu/legal-content/EN/TXT/?uri=CELEX%3A32003R1831.

Eykyn, S. J., and I. Phillips. "Community Outbreak of Multiresistant Invasive *Escherichia coli* Infection." *Lancet* 2, no. 8521–22 (December 20, 1986): 1454.

Falk, Leslie A. "Will Penicillin Be Used Indiscriminately?" *Journal of the American Medical Association*, March 17, 1945.

Falkow, Stanley. "Running Around in Circles: Following the 'Jumping Genes' of Antibiotic Resistance." *Infectious Diseases in Clinical Practice* 9 (April 2000): 119–22.

"Famed Poultry Experts to Judge COT Finals at Hollidaysburg." *Altoona (PA) Tribune*, April 9, 1956.

Fanoy, E., et al. "An Outbreak of Non-Typeable MRSA within a Residential Care Facility." *European Communicable Disease Bulletin* 14, no. 1 (January 8, 2009).

Farber, L. "Antibiotics in Food Preservation." *Annual Review of Microbiology* 13, no. 1 (October 1959): 125–40.

"Farmyard Use of Drugs." *Times (London)*, November 21, 1969.

Ferguson, Dwight D., et al. "Detection of Airborne Methicillin-Resistant *Staphylococcus aureus* Inside and Downwind of a Swine Building, and in Animal Feed: Potential Occupational, Animal Health, and Environmental Implications." *Journal of Agromedicine* 21, no. 2 (April 2, 2016): 149–53.

Fish, N. A. "Health Hazards Associated with Production and Preparation of Foods." *Revue Canadienne de Santé Publique* 59, no. 12 (December 1968): 463–66.

Fishlock, David. "Government Action Urged on Farm Drugs." *Financial Times*, May 1, 1968.

———. "Closer Control of Farm Antibiotics." *Financial Times*, November 21, 1969.

Flanary, Mildred E. “Five Firms Entertain Food Editors.” Long Beach (CA). *Independent*, October 3, 1957.

Fleischer, Deborah. “UCSF Academic Senate Approves Resolution to Phase Out Meat Raised With Non-Therapeutic Antibiotics.” UCSF Office of Sustainability, May 2013. http://sustainability.ucsf.edu/1.353.

“Food Additives Bills.” *Journal of Agricultural and Food Chemistry* 3, no. 6 (June 1, 1955): 466.

Food and Agriculture Organisation of the United Nations. “The Rise of Unregulated Livestock Production in East and Southeast Asia Prompts Health Concerns.” February 6, 2017. http://www.fao.org/asiapacific/news/detail-events/en/c/469630/.

Food and Drug Administration. “Certification of Batches of Antibiotic and Antibiotic-Containing Drugs.” 16 Fed. Reg. 3647 § (1951).

———. “National Antimicrobial Resistance Monitoring System (NARMS) Integrated Report 2012–2013.” Washington, D.C.: Food and Drug Administration. Accessed April 13, 2016. http://www.fda.gov/downloads/AnimalVeterinary/SafetyHealth/AntimicrobialResistance/NationalAntimicrobialResistanceMonitoringSystem/UCM453398.pdf.

———. “Report to the Commissioner of the Food and Drug Administration by the FDA Task Force on the Use of Antibiotics in Animal Feeds.” Rockville, MD: Food and Drug Administration, 1972. http://hdl.handle.net/2027/coo.31924051104002.

Food and Drug Administration, Centers for Disease Control and Prevention, and U.S. Department of Agriculture. “On-Farm Antimicrobial Use and Resistance Data Collection Public Meeting, September 30, 2015 (FDA/CVM, CDC, and USDA).” Washington, D.C.: FDA/CVM, CDC, and USDA, November 27, 2015. https://www.regulations.gov/document?D=FDA-2015-N-2768-0011.

Food and Drug Administration, Office of Surveillance and Epidemiology. “Drug Use Review.” Washington, D.C.: U.S. Department of Health and Human Services Food and Drug Administration, April 5, 2012. http://www.fda.gov/downloads/drugs/drugsafety/informationbydrugclass/ucm319435.pdf.

Food and Drug Administration, U.S. Department of Health and Human Services. “Enrofloxacin for Poultry: Opportunity for Hearing.” 65 Fed. Reg. 64954 § (2000).

———. “National Antimicrobial Resistance Monitoring System 2010 Retail Meat Report.” Washington, D.C.: Food and Drug Administration, March 2012. http://www.fda.gov/downloads/AnimalVeterinary/SafetyHealth/AntimicrobialResistance/NationalAntimicrobialResistanceMonitoringSystem/UCM293581.pdf.

Food and Drug Administration, U.S. Department of Health, Education and Welfare. “Diamond Shamrock Chemical Co., et al.: Penicillin-Containing Premixes; Opportunity for a Hearing.” 42 Fed. Reg. 43772 § (1977).

———. Pfizer, Inc., et al. “Tetracycline (Chlortetracycline and Oxytetracycline)-Containing Premixes; Opportunity for a Hearing.” 42 Fed. Reg. 56264 § (1977).

———. “Tolerances and Exemptions From Tolerances for Pesticide Chemicals in or on Raw

Agricultural Commodities; Tolerance for Residues of Chlortetracycline." 20 Fed. Reg. 8776 § (1955).
——. "Exemption From Certification of Antibiotic Drugs for Use in Animal Feed and of Animal Feed Containing Antibiotic Drugs." 18 Fed. Reg. 2335 § (1953). https://www.loc.gov/item/fr018077/.
Food Integrity Campaign. "Historic Filing: Farmer Sues Perdue for Violation of FSMA Whistleblower Protection Law." February 19, 2015. http://www.foodwhistleblower.org/historic-filing-farmer-sues-perdue-for-violation-of-fsma-whistleblower-protection
-law/.
"Foster Farms—Road Trip." The Hall ofAdvertising. YouTube. March 7, 2015. Advertisement. https://www.youtube.com/watch?v=3n1x71G1DEQ.
Fox, Grace. "The Origins of UNRRA." *Political Science Quarterly* 65, no. 4 (December 1950): 561. doi:10.2307/2145664.
Frana, Timothy S., et al. "Isolation and Characterization of Methicillin-Resistant *Staphylococcus aureus* From Pork Farms and Visiting Veterinary Students." *PLoS ONE* 8, no. 1 (January 3, 2013): e53738.
Frappaolo, P. J., and G. B. Guest. "Regulatory Status of Tetracyclines, Penicillin and Other Antibacterial Drugs in Animal Feeds." *Journal of Animal Science* 62, suppl. 3 (1968): 86–92.
Freerksen, Enno. "Fundamentals of Mode of Action of Antibiotics in Animals." In *Proceedings of the First International Conference on the Use of Antibiotics in Agriculture, 19-21 October 1955,* 91–106. Washington, D.C.: National Academy of Sciences, 1956.
"Fresh Food Plan Found." *Odessa (TX) American*, January 6, 1956.
Friedlander, Blaine. "Robert C. Baker, Creator of Chicken Nuggets and Cornell Chicken Barbecue Sauce, Dies at 84." *Cornell Chronicle,* March 16, 2006. http://www.news.cornell.edu/stories/2006/03/food-and-poultry-scientist-robert-c-baker-dies-age-84.
"G7 Ise-Shima Leaders Declaration." Ministry of Foreign Affairs of Japan, May 27, 2016. http://www.mofa.go.jp/files/000160266.pdf.
"G20 Leaders' Communiqué." *People's Daily Online,* September 5, 2016. http://en.people.cn/n3/2016/0906/c90000-9111018.html.
Gannon, Arthur. "Georgia's Broiler Industry." *Georgia Review* 6, no. 3 (Fall 1952): 306–17.
Garrod, L. P. "Sources and Hazards to Man of Antibiotics in Foods." *Proceedings of the Royal Society of Medicine* 57 (November 1964): 1087–88.
Gastro-Enteritis (Tees-side), Pub. L. No. vol 762 cc1619–30 (April 11, 1968).
Gastro-Enteritis Outbreak (Tees-side), Pub. L. No. vol 760 cc146–9W (March 7, 1968).
Gates, Deborah. "Somerset Homeowners Clash With Poultry Farmer." Wilmington (DE). *Delaware News Journal,* July 26, 2014. http://www.delawareonline.com/story/news/local/2014/07/26/somerset-homeowners-clash-poultry-farmer/13226907/.
Gaunt, P. N., and L. J. Piddock. "Ciprofloxacin Resistant *Campylobacter spp.* in Humans: An

Epidemiological and Laboratory Study." *Journal of Antimicrobial Chemotherapy* 37, no. 4 (April 1996): 747–57.

Gee, Kelsey. "Poultry's Tough New Problem: 'Woody Breast.' " *Wall Street Journal*, March 29, 2016, sec. B.

Geenen, P. L., et al. "Prevalence of Livestock-Associated MRSA on Dutch Broiler Farms and in People Living and/or Working on These Farms." *Epidemiology and Infection* 141, no. 5 (May 2013): 1099–1108.

Geijlswijk, Inge M. van, Dik J. Mevius, and Linda F. Puister-Jansen. "[Quantity of veterinary antibiotic use]." *Tijdschrift Voor Diergeneeskunde* 134, no. 2 (January 15, 2009): 69–73.

George, D. B., and A. R. Manges. "A Systematic Review of Outbreak and Non-Outbreak Studies of Extraintestinal Pathogenic *Escherichia coli* Causing Community-Acquired Infections." *Epidemiology and Infection* 138, no. 12 (December 2010): 1679–90.

Georgia Humanities Council, University of Georgia Press, University System of Georgia/GALILEO, and Office of the Governor. *New Georgia Encyclopedia*. http://www.georgiaencyclopedia.org/about-nge.

Gerhard, Gesine. "Food as a Weapon: Agricultural Sciences and the Building of a Greater German Empire." *Food, Culture and Society* 14, no. 3 (September 1, 2011): 335–51.

"Germ Survival in Face of Antibiotics." *Times (London)*. February 26, 1965.

Gibbs, Shawn G., et al. "Isolation of Antibiotic-Resistant Bacteria from the Air Plume Downwind of a Swine Confined or Concentrated Animal Feeding Operation." *Environmental Health Perspectives* 114, no. 7 (March 27, 2006): 1032–37.

Gisolfi, Monica Richmond. "From Crop Lien to Contract Farming: The Roots of Agribusiness in the American South, 1929-1939." *Agricultural History,* 2006, 167–89.

Giufre, M., et al. "*Escherichia coli* of Human and Avian Origin: Detection of Clonal Groups Associated with Fluoroquinolone and Multidrug Resistance in Italy." *Journal of Antimicrobial Chemotherapy* 67, no. 4 (April 1, 2012): 860–67.

"Global Animal Partnership Commits to Requiring 100 Percent Slower-Growing Chicken Breeds by 2024." *BusinessWire,* March 17, 2016. http://www.businesswire.com/news/home/20160317005528/en/Global-Animal-Partnership-Commits-Requiring-100-Percent.

Glynn, M. K., et al. "Emergence of Multidrug-Resistant *Salmonella enterica* Serotype Typhimurium DT104 Infections in the United States." *New England Journal of Medicine* 338, no. 19 (May 7, 1998): 1333–38.

Godley, Andrew C., and Bridget Williams. "The Chicken, the Factory Farm, and the Supermarket: The Emergence of the Modern Poultry Industry in Britain." In *Food Chains: From Farmyard to Shopping Cart,* edited by Warren Belasco and Roger Horowitz. Philadelphia: University of Pennsylvania Press, 2010.

Goldberg, Herbert S. "Evaluation of Some Potential Public Health Hazards from Non-Medical Uses of Antibiotics." In *Antibiotics in Agriculture: Proceedings of the University of Nottingham Ninth Easter School in Agricultural Science,* edited by M. Woodbine,

389–404. London: Butterworths, 1962.
Gordon, H. A. "The Germ-Free Animal: Its Use in the Study of 'Physiologic' Effects of the Normal Microbial Flora on the Animal Host." *American Journal of Digestive Diseases* 5 (October 1960): 841–67.
Gough, E. K., et al. "The Impact of Antibiotics on Growth in Children in Low and Middle Income Countries: Systematic Review and Meta-Analysis of Randomised Controlled Trials." *British Medical Journal* 348, no. 6 (April 15, 2014): g2267.
Grady, Denise. "Bacteria Concerns in Denmark Cause Antibiotics Concerns in U.S." *New York Times,* November 4, 1999.
Graham, Jay P., et al. "Growth Promoting Antibiotics in Food Animal Production: An Economic Analysis." *Public Health Reports* 122, no. 1 (2007): 79–87.
Graham, Jay P., et al. "Antibiotic Resistant Enterococci and Staphylococci Isolated from Flies Collected Near Confined Poultry Feeding Operations." *Science of the Total Environment* 407, no. 8 (April 2009): 2701–10.
Grave, K., et al. "Sales of Veterinary Antibacterial Agents in Nine European Countries During 2005–09: Trends and Patterns." *Journal of Antimicrobial Chemotherapy* 67, no. 12 (December 1, 2012): 3001–3008.
Grave, K., et al. "Comparison of the Sales of Veterinary Antibacterial Agents Between 10 European Countries." *Journal of Antimicrobial Chemotherapy* 65, no. 9 (September 1, 2010): 2037–40. doi:10.1093/jac/dkq247.
Greenwood, David. *Antimicrobial Drugs: Chronicle of a Twentieth Century Medical Triumph*. New York: Oxford University Press, 2008.
Gupta, Amita, et al., "Antimicrobial Resistance Among Campylobacter Strains, United States, 1997–2001." *Emerging Infectious Diseases* 10, no. 6 (2004). http://wwwnc.cdc.gov/eid/article/10/6/03-0635_article.htm.
Gupta, K., et al. "Managing Uncomplicated Urinary Tract Infection—Making Sense Out of Resistance Data." *Clinical Infectious Diseases* 53, no. 10 (November 15, 2011): 1041–42.
Gupta, K., et al. "Executive Summary: International Clinical Practice Guidelines for the Treatment of Acute Uncomplicated Cystitis and Pyelonephritis in Women: A 2010 Update by the Infectious Diseases Society of America and the European Society for Microbiology and Infectious Diseases." *Clinical Infectious Diseases* 52, no. 5 (March 1, 2011): 561–64.
Haley, Andrew P. *Turning the Tables: Restaurants and the Rise of the American Middle Class, 1880–1920.* Chapel Hill: University of North Carolina Press, 2011.
Hannah, Elizabeth Lyon, et al. "Molecular Analysis of Antimicrobial-Susceptible and -Resistant *Escherichia coli* From Retail Meats and Human Stool and Clinical Specimens in a Rural Community Setting." *Foodborne Pathogens and Disease* 6, no. 3 (April 2009): 285–95.
Hansen, Peter L., and Ronald Lester Mighell. *Economic Choices in Broiler Production.* Washington, D.C.: U.S. Department of Agriculture, 1956.

Harold, Laverne C., and Robert A. Baldwin. "Ecologic Effects of Antibiotics." *FDA Papers* 1 (February 1967): 20–24.

Harper, Abby L., et al. "An Overview of Livestock-Associated MRSA in Agriculture." *Journal of Agromedicine* 15, no. 2 (March 31, 2010): 101–104.

Harris, Marion S. "Home Demonstration." *Bennington (VT) Banner*. January 20, 1958.

Harrison, Ruth. *Animal Machines: The New Factory Farming Industry*. New York: Ballantine Books, 1966.

Hasman, Henrik, et al. "Detection of *mcr-1* Encoding Plasmid-Mediated Colistin-Resistant *Escherichia coli* Isolates From Human Bloodstream Infection and Imported Chicken Meat, Denmark 2015." *Eurosurveillance* 20, no. 49 (December 10, 2015).

Heederik, Dick. "Benchmarking Livestock Farms and Veterinarians." Slide presentation, SDa Autoriteit Dirgeneesmiddelen, Utrecht, August 9, 2013.

Heinzerling, Lisa. "Undue Process at the FDA: Antibiotics, Animal Feed, and Agency Intransigence." *Vermont Law Review* 37, no. 4 (2013): 1007–31.

Hennessy, T. W., et al. "A National Outbreak of *Salmonella enteritidis* Infections from Ice Cream." *New England Journal of Medicine* 334, no. 20 (May 16, 1996): 1281–86.

Herikstad, H., et al. "Emerging Quinolone-Resistant Salmonella in the United States." *Emerging Infectious Diseases* 3, no. 3 (September 1997): 371–72.

Herold, B. C., et al. "Community-Acquired Methicillin-Resistant *Staphylococcus aureus* in Children with No Identified Predisposing Risk." *Journal of the American Medical Association* 279, no. 8 (February 25, 1998): 593–98.

Hewitt, William L. "Penicillin-Historical Impact on Infection Control." *Annals of the New York Academy of Sciences* 145, no. 1 (1967): 212–15.

Hill, George, Thomson Prentice, Pearce Wright, and Thomas Stuttaford. "The Bitter Harvest." *Times (London)*, March 4, 1987.

Hise, Kelley B. "History of PulseNet USA." Paper presented at the Association of Public Health Laboratories 14th Annual PulseNet Update Meeting, Chicago, August 31, 2010. https://www.aphl.org/conferences/proceedings/Documents/2010/2010_APHL_Pulse Net_Meeting/002-Hise.pdf.

Hobbs, B. C., et al. "Antibiotic Treatment of Poultry in Relation to *Salmonella typhimurium*." *Monthly Bulletin of the Ministry of Health and the Public Health Laboratory Service* 19 (October 1960): 178–92.

Hoelzer, Karin. "Judicious Animal Antibiotic Use Requires Drug Label Refinements." Washington, D.C.: Pew Charitable Trusts, October 4, 2016. http://pew.org/2dqrjCo.

Hoffmann, Stanley. "The Effects of World War II on French Society and Politics." *French Historical Studies* 2, no. 1 (Spring 1961): 28–63.

Hogue, Allan, et al. "*Salmonella* Typhimurium DT104 Situation Assessment, December 1997." Washington, D.C.: U.S. Department of Agriculture Animal and Plant Health Inspection Service, December 1997. https://www.aphis.usda.gov/animal_health/emergingissues/downloads/dt104.pdf.

Holland, John. "After 75 Years, Foster Farms Remembers Its Path to Success." *Modesto (CA) Bee,* June 16, 2014. http://www.modbee.com/news/local/article3166439.html.

Holmberg, S. D., et al. "Drug-Resistant Salmonella from Animals Fed Antimicrobials." *New England Journal of Medicine* 311, no. 10 (September 6, 1984): 617–22.

Holmberg, S. D., et al. "Animal-to-Man Transmission of Antimicrobial-Resistant Salmonella: Investigations of U.S. Outbreaks, 1971-1983." *Science* 225, no. 4664 (August 24, 1984): 833–35.

Holmes, Alison H., et al. "Understanding the Mechanisms and Drivers of Antimicrobial Resistance." *Lancet* 387, no. 10014 (January 2016): 176–87.

Horowitz, Roger. "Making the Chicken of Tomorrow: Reworking Poultry as Commodities and as Creatures, 1945-1990." In *Industrializing Organisms: Introducing Evolutionary History,* edited by Philip Scranton and Susan Schrepfer. London: Routledge, 2004.

"How Safe Is That Chicken?." *Consumer Reports* (January 2010): 19. http://www.consumerreports.org/cro/magazine-archive/2010/january/food/chicken-safety/overview/chicken-safety-ov.htm.

Huijsdens, Xander W., et al. "Community-Acquired MRSA and Pig-Farming." *Annals of Clinical Microbiology and Antimicrobials* 5, no. 1 (2006): 26.

Huijsdens, X. W., et al. "Molecular Characterisation of PFGE Non-Typable Methicillin-Resistant *Staphylococcus aureus* in the Netherlands, 2007." *Eurosurveillance* 14, no. 38 (September 24, 2009).

"Human Food Safety and the Regulation of Animal Drugs: Twenty-Seventh Report." § House Committee on Government Operations, 1985.

Humane Society of the United States. "The Welfare of Animals in the Chicken Industry." New York: Humane Society of the United States, December 2013. http://www.humanesociety.org/assets/pdfs/farm/welfare_broiler.pdf.

———. "Welfare Issues With Selective Breeding for Rapid Growth in Broiler Chickens and Turkeys." New York: Humane Society of the United States, May 2014. http://www.humanesociety.org/assets/pdfs/farm/welfiss_breeding_chickens_turkeys.pdf.

Hylton, Wil S. "A Bug in the System." *New Yorker,* February 2, 2015.

Infectious Diseases Society of America. "Bad Bugs, No Drugs." Washington, D.C.: Infectious Diseases Society of America, July 2004. https://www.idsociety.org/uploadedFiles/IDSA/Policy_and_Advocacy/Current_Topics_and_Issues/Advancing_Product_Research_and_Development/Bad_Bugs_No_Drugs/Statements/As%20Antibiotic%20Discovery%20Stagnates%20A%20Public%20Health%20Crisis%20Brews.pdf.

"Infectious Drug Resistance." *New England Journal of Medicine* 275, no. 5 (August 4, 1966): 277.

Iovine, Nicole M., and Martin J. Blaser. "Antibiotics in Animal Feed and Spread of Resistant *Campylobacter* from Poultry to Humans." *Emerging Infectious Diseases* 10, no. 6 (June 2004): 1158–89.

Izdebski, R., A. et al. "Mobile *mcr-1*-Associated Resistance to Colistin in Poland." *Journal of Antimicrobial Chemotherapy* 71, no. 8 (August 2016): 2331–33.
Jakobsen, L., et al. "Is *Escherichia coli* Urinary Tract Infection a Zoonosis? Proof of Direct Link With Production Animals and Meat." *European Journal of Clinical Microbiology and Infectious Diseases* 31, no. 6 (June 2012): 1121–29.
Jakobsen, Lotte, et al. "*Escherichia coli* Isolates From Broiler Chicken Meat, Broiler Chickens, Pork, and Pigs Share Phylogroups and Antimicrobial Resistance With Community-Dwelling Humans and Patients With Urinary Tract Infection." *Foodborne Pathogens and Disease* 7, no. 5 (May 2010): 537–47.
Jalonick, Mary Clare. "Still No Recall of Chicken Tied to Outbreak of Antibiotic-Resistant *Salmonella*." Associated Press, May 28, 2014.
Janzen, Kristi Bahrenburg. "Loss of Small Slaughterhouses Hurts Farmers, Butchers and Consumers." *Farming Magazine* (2004).
Jess, Tine. "Microbiota, Antibiotics, and Obesity." *New England Journal of Medicine* 371, no. 26 (December 25, 2014): 2526–28.
Jevons, M. Patricia. " 'Celbenin'-Resistant Staphylococci." *British Medical Journal* no. 1 (January 14, 1961): 124–25.
Jiménez, A., et al. "Prevalence of Fluoroquinolone Resistance in Clinical Strains of Campylobacter Jejuni Isolated in Spain." *Journal of Antimicrobial Chemotherapy* 33, no. 1 (January 1994): 188–90.
Johnson, J. R., et al. "Epidemic Clonal Groups of *Escherichia coli* as a Cause of Antimicrobial-Resistant Urinary Tract Infections in Canada, 2002 to 2004." *Antimicrobial Agents and Chemotherapy* 53, no. 7 (July 1, 2009): 2733–39.
Johnson, J. R., et al. "Isolation and Molecular Characterization of Nalidixic Acid-Resistant Extraintestinal Pathogenic *Escherichia coli* From Retail Chicken Products." *Antimicrobial Agents and Chemotherapy* 47, no. 7 (July 1, 2003): 2161–68.
Johnson, James R., et al. "Contamination of Retail Foods, Particularly Turkey, From Community Markets (Minnesota, 1999–2000) With Antimicrobial-Resistant and Extraintestinal Pathogenic *Escherichia coli*." *Foodborne Pathogens and Disease* 2, no. 1 (2005): 38–49.
Johnson, James R., et al. "Similarity Between Human and Chicken *Escherichia coli* Isolates in Relation to Ciprofloxacin Resistance Status." *Journal of Infectious Diseases* 194, no. 1 (July 1, 2006): 71–78.
Johnson, James R., et al. "Antimicrobial-Resistant and Extraintestinal Pathogenic *Escherichia coli* in Retail Foods." *Journal of Infectious Diseases* 191, no. 7 (April 1, 2005): 1040–49.
Johnson, James R., and Thomas A. Russo. "Uropathogenic *Escherichia coli* as Agents of Diverse Non-Urinary Tract Extraintestinal Infections." *Journal of Infectious Diseases* 186, no. 6 (September 15, 2002): 859–64.
Johnson, James R., et al. "Antimicrobial Drug-Resistant *Escherichia coli* From Humans and

Poultry Products, Minnesota and Wisconsin, 2002–2004." *Emerging Infectious Diseases* 13, no. 6 (June 2007): 838–46.
Johnson, James R., et al. "Molecular Analysis of *Escherichia coli* From Retail Meats (2002–2004) From the United States National Antimicrobial Resistance Monitoring System." *Clinical Infectious Diseases* 49, no. 2 (July 15, 2009): 195–201.
Johnson, Timothy J., et al. "Associations Between Multidrug Resistance, Plasmid Content, and Virulence Potential Among Extraintestinal Pathogenic and Commensal *Escherichia coli* From Humans and Poultry." *Foodborne Pathogens and Disease* 9, no. 1 (January 2012): 37–46.
Johnson, Timothy J., et al. "Examination of the Source and Extended Virulence Genotypes of *Escherichia coli* Contaminating Retail Poultry Meat." *Foodborne Pathogens and Disease* 6, no. 6 (August 2009): 657–67.
Jones, Harold W. "Report of a Series of Cases of Syphilis Treated by Ehrlich's Arsenobenzole at the Walter Reed General Hospital, District of Columbia." *Boston Medical and Surgical Journal* vol. CLXIV, no. 11 (March 16, 1911): 381-383.
Jørgensen, Peter S., et al. "Use Antimicrobials Wisely." *Nature News* 537, no. 7619 (September 8, 2016): 159.
Josephson, Paul. "The Ocean's Hot Dog: The Development of the Fish Stick." *Technology and Culture* 49, no. 1 (2008): 41–61.
Jou, Ruwen, et al. "Enrofloxacin in Poultry and Human Health." *American Journal of Tropical Medicine and Hygiene* 67 (2002): 533–38.
Jukes, T. H. "A Town in Harmony." *Chemical Week* (August 18, 1962).
———. "Adventures with Vitamins." *Journal of the American College of Nutrition* 7, no. 2 (April 1988): 93–99.
———. "Alar and Apples." *Science* 244, no. 4904 (May 5, 1989): 515.
———. "Antibacterial Agents in Animal Feeds." *Clinical Toxicology* 14, no. 3 (March 1979): 319–22.
———. "Antibiotics and Meat." *New York Times*, October 2, 1972.
———. "Antibiotics in Animal Feeds." *New England Journal of Medicine* 282, no. 1 (January 1, 1970): 49–50.
———. "Antibiotics in Feeds." *Science* 204, no. 4388 (April 6, 1979): 8. doi:10.1126/science.204.4388.8.
———. "Antibiotics in Nutrition." *Antibiotics in Nutrition* (1955).
———. "BST and Milk Production." *Science* 265, no. 5169 (July 8, 1994): 170.
———. "Drug-Resistant Salmonella From Animals Fed Antimicrobials." *New England Journal of Medicine* 311, no. 26 (December 27, 1984): 1699.
———. "Food Additives." *New England Journal of Medicine* 297, no. 8 (August 25, 1977): 427–30.
———. "How Safe Is Our Food Supply?" *Archives of Internal Medicine* 138, no. 5 (May 1978): 772–74.

———. "Medical Versus Animal Antibiotics in Resistance." *Nature* 313, no. 5999 (January 17, 1985): 186.
———. "Megavitamin Therapy." *Journal of the American Medical Association* 233, no. 6 (August 11, 1975): 550–51.
———. "Public Health Significance of Feeding Low Levels of Antibiotics to Animals." *Advances in Applied Microbiology* 16 (1973): 1–54.
———. "Searching for Magic Bullets: Early Approaches to Chemotherapy-Antifolates, Methotrexate—the Bruce F. Cain Memorial Award Lecture." *Cancer Research* 47, no. 21 (November 1, 1987): 5528–36.
———. "Some Historical Notes on Chlortetracycline." *Reviews of Infectious Diseases* 7, no. 5 (October 1985): 702–707.
———. "Today's Non-Orwellian Animal Farm." *Nature* 355, no. 6361 (February 13, 1992): 582.
Jukes, Thomas H. "Antibiotics in Meat Production." *Journal of the American Medical Association* 232, no. 3 (1975): 292–93.
———. "Antioxidants, Nutrition, and Evolution." *Preventive Medicine* 21, no. 2 (1992): 270–76.
———. "Carcinogens in Food and the Delaney Clause." *Journal of the American Medical Association* 241, no. 6 (1979): 617–19.
———. "Cyclamate Sweeteners." *Journal of the American Medical Association* 236, no. 17 (1976): 1987–89.
———. "DDT." *Journal of the American Medical Association* 229, no. 5 (1974): 571–73.
———. "Diethylstilbestrol in Beef Production: What Is the Risk to Consumers?" *Preventive Medicine* 5, no. 3 (1976): 438–53.
———. "Guest Opinions." *Professional Animal Scientist* 11, no. 4 (1995): 238–39.
———. "The Organic Food Myth." *Journal of the American Medical Association* 230, no. 2 (1974): 276–77.
———. "The Present Status and Background of Antibiotics in the Feeding of Domestic Animals." *Annals of the New York Academy of Sciences* 182, no. 1 (1971): 362–79.
———. "Vitamins, Metabolic Antagonists, and Molecular Evolution." *Protein Science* 6, no. 1 (1997): 254–56.
Kadariya, Jhalka, et al. "*Staphylococcus aureus* and Staphylococcal Food-Borne Disease: An Ongoing Challenge in Public Health." *BioMed Research International* 2014 (2014): 1–9.
Kaempffert, Waldemar. "Effectiveness of New Antibiotic, Aureomycin, Demonstrated Against Virus Diseases." *New York Times*, July 25, 1948.
Kaesbohrer, A., A. et al. "Emerging Antimicrobial Resistance in Commensal *Escherichia coli* With Public Health Relevance." *Zoonoses and Public Health* 59 (September 2012): 158–65.
Kampelmacher, E. H. "Some Aspects of the Non-Medical Uses of Antibiotics in Various Countries." In *Antibiotics in Agriculture: Proceedings of the University of Nottingham*

Ninth Easter School in Agricultural Science, edited by M. Woodbine, 315–32. London: Butterworths, 1962.

Kaufman, Marc. "Ending Battle With FDA, Bayer Withdraws Poultry Antibiotic." *Washington Post,* September 9, 2005.

Kaufmann, A. F., et al. "Pontiac Fever: Isolation of the Etiologic Agent *(Legionella pneumophilia)* and Demonstration of Its Mode of Transmission." *American Journal of Epidemiology* 114, no. 3 (September 1981): 337–47.

Kempf, Isabelle, et al. "What Do We Know About Resistance to Colistin in Enterobacteriaceae in Avian and Pig Production in Europe?" *International Journal of Antimicrobial Agents* 42, no. 5 (November 2013): 379–83.

Kennedy, Donald S. " 'Antibiotics in Animal Feeds,' remarks to the National Advisory Food and Drug Committee, April 15, 1977, Rockville, Md." Donald Kennedy Personal Papers (SC0708), Department of Special Collections and University Archives, Stanford University Libraries, Stanford, CA.

———. "The Threat From Antibiotic Use on the Farm." *Washington Post,* August 22, 2013. http://www.washingtonpost.com/opinions/the-threat-from-antibiotic-...e-farm/2013/08/22/c407ed72-0ab2-11e3-8974-f97ab3b3c677_story.html.

Kesternich, Iris, et al. "The Effects of World War II on Economic and Health Outcomes Across Europe." *Review of Economics and Statistics* 96, no. 1 (March 2014): 103–18. doi:10.1162/REST_a_00353.

Khan, Lina. "Obama's Game of Chicken." *Washington Monthly* vol. 44, no. 11/12 (November-December 2012): 32-38. http://washingtonmonthly.com/magazine/novdec-2012/obamas-game-of-chicken/.

Kieler, Ashlee. "Foster Farms Recalls Chicken After USDA Inspectors Finally Link It to Salmonella Case." *Consumerist,* July 7, 2014.

Kindy, Kimberly, and Brady Dennis. "Salmonella Outbreaks Expose Weaknesses in USDA Oversight of Chicken Parts." *Washington Post,* February 6, 2014.

Kirst, H. A., et al. "Historical Yearly Usage of Vancomycin." *Antimicrobial Agents and Chemotherapy* 42, no. 5 (May 1998): 1303–1304.

Kiser, J. S. "A Perspective on the Use of Antibiotics in Animal Feeds." *Journal of Animal Science* 42, no. 4 (1976): 1058–72.

Kline, E. F. "Maintenance of High Quality in Fish Fillets With Acronize." *Proceedings of the Annual Gulf and Caribbean Fisheries Institute* 10 (August 1958): 80–84.

Kline, Kelly E., et al. "Investigation of First Identified *mcr-1* Gene in an Isolate From a U.S. Patient—Pennsylvania, 2016." *Morbidity and Mortality Weekly Report* 65, no. 36 (September 16, 2016): 977–78.

Kluytmans, J. A. J. W., et al. "Extended-Spectrum-Lactamase-Producing *Escherichia coli* From Retail Chicken Meat and Humans: Comparison of Strains, Plasmids, Resistance Genes, and Virulence Factors." *Clinical Infectious Diseases* 56, no. 4 (February 15, 2013): 478–87.

Knowber, Charles R. "A Real Game of Chicken: Contracts, Tournaments, and the Production of Broilers." *Journal of Law, Economics, and Organization* 5, no. 2 (Autumn 1989): 27192.

Kobell, Rona. "Poultry Mega-Houses Forcing Shore Residents to Flee Stench, Traffic." Seven Valleys (PA). *Bay Journal*, July 22, 2015. http://marylandreporter.com/2015/07/22/poultry-mega-houses-forcing-shore-residents-to-flee-stench-traffic/.

Kohler, A. R., et al. "Comprehensive Studies of the Use of a Food Grade of Chlortetracycline in Poultry Processing." *Antibiotics Annual*, 1956–57, 822–30.

Koike, S., et al. "Monitoring and Source Tracking of Tetracycline Resistance Genes in Lagoons and Groundwater Adjacent to Swine Production Facilities Over a 3-Year Period." *Applied and Environmental Microbiology* 73, no. 15 (August 1, 2007): 4813–23.

Krieger, Lisa M. "California Links Hollister Dairy to 1997 Outbreak of Salmonella." *San Jose (CA) Mercury News*, October 3, 1999.

Kristof, Nicholas. "Abusing Chickens We Eat." *New York Times*, December 3, 2014. https://www
.nytimes.com/2014/12/04/opinion/nicholas-kristof-abusing-chickens-we-eat.html?_r=1.

Kumar, Kuldip, et al. "Antibiotic Use in Agriculture and Its Impact on the Terrestrial Environment." *Advances in Agronomy* 87 (2005): 1–54.

Larson, Clarence. "Pioneers in Science and Technology Series: Thomas Jukes." Center for Oak Ridge Oral History, March 29, 1988. Clarence E. Larson Science and Technology Oral History Collection, Collection C0079, Special Collections and Archives, George Mason University Libraries, Arlington, VA. http://cdm16107.contentdm.oclc.org/cdm/ref/collection/p15388coll1/id/522.

Laurence, William L. " 'Wonder Drug' Aureomycin Found to Spur Growth 50%." *New York Times*, April 10, 1950.

Laveck, G. D., and R. T. Ravenholt. "Staphylococcal Disease: An Obstetric, Pediatric, and Community Problem." *American Journal of Public Health and the Nation's Health* 46, no. 10 (October 1956): 1287–96.

Lawrence, Robert S., and Keeve E Nachman. "Letter From the Johns Hopkins Center for a Livable Future to James C. Stofko, Somerset County Health Department, Re Broiler Production." February 2015.

———. "Letter Fom the Johns Hopkins Center for a Livable Future to Lori A. Brewster, Health Officer, Wicomico County, Re Broiler Production," January 21, 2016.

Lax, Eric. *The Mold in Dr. Florey's Coat: The Story of the Penicillin Miracle*. 2nd ed. New York: Henry Holt and Co., 2004.

Laxminarayan, Ramanan, et al. "UN High-Level Meeting on Antimicrobials—What Do We Need?" *Lancet* 388, no. 10041 (July 2016): 218–20.

Laxminarayan, Ramanan, et al. "Access to Effective Antimicrobials: A Worldwide Challenge." *Lancet* 387, no. 10014 (January 2016): 168–75.

Laxminarayan, Ramanan, et al. "The Economic Costs of Withdrawing Antimicrobial Growth Promoters From the Livestock Sector." OECD Food, Agriculture and Fisheries Papers, February 23, 2015.

Leedom Larson, K. R., et al. "Methicillin-Resistant *Staphylococcus aureus* in Pork Production Shower Facilities." *Applied and Environmental Microbiology* 77, no. 2 (January 15, 2011): 696–98.

Leeson, Steven, and John D. Summers. *Broiler Breeder Production*. Guelph: University Books, 2000.

Lehmann, R. P. "Implementation of the Recommendations Contained in the Report to the Commissioner Concerning the Use of Antibiotics on Animal Feed." *Journal of Animal Science* 35, no. 6 (1972): 1340–41.

Leonard, Christopher. *The Meat Racket: The Secret Takeover of America's Food Business*. New York: Simon & Schuster, 2014.

Lepley, K. C., et al. "Dried Whole Aureomycin Mash and Meat and Bone Scraps for Growing-Fattening Swine." *Journal of Animal Science* 9, no. 4 (November 1950): 608–614.

Lesesne, Henry. "Antibiotic Now Keeps Poultry Fresh." *Terre Haute (IN) Tribune Star*, May 13, 1956.

———. "Pilgrims Wouldn't Know '56 Bird." *Salem (OH) News*, November 20, 1956.

———. "Poultrymen Hear About 'Acronize PD' From Food Technologist at Session." *Florence (SC) Morning News*, February 8, 1957.

Les fermiers de Loué: des hommes et des volailles, petites et grandes histoires. Le Mans, France: Syvol, 1999.

Levere, Jane L. "A Cook-Off Among Chefs to Join Delta's Kitchen." *New York Times*, July 21, 2013. http://www.nytimes.com/2013/07/22/business/media/a-cook-off-among-chefs-to-join-deltas-kitchen.html.

Leverstein-van Hall, M. A., et al. "Dutch Patients, Retail Chicken Meat and Poultry Share the Same ESBL Genes, Plasmids and Strains." *Clinical Microbiology and Infection* 17, no. 6 (June 2011): 873–80.

Levitt, Tom. " 'I Don't See a Problem': Tyson Foods CEO on Factory Farming and Antibiotic Resistance." *Guardian (Manchester)*, April 5, 2016. https://www.theguardian.com/sustainable-business/2016/apr/05/tyson-foods-factory-farming-antibiotic-resistance-donnie-smith.

Levy, S. B., et al. "Changes in Intestinal Flora of Farm Personnel After Introduction of a Tetracycline-Supplemented Feed on a Farm." *New England Journal of Medicine* 295, no. 11 (September 9, 1976): 583–88.

———. "Spread of Antibiotic-Resistant Plasmids from Chicken to Chicken and From Chicken to Man." *Nature* 260, no. 5546 (March 4, 1976): 40–42.

Levy, S. B., and L. McMurry. "Detection of an Inducible Membrane Protein Associated With R-Factor-Mediated Tetracycline Resistance." *Biochemical and Biophysical*

Research Communications 56, no. 4 (February 27, 1974): 1060–68.

Levy, Sharon. "Reduced Antibiotic Use in Livestock: How Denmark Tackled Resistance." *Environmental Health Perspectives* 122, no. 6 (June 1, 2014): A160–65. doi:10.1289/ehp.122-A160.

Levy, Stuart B. *The Antibiotic Paradox*. Cambridge, MA: Da Capo Press, 2002.

———. "Playing Antibiotic Pool: Time to Tally the Score." *New England Journal of Medicine* 311, no. 10 (September 6, 1984): 663–64.

———. Testimony Before the Subcommittee on Health of the U.S. House of Representatives Committee on Energy and Commerce (2010). 111th Cong., 2nd sess.

Levy, Stuart B., and Bonnie Marshall. "Antibacterial Resistance Worldwide: Causes, Challenges and Responses." *Nature Medicine* 10, no. 12s (December 2004): S122–29.

Liakopoulos, Apostolos, et al. "The Colistin Resistance *mcr-1* Gene Is Going Wild." *Journal of Antimicrobial Chemotherapy* 71, no. 8 (August 2016): 2335–36.

Linder, Marc. "I Gave My Employer a Chicken That Had No Bone: Joint Firm-State Responsibility for Line-Speed-Related Occupational Injuries." *Case Western Reserve Law Review* 46 (1995): 33.

Linton, A. H. "Antibiotic Resistance: The Present Situation Reviewed." *Veterinary Record* 100, no. 17 (April 23, 1977): 354–60.

———. "Has Swann Failed?" *Veterinary Record* 108, no. 15 (April 11, 1981): 328–31.

Linton, K. B., et al. "Antibiotic Resistance and Transmissible R-Factors in the Intestinal Coliform Flora of Healthy Adults and Children in an Urban and a Rural Community." *Journal of Hygiene* 70, no. 1 (March 1972): 99–104.

Literak, Ivan, et al. "Broilers as a Source of Quinolone-Resistant and Extraintestinal Pathogenic *Escherichia coli* in the Czech Republic." *Microbial Drug Resistance* 19, no. 1 (February 2013): 57–63.

Liu, Yi-Yun, et al. "Emergence of Plasmid-Mediated Colistin Resistance Mechanism *mcr-1* in Animals and Human Beings in China: A Microbiological and Molecular Biological Study." *Lancet Infectious Diseases* 16, no. 2 (February 2016): 161–68.

Loudon, I. "Deaths in Childbed from the Eighteenth Century to 1935." *Medical History* 30, no. 1 (January 1986): 1–41.

Love, D. C., et al. "Feather Meal: A Previously Unrecognized Route for Reentry Into the Food Supply of Multiple Pharmaceuticals and Personal Care Products (PPCPs)." *Environmental Science and Technology* 46, no. 7 (April 3, 2012): 3795–3802.

Love, David C., et al. "Dose Imprecision and Resistance: Free-Choice Medicated Feeds in Industrial Food Animal Production in the United States." *Environmental Health Perspectives* 119, no. 3 (October 28, 2010): 279–83.

Love, John F. *McDonald's: Behind the Arches*. Rev. ed. New York: Bantam, 1995.

Lyhs, Ulrike, et al. "Extraintestinal Pathogenic *Escherichia coli* in Poultry Meat Products on the Finnish Retail Market." *Acta Veterinaria Scandinavica* 54 (November 16,

2012): 64.
Lyons, Richard D. "Backers of Laetrile Charge a Plot Is Preventing the Cure of Cancer." *New York Times,* July 13, 1977.
———. "F.D.A. Chief Heading for Less Trying Job." *New York Times*, June 17, 1979.
MacDonald, James. "Technology, Organization, and Financial Performance in U.S. Broiler Production." *Economic Information Bulletin* (June 2014). https://www.ers.usda.gov/publications/pub-details/?pubid=43872.
———. "The Economic Organization of U.S. Broiler Production." *Economic Information Bulletin*. (June 2008). https://www.ers.usda.gov/publications/pub-details/?pubid=44256.
MacDonald, James M., and William D. McBride. "The Transformation of U.S. Livestock Agriculture: Scale, Efficiency, and Risks." *Economic Information Bulletin* (January 2009). https://www.ers.usda.gov/publications/pub-details/?pubid=44294.
Machlin, L. J., et al. "Effect of Dietary Antibiotic Upon Feed Efficiency and Protein Requirement of Growing Chickens." *Poultry Science* 31, no. 1 (January 1, 1952): 106–109.
Maddox, John. "Obituary: Thomas Hughes Jukes (1906-99)." *Nature* 402, no. 6761 (1999): 478.
Madsen, Lillie L. "Acronizing Process Almost Doubles Poultry Shelf Life." *Statesman,* September 13, 1956.
Maeder, Thomas. *Adverse Reactions*. New York: Morrow, 1994.
Maitland, A. I. "Why Has Swann Failed?" Letter to the editor. *British Medical Journal* 280, no. 6230 (June 21, 1980): 1537.
Majowicz, Shannon E., et al. "The Global Burden of Nontyphoidal *Salmonella* Gastroenteritis." *Clinical Infectious Diseases* 50, no. 6 (March 15, 2010): 882–89.
Malhotra-Kumar, Surbhi, et al. "Colistin Resistance Gene *mcr-1* Harboured on a Multidrug Resistant Plasmid." *Lancet Infectious Diseases* 16, no. 3 (March 2016): 283–84.
Malik, Rohit. "Catch Me if You Can: Big Food Using Big Tobacco's Playbook? Applying the Lessons Learned From Big Tobacco to Attack the Obesity Epidemic." Food and Drug Law Seminar Paper, Harvard Law School, 2010. http://nrs.harvard.edu/urn-3:HUL.InstRepos:8965631.
Manges, A. R., and J. R. Johnson. "Food-Borne Origins of *Escherichia coli* Causing Extraintestinal Infections." *Clinical Infectious Diseases* 55, no. 5 (September 1, 2012): 712–19.
Manges, A. R., et al. "Widespread Distribution of Urinary Tract Infections Caused by a Multidrug-Resistant *Escherichia coli* Clonal Group." *New England Journal of Medicine* 345, no. 14 (October 4, 2001): 1007–13.
Manges, A. R., et al. "The Changing Prevalence of Drug-Resistant *Escherichia coli* Clonal Groups in a Community: Evidence for Community Outbreaks of Urinary Tract Infections." *Epidemiology and Infection* 134, no. 2 (August 19, 2005): 425.
Manges, Amee R., et al. "Retail Meat Consumption and the Acquisition of Antimicrobial Resistant *Escherichia coli* Causing Urinary Tract Infections: A Case-Control Study."

Foodborne Pathogens and Disease 4, no. 4 (2007): 419–31.
Manges, Amee R., et al. "Endemic and Epidemic Lineages of *Escherichia coli* That Cause Urinary Tract Infections." *Emerging Infectious Diseases* 14, no. 10 (October 2008): 1575–83.
Margach, James. "Antibiotics Curbs Will Be Tough." *Sunday Times (London),* November 16, 1969.
Marler, Bill. "A Forgotten Foster Farms Salmonella Heidelberg Outbreak." Marler Blog, March5,2014.http://www.marlerblog.com/legal-cases/a-forgotten-foster-farms-salmonella-heidelberg-outbreak/.
———. "Final Demand Letter to Ron Foster, President, Foster Farms Inc., in re: 2013 Foster Farms Chicken Salmonella Outbreak, Client: Rick Schiller," April 15, 2014.
———. "Publisher's Platform: WWFFD? (What Would Foster Farms Do?)." *Food Safety News,* April 5, 2014. http://www.foodsafetynews.com/2014/04/wwffd-what-would-foster
-farms-do/.
Marshall, B. M., and S. B. Levy. "Food Animals and Antimicrobials: Impacts on Human Health." *Clinical Microbiology Reviews* 24, no. 4 (October 1, 2011): 718–33.
Marshall, Joseph, and Robert C. Baker. "New Marketable Poultry and Egg Products: 12. Chicken Sticks." Agricultural Economics Research Publications. Ithaca, NY: Departments of Agricultural Economics and Poultry Husbandry, Cornell University, 1963.
Marston, et al. "Antimicrobial Resistance." *Journal of the American Medical Association* 316, no. 11 (September 20, 2016): 1193.
Martin, Douglas. "Robert C. Baker, Who Reshaped Chicken Dinner, Dies at 84." *New York Times,* March 16, 2006. http://www.nytimes.com/2006/03/16/nyregion/robert-c
-baker-who-reshaped-chicken-dinner-dies-at-84.html.
Martinez, Steve. "A Comparison of Vertical Coordination in the U.S. Poultry, Egg, and Pork Industries." *Agriculture Information Bulletin* (May 2002).
McEwen, Scott A., and Paula J. Fedorka-Cray. "Antimicrobial Use and Resistance in Animals." *Clinical Infectious Diseases* 34, Supp. 3 (June 1, 2002): S93–106.
McGann, Patrick, et al. "*Escherichia coli* Harboring *mcr-1* and *bla* CTX-M on a Novel IncF Plasmid: First Report of *mcr-1* in the United States." *Antimicrobial Agents and Chemotherapy* 60, no. 7 (July 2016): 4420–21.
McGeown, D., et al. "Effect of Carprofen on Lameness in Broiler Chickens." *Veterinary Record,* June 12, 1999, 668–71.
McGowan, John P. and A.R.G. Emslie. "Rickets in Chickens, With Special Reference to Its Nature and Pathogenesis." *Biochemical Journal* 28, no. 4 (1934): 1503–12.
McKenna, Carol. "Ruth Harrison: Campaigner Revealed the Grim Realities of Factory Farming—and Inspired Britain's First Farm Animal Welfare Legislation." *Guardian (Manchester),* July 5, 2000. https://www.theguardian.com/news/2000/jul/06/guardianobituaries.

Mediavilla, José R., et al. "Colistin- and Carbapenem-Resistant *Escherichia coli* Harboring *mcr-1* and *bla*NDM-5, Causing a Complicated Urinary Tract Infection in a Patient From the United States." *mBio* 7, no. 4 (August 30, 2016).

Mellon, Margaret, et al. "Hogging It: Estimates of Antimicrobial Use in Livestock." Cambridge, MA: Union of Concerned Scientists, January 2001. http://www.ucsusa.org/food_and_agriculture/our-failing-food-system/industrial-agriculture/hogging-it-estimates-of.html#.WKN-AvONtF8.

"The Men Who Fought It." *Evening Gazette (Middlesbrough),* March 7, 1968.

Mendelson, Marc, et al. "Maximising Access to Achieve Appropriate Human Antimicrobial Use in Low-Income and Middle-Income Countries." *Lancet* 387, no. 10014 (January 2016): 188–98.

Metsälä, Johanna, et al. "Mother's and Offspring's Use of Antibiotics and Infant Allergy to Cow's Milk:" *Epidemiology* 24, no. 2 (March 2013): 303–9.

Michigan Farm Bureau. "Comment on the Judicious Use of Medically Important Antimicrobial Drugs in Food-Producing Animals—Draft Guidance." Regulations.gov, September 3, 2010. https://www.regulations.gov/document?D=FDA-2010-D-0094-0405.

Miles, Tricia D., et al. "Antimicrobial Resistance of *Escherichia coli* Isolates From Broiler Chickens and Humans." *BMC Veterinary Research* 2 (February 6, 2006): 7.

Ministry of Economic Affairs. "Reduced and Responsible: Policy on the Use of Antibiotics in Food-Producing Animals in the Netherlands." Utrecht: Ministry of Economic Affairs, Netherlands, February 2014. http://www.government.nl/files/documents-and-publications/leaflets/2014/02/28/reduced-and-responsible-use-of-antibiotics-in-food-producing-animals-in-the-netherlands/use-of-antibiotics-in-food-producing-animals-in-the-netherlands.pdf.

Mintz, E. "A Riddle Wrapped in a Mystery Inside an Enigma: Brainerd Diarrhoea Turns 20." *Lancet* 362, no. 9401 (December 20, 2003): 2037–38.

"Miracle Drugs Get Down to Earth," *Business Week*, no. 1417 (October 27, 1956): 139–40.

Mølbak, K., et al. "An Outbreak of Multidrug-Resistant, Quinolone-Resistant *Salmonella* Enterica Serotype Typhimurium DT104." *New England Journal of Medicine* 341, no. 19 (November 4, 1999): 1420–25.

Moore, P. R., and A. Evenson. "Use of Sulfasuxidine, Streptothricin, and Streptomycin in Nutritional Studies with the Chick." *Journal of Biological Chemistry* 165, no. 2 (October 1946): 437–41.

Moorin, Rachael E., et al. "Long-Term Health Risks for Children and Young Adults After Infective Gastroenteritis." *Emerging Infectious Diseases* 16, no. 9 (September 2010): 1440–47.

Mrak, Emil M. "Food Preservation." In *Proceedings of the First International Conference on the Use of Antibiotics in Agriculture, 19-21 October 1955*, 223–30. Washington, D.C.: National Academy of Sciences, 1956.

Mueller, N. T., et al. "Prenatal Exposure to Antibiotics, Cesarean Section and Risk of Child-

hood Obesity." *International Journal of Obesity* 39, no. 4 (April 2015): 665–70.
Murphy, O. M., et al. "Ciprofloxacin-Resistant Enterobacteriaceae." *Lancet* 349, no. 9057 (April 5, 1997): 1028–29.
Nadimpalli, Maya, et al. "Persistence of Livestock-Associated Antibiotic-Resistant *Staphylococcus aureus* Among Industrial Hog Operation Workers in North Carolina Over 14 Days." *Occupational and Environmental Medicine* 72, no. 2 (February 2015): 90–99.
Nandi, S., et al. "Gram-Positive Bacteria Are a Major Reservoir of Class 1 Antibiotic Resistance Integrons in Poultry Litter." *Proceedings of the National Academy of Sciences* 101, no. 18 (May 4, 2004): 7118–22.
National Chicken Council. "Broiler Chicken Industry Key Facts 2016." National Chicken Council. Accessed April 18, 2016. http://www.nationalchickencouncil.org/about-the-industry/statistics/broiler-chicken-industry-key-facts/.
———. "Per Capita Consumption of Poultry and Livestock, 1965 to Estimated 2016, in Pounds." National Chicken Council. Accessed April 18, 2016. http://www.nationalchickencouncil.org/about-the-industry/statistics/per-capita-consumption-of-poultry-and-livestock-1965-to-estimated-2012-in-pounds/
———. "U.S. Broiler Performance." National Chicken Council. Accessed April 18, 2016. http://www.nationalchickencouncil.org/about-the-industry/statistics/u-s-broiler -performance/
National Institute for Public Health and the Environment, and Stichting Werkgroep Antibioticabeleid. "Nethmap/MARAN 2013: Consumption of Antimicrobial Agents and Antimicrobial Resistance Among Medically Important Bacteria in the Netherlands; Monitoring of Antimicrobial Resistance and Antibiotic Usage in Animals in the Netherlands in 2012." Nijmegen, March 9, 2013. http://www.swab.nl/swab/cms3.nsf/uploads/ADFB2606CCFDF6E4C1257BDB0022F93F/$FILE/Nethmap_2013%20def_web.pdf.
National Pork Producers Council. "Dear Subway Management Team and Franchisee Owners." *Wall Street Journal,* October 28, 2015. Advertisement. http://www.pork.org/wp-content/uploads/2015/10/102815_lettertosubway_final_print_wsj.pdf.
National Research Council. "Effects on Human Health of Subtherapeutic Use of Antimicrobials in Animal Feeds." Washington, D.C.: National Academy of Sciences, 1980. http://public.eblib.com/choice/publicfullrecord.aspx?p=3376953.
———. *Proceedings of the First International Conference on the Use of Antibiotics in Agriculture, 19–21 October 1955.* Washington, D.C.: National Academy of Sciences, 1956.
———. "The Use of Drugs in Food Animals: Benefits and Risks." Washington, D.C.: National Academy of Sciences, 1999. http://www.nap.edu/catalog/5137/the-use-of-drugs-in
-food-animals-benefits-and-risks.
———. "The Use of Drugs in Animal Feeds: Proceedings of a Symposium." Washington, D.C.: National Academy of Sciences, 1969. http://catalog.hathitrust.org/

Record/001516883.
Natural Resources Defense Council. "Going Mainstream: Meat and Poultry Raised Without Routine Antibiotics Use." December 2015. https://www.nrdc.org/sites/default/files/antibiotic-free-meats-CS.pdf.
Nature-Times News Service. "The Resistant Tees-Side Bacterium." *Times (London)*. December 28, 1967.
Neeling, A. J. de, et al. "High Prevalence of Methicillin Resistant *Staphylococcus aureus* in Pigs." *Veterinary Microbiology* 122, no. 3–4 (June 21, 2007): 366–72.
Nelson, J. M., et al. "Fluoroquinolone-Resistant Campylobacter Species and the Withdrawal of Fluoroquinolones From Use in Poultry: A Public Health Success Story." *Clinical Infectious Diseases* 44, no. 7 (April 1, 2007): 977–80.
Nelson, Jennifer M., et al. "Prolonged Diarrhea Due to Ciprofloxacin-Resistant *Campylobacter* Infection." *Journal of Infectious Diseases* 190, no. 6 (September 15, 2004): 1150–57.
Nelson, Mark L., and Stuart B. Levy. "The History of the Tetracyclines." *Annals of the New York Academy of Sciences* 1241, no. 1 (December 2011): 17–32.
Neushul, P. "Science, Government, and the Mass Production of Penicillin." *Journal of the History of Medicine and Allied Sciences* 48, no. 4 (October 1993): 371–95.
"New Broiler Process Plan Keeps Meat Fresher Longer." *Florence (SC) Morning News*, February 21, 1956.
"New Philosophy in Administration of Food and Drug Laws Involved in Miller Pesticide Bill." *Journal of Agricultural and Food Chemistry* 1, no. 9 (July 2, 1953): 601.
"New Poultry Process Will Be Used at Chehalis Plant." *(Centralia, WA) Daily Chronicle*, July 10, 1956.
"New Process Helps Preserve Freshness of Poultry, Fish." *(San Rafael, CA) Daily Independent Journal*, December 7, 1955.
Ng, H., et al. "Antibiotics in Poultry Meat Preservation: Development of Resistance among Spoilage Organisms." *Applied Microbiology* 5, no. 5 (September 1957): 331–33.
Nicholson, Arnold. "More White Meat for You." *Saturday Evening Post*, August 9, 1947.
Nilsson, O., et al. "Vertical Transmission of *Escherichia coli* Carrying Plasmid-Mediated AmpC (pAmpC) Through the Broiler Production Pyramid." *Journal of Antimicrobial Chemotherapy* 69, no. 6 (June 1, 2014): 1497–1500. doi:10.1093/jac/dku030.
Njoku-Obi, A. N., et al. "A Study of the Fungal Flora of Spoiled Chlortetracycline Treated Chicken Meat." *Applied Microbiology* 5, no. 5 (September 1957): 319–21.
Norman, Lloyd. "G.O.P. to Open Inquiry into Meat Famine." *Chicago Tribune*, September 29, 1946, sec. 1.
"Obituaries: E. S. Anderson: Bacteriologist Who Predicted the Problems Associated With Human Resistance to Antibiotics." *Times (London)*, March 27, 2006. http://www.thetimes.co.uk/tto/opinion/obituaries/article2086666.ece.
"Obituaries: E. S. Anderson: Ingenious Microbiologist Who Investigated How Bacteria

Become Resistant to Antibiotics." (London, UK) *Independent,* March 23, 2006. http://www.independent.co.uk/news/obituaries/e-s-anderson-6105831.html.
O'Brien, Thomas F. "Emergence, Spread, and Environmental Effect of Antimicrobial Resistance: How Use of an Antimicrobial Anywhere Can Increase Resistance to Any Antimicrobial Anywhere Else." *Clinical Infectious Diseases* 34, Suppl. 3 (June 1, 2002): S78–84.
O'Connor, Clare. "Chick-Fil-A CEO Cathy: Gay Marriage Still Wrong, but I'll Shut Up About It and Sell Chicken," March 19, 2014. https://www.forbes.com/sites/clareoconnor/2014/03/19/chick-fil-a-ceo-cathy-gay-marriage-still-wrong-but-ill-shut-up-about-it-and-sell-chicken/#496eed632fcb.
Office of Technology Assessment, U.S. Congress. "Drugs in Livestock Feed." Office of Technology Assessment, U.S. Congress, 1979. http://hdl.handle.net/2027/umn.31951003054358w.
Ollinger, Michael, et al. "Structural Change in the Meat, Poultry, Dairy, and Grain Processing Industries." Economic Research Report. U.S. Department of Agriculture Economic Research Service, March 2005. https://www.ers.usda.gov/publications/pub-details/?pubid=45671.
O'Neill, Molly. "Rare Breed." *Saveur,* October 14, 2009.
Osterholm, M. T., et al. "An Outbreak of a Newly Recognized Chronic Diarrhea Syndrome Associated With Raw Milk Consumption." *Journal of the American Medical Association* 256, no. 4 (July 25, 1986): 484–90.
O'Sullivan, Kevin. "Seven-Year-Old Ian Reddin's Food Poisoning Put Family Life on Hold." *Irish Times (Dublin),* June 7, 1999.
Oregon Public Health Division. "Summary of *Salmonella* Heidelberg Outbreaks Involving PFGE Patterns SHEX-005 and 005a. Oregon, 2004–2012." Portland: Oregon Health Authority, June 20, 2014. https://public.health.oregon.gov/DiseasesConditions/CommunicableDisease/Outbreaks/Documents/Outbreak%20Report_2012-2394_and relatedinvestigations_heidelberg.pdf.
Ottke, Robert Crittenden, and Charles Franklin Niven, Jr. Preservation of meat. U.S. Patent 3057735 A, filed January 25, 1957, and issued October 9, 1962. http://www.google.com/patents/US3057735.
Overdevest, Ilse. "Extended-Spectrum B-Lactamase Genes of *Escherichia coli* in Chicken Meat and Humans, the Netherlands." *Emerging Infectious Diseases* 17, no. 7 (July 2011): 1216–22.
Parsons, Heidi. "Foster Farms Official Shares Data Management Tips, *Salmonella* Below 5%." *Food Quality News,* November 12, 2014. http://www.foodqualitynews.com/content/view/print/989474.
"Pass the 'Acronized' Chicken, Please!" (Algona, IA). *Kossuth County Advance,* May 28, 1957.
Paterson, David L, and Patrick N. A. Harris. "Colistin Resistance: A Major Breach in Our

Last Line of Defence." *Lancet Infectious Diseases* 16, no. 2 (February 2016): 132–33.

Paxton, H., et al. "The Gait Dynamics of the Modern Broiler Chicken: A Cautionary Tale of Selective Breeding." *Journal of Experimental Biology* 216, no. 17 (September 1, 2013): 3237–48.

"Penicillin's Finder Assays Its Future." *New York Times,* June 26, 1945.

Penn State Extension. "Primary Breeder Companies—Poultry." Accessed February 13, 2014. http://extension.psu.edu/animals/poultry/links/breeder-companies.

Perreten, Vincent, et al. "Colistin Resistance Gene *mcr-1* in Avian-Pathogenic *Escherichia coli* in South Africa." *Antimicrobial Agents and Chemotherapy* 60, no. 7 (July 2016): 4414–15.

Pew Campaign on Human Health and Industrial Farming. "Record-High Antibiotic Sales for Meat and Poultry Production." July 17, 2013. http://pew.org/1YkUC8K.

Pew Charitable Trusts. "The Business of Broilers: Hidden Costs of Putting a Chicken on Every Grill." Washington, D.C.: Pew Charitable Trusts, December 20, 2013. http://www.pewtrusts.org/~/media/legacy/uploadedfiles/peg/publications/report/businessofbroilersreportthepewcharitabletrustspdf.pdf.

———. "Comment on the Judicious Use of Medically Important Antimicrobial Drugs in Food-Producing Animals—Draft Guidance." Regulations.gov, August 27, 2010. https://www.regulations.gov/document?D=FDA-2010-D-0094-0398.

———. "Weaknesses in FSIS's Salmonella Regulation: How Two Recent Outbreaks Illustrate a Failure to Protect Public Health." Washington, D.C.: Pew Charitable Trusts, December 2013. http://www.pewtrusts.org/~/media/legacy/uploadedfiles/phg/content_level_pages/reports/fsischickenoutbreakreportv6pdf.pdf.

Pew Commission on Industrial Farm Animal Production. "Putting Meat on the Table: Industrial Farm Animal Production in America." Baltimore, MD: Johns Hopkins Bloomberg School of Public Health, April 2008. http://www.jhsph.edu/research/centers-and-institutes/johns-hopkins-center-for-a-livable-future/_pdf/news_events/PCIFAPFin.pdf.

Pew Environment Group. "Big Chicken: Pollution and Industrial Poultry Production in America." Washington, D.C.: Pew Charitable Trusts, July 27, 2011. http://www.pewtrusts.org/~/media/legacy/uploadedfiles/peg/publications/report/pegbigchickenjuly2011pdf.pdf.

Phillips, I., et al. "Epidemic Multiresistant *Escherichia coli* Infection in West Lambeth Health District." *Lancet* 1, no. 8593 (May 7, 1988): 1038–41.

Piddock, L. J. "Quinolone Resistance and *Campylobacter* spp." *Journal of Antimicrobial Chemotherapy* 36, no. 6 (December 1995): 891–98.

Plantz, Bruce. "Consumer Misconceptions Dangerous for American Agriculture." WATTAgNet.com, January 27, 2016. http://www.wattagnet.com/articles/25742-consumer-misconceptions-dangerous-for-american-agriculture.

Podolsky, Scott. *The Antibiotic Era: Reform, Resistance, and the Pursuit of a Rational Thera-*

peutics. Baltimore, MD: Johns Hopkins University Press, 2014.

Poirel, Laurent, and Patrice Nordmann. "Emerging Plasmid-Encoded Colistin Resistance: The Animal World as the Culprit?" *Journal of Antimicrobial Chemotherapy* 71, no. 8 (August 2016): 2326–27.

President Barack Obama. (Executive Order 13676: Combating Antibiotic-Resistant Bacteria." 79 *Fed. Reg.*, 56931 § (2014). https://www.gpo.gov/fdsys/pkg/FR-2014-09-23/pdf/2014-22805.pdf.

President of the General Assembly. "Draft Political Declaration of the High-Level Meeting of the General Assembly on Antimicrobial Resistance." New York: United Nations, September 21, 2016. http://www.un.org/pga/71/wp-content/uploads/sites/40/2016/09/DGACM_GAEAD_ESCAB-AMR-Draft-Political-Declaration-1616108E.pdf.

———. "Programme of the High Level Meeting on Antibiotic Resistance." New York: United Nations, September 19, 2016. http://www.un.org/pga/71/wp-content/uploads/sites/40/2015/08/HLM-on-Antimicrobial-Resistance-19-September-2016.pdf.

President's Council of Advisors on Science and Technology, Executive Office of the President. "Report to the President on Combating Antibiotic Resistance." Washington, D.C.: President's Council of Advisors on Science and Technology, September 18, 2014. https://obamawhitehouse.archives.gov/sites/default/files/microsites/ostp/PCAST/pcast
_amr_sept_2014_final.pdf.

PR Newswire. "After Eliminating Human Antibiotics In Chicken Production in 2014, Perdue Continues Its Leadership." July 8, 2015. http://www.prnewswire.com/news-releases/after-eliminating-human-antibiotics-in-chicken-production-in-2014-perdue-continues-its-leadership-role-to-reduce-all-antibiotic-use--human-and-animal-300110015.html.

Price, Lance B., et al. "Elevated Risk of Carrying Gentamicin-Resistant *Escherichia coli* among U.S. Poultry Workers." *Environmental Health Perspectives* 115, no. 12 (December 2007): 1738–42.

Price, Lance B., et al. "The Persistence of Fluoroquinolone-Resistant *Campylobacter* in Poultry Production." *Environmental Health Perspectives* 115, no. 7 (March 19, 2007): 1035–39.

Price, Lance B., et al. "*Staphylococcus aureus* CC398: Host Adaptation and Emergence of Methicillin Resistance in Livestock." *mBio* 3, no. 1 (2012).

Pringle, Peter. *Experiment Eleven: Dark Secrets behind the Discovery of a Wonder Drug*. New York: Walker Books, 2012.

"Problems in the Poultry Industry. Part I," § Subcommittee No. 6 of the Select Committee on Small Business, House of Representatives, 85th Cong., 1st sess., pursuant to H. Res. 56. (1957).

"Problems in the Poultry Industry. Part II," § Subcommittee No. 6 of the Select Committee on Small Business, House of Representatives, 85th Cong., 1st sess., pursuant to H.

Res. 56. (1957).
"Problems in the Poultry Industry. Part III," § Subcommittee No. 6 of the Select Committee on Small Business, House of Representatives, 85th Cong., 1st sess. pursuant to H. Res. 56. (1957).
Public Broadcasting System, *Frontline*. "Who's Responsible for That Manure? Poisoned Waters." April 21, 2009. http://www.pbs.org/wgbh/pages/frontline/poisonedwaters/themes/chicken.html.
"Public Husbandry." *Sunday Times (London)*, July 14, 1968.
"The QSR 50: The Top 50 Brands in Quick Service and Fast Casual." *QSR Magazine*, August 3, 2015. https://www.qsrmagazine.com/reports/qsr50-2015-top-50-chart.
"Quality Market." *(Helena, MT) Independent Record*, April 18, 1957. Advertisement.
Radhouani, Hajer, et al. "Potential Impact of Antimicrobial Resistance in Wildlife, Environment and Human Health." *Frontiers in Microbiology* 5 (2014).
Ramchandani, Meena, et al. "Possible Animal Origin of Human-Associated, Multidrug-Resistant, Uropathogenic *Escherichia coli*." *Clinical Infectious Diseases* 40, no. 2 (January 15, 2005): 251–57.
Rapoport, Melina, et al. "First Description of *mcr-1*-Mediated Colistin Resistance in Human Infections Caused by *Escherichia coli* in Latin America: Table 1." *Antimicrobial Agents and Chemotherapy* 60, no. 7 (July 2016): 4412–13.
Ravenholt, R. T., et al. "Staphylococcal Infection in Meat Animals and Meat Workers." *Public Health Reports* 76 (October 1961): 879–88.
Recommendations to the Commissioner for the Control of Foodborne Human Salmonellosis: The Report of the FDA Salmonella Task Force. Washington, D.C.: 1973.
Reed, Lois. "Our Readers Speak: Likes Letter From Lauretta Walkup." *(Butte, MT) Standard-Post*, December 5, 1959.
Reese, Frank. "On Animal Husbandry for Poultry Production." December 2014. http://goodshepherdpoultryranch.com/wp-content/uploads/2015/06/frankreesetreatise.pdf.
The Regulation of Animal Drugs by the Food and Drug Administration: Hearings Before a Subcommittee of the Committee on Government Operations, House of Representatives, 99th Cong., 1st sess., July 24 , 25, 1985.
"Report of the Special Meeting on Urgent Food Problems, Washington, D.C., May 20–27, 1946." Washington, D.C.: Food and Agriculture Organization of the United Nations, June 6, 1946.
Review on Antimicrobial Resistance. "Antimicrobial Resistance: Tackling a Crisis for the Health and Wealth of Nations." London: Review on Antimicrobial Resistance, December 2014. https://amr-review.org/sites/default/files/AMR%20Review%20Paper%20-%20Tackling%20a%20crisis%20for%20the%20health%20and%20wealth%20of%20nations_1.pdf.
Reynolds, L. A., and E. M. Tansey. "Foot and Mouth Disease: The 1967 Outbreak and Its Aftermath." London: Wellcome Trust Centre for the History of Medicine at UCL,

2003.
Rickes, E. L., et al. "Comparative Data on Vitamin B_{12} From Liver and From a New Source, *Streptomyces griseus*." *Science* 108, no. 2814 (December 3, 1948): 634–35.
Riley, Lee W., and Amee R. Manges. "Epidemiologic Versus Genetic Relatedness to Define an Outbreak-Associated Uropathogenic Escherichia coli Group." *Clinical Infectious Diseases* 41, no. 4 (August 15, 2005): 567–70
Riley, Lee W., et al. "Obesity in the United States–Dysbiosis From Exposure to Low-Dose Antibiotics?" *Frontiers in Public Health* 1 (2013).
Rinsky, Jessica L., et al. "Livestock-Associated Methicillin and Multidrug Resistant *Staphylococcus aureus* Is Present Among Industrial, Not Antibiotic-Free Livestock Operation Workers in North Carolina." *PLoS ONE* 8, no. 7 (July 2, 2013): e67641.
Ritz, Casey W., and William C. Merka. "Maximizing Poultry Manure Use Through Nutrient Management Planning." University of Georgia Extension, July 30, 2004. http://extension
.uga.edu/publications/detail.cfm?number=B1245.
Robinson, Timothy P., et al. "Animal Production and Antimicrobial Resistance in the Clinic." *Lancet* 387, no. 10014 (January 2016): e1–3.
Rogers, Richard T. "Broilers: Differentiating a Commodity." In *Industry Studies,* edited by Larry L. Duetsch, 3rd ed., 59–95. Armonk, NY: M. E. Sharpe, 2002.
Roth, Anna. "What You Need to Know About the Corporate Shift to Cage-Free Eggs." *Civil Eats,* January 28, 2016. http://civileats.com/2016/01/28/what-you-need-to-know
-about-the-corporate-shift-to-cage-free-eggs/.
Rountree, P. M., and B. M. Freeman. "Infections Caused by a Particular Phage Type of *Staphylococcus aureus*." *Medical Journal of Australia* 42, no. 5 (July 30, 1955): 157–61.
Ruhe, J. J., and A. Menon. "Tetracyclines as an Oral Treatment Option for Patients With Community Onset Skin and Soft Tissue Infections Caused by Methicillin-Resistant *Staphylococcus aureus*." *Antimicrobial Agents and Chemotherapy* 51, no. 9 (September 1, 2007): 3298–3303.
Rule, Ana M., et al. "Food Animal Transport: A Potential Source of Community Exposures to Health Hazards From Industrial Farming (CAFOs)." *Journal of Infection and Public Health* 1, no. 1 (2008): 33–39.
Russell, Cristine. "Research Links Human Illness, Livestock Drugs." *Washington Post,* September 6, 1984, sec. A.
Russell, J. B., and A. J. Houlihan. "The Ionophore Resistance of Ruminal Bacteria and Its Relationship to Other Forms of Antibiotic Resistance." Paper presented at the Cornell Nutrition Conference for Feed Manufacturers, East Syracuse, NY, October 21, 2003. https://naldc.nal.usda.gov/catalog/20731.
Russo, T. A., and J. R. Johnson. "Proposal for a New Inclusive Designation for Extraintestinal Pathogenic Isolates of *Escherichia coli*: ExPEC." *Journal of Infectious Diseases* 181, no. 5 (May 2000): 1753–54.

Russo, Thomas A., and James R. Johnson. "Medical and Economic Impact of Extraintestinal Infections due to *Escherichia coli*: Focus on an Increasingly Important Endemic Problem." *Microbes and Infection* 5, no. 5 (April 2003): 449–56.

Ruzauskas, Modestas, and Lina Vaskeviciute. "Detection of the *mcr-1* Gene in *Escherichia coli* Prevalent in the Migratory Bird Species *Larus argentatus*." *Journal of Antimicrobial Chemotherapy* 71, no. 8 (August 2016): 2333–34.

Saberan, Abdi, and Olivier Deck. *Landes en toute liberté*. Lavaur, France: Edition AVFL, 2005.

"Safeway." *Bend (OR) Bulletin*, December 10, 1959. Advertisement.

Salyers, Abigail A., and Dixie D. Whitt. *Revenge of the Microbes: How Bacterial Resistance Is Undermining the Antibiotic Miracle*. Washington, D.C.: ASM Press, 2005.

Sanchez, G. V., et al. "Trimethoprim-Sulfamethoxazole May No Longer Be Acceptable for the Treatment of Acute Uncomplicated Cystitis in the United States." *Clinical Infectious Diseases* 53, no. 3 (August 1, 2011): 316–17.

Sanders, Robert. "Outspoken UC Berkeley Biochemist and Nutritionist Thomas H. Jukes Has Died at Age 93." University of California, Berkeley, November 10, 1999.

Sanderson Farms. *The Truth About Chicken—Supermarket*. 2016. https://www.youtube.com/watch?time_continue=9&v=3BdgVvJOWiQ.

Sannes, Mark R., et al. "Predictors of Antimicrobial-Resistant *Escherichia coli* in the Feces of Vegetarians and Newly Hospitalized Adults in Minnesota and Wisconsin." *Journal of Infectious Diseases* 197, no. 3 (February 1, 2008): 430–34.

Sawyer, Gordon. *Northeast Georgia: A History*. Mount Pleasant, SC: Arcadia Publishing, 2001. https://www.arcadiapublishing.com/Products/9780738523705.

——. *The Agribusiness Poultry Industry: A History of Its Development*. New York: Exposition Press, 1971.

Saxon, Wolfgang. "Anne Miller, 90, First Patient Who Was Saved by Penicillin." *New York Times*, June 9, 1999.

Sayer, Karen. "Animal Machines: The Public Response to Intensification in Great Britain, C. 1960-C. 1973." *Agricultural History* 87, no. 4 (September 1, 2013): 473–501.

Scallan, Elaine, et al. "Foodborne Illness Acquired in the United States—Major Pathogens." *Emerging Infectious Diseases* 17, no. 1 (January 2011): 7–15.

Schell, Orville. *Modern Meat: Antibiotics, Hormones and the Pharmaceutical Farm*. New York: Random House 1984.

Schmall, Emily. "The Cult of Chick-Fil-A." *Forbes*, July 6, 2007. http://www.forbes.com/forbes/2007/0723/080.html.

Schmidt, C. J., et al. "Comparison of a Modern Broiler Line and a Heritage Line Unselected Since the 1950s." *Poultry Science* 88, no. 12 (December 1, 2009): 2610–19.

Schuessler, Ryan. "Maryland Residents Fight Poultry Industry Expansion." *Al Jazeera America*. http://america.aljazeera.com/articles/2015/11/23/maryland-residents-fight-poultry-industry-expansion.html.

Schulfer, Anjelique, and Martin J. Blaser. "Risks of Antibiotic Exposures Early in Life on the Developing Microbiome." *PLOS Pathogens* 11, no. 7 (July 2, 2015): e1004903.
Scully, Matthew. *Dominion: The Power of Man, the Suffering of Animals, and the Call to Mercy*. New York: St. Martin's Press, 2002.
Seeger, Karl C., et al. "The Results of the Chicken-of-Tomorrow 1948 National Contest." Newark: University of Delaware Agricultural Experiment Station, USDA, July 1948. http://hdl.handle.net/2027/uc1.b2825459.
Shanker, Deena. "Just Months After Big Pork Said It Couldn't Be Done, Tyson Is Raising up to a Million Pigs Without Antibiotics." Quartz.com, February 24, 2016. https://qz.com/624270/just-months-after-big-pork-said-it-couldnt-be-done-tyson-is-raising-up-to-a-million-pigs-without-antibiotics/.
Sharpless, Rebecca. Reimert Thorolf Ravenholt. Population and Reproductive Health Oral History Project, Sophia Smith Collection, Smith College, Northampton, MA, July 18, 2002. https://www.smith.edu/library/libs/ssc/prh/transcripts/raven-holt-trans
.pdf.
Sheikh, Ali Ahmad, et al. "Antimicrobial Resistance and Resistance Genes in *Escherichia coli* Isolated From Retail Meat Purchased in Alberta, Canada." *Foodborne Pathogens and Disease* 9, no. 7 (July 2012): 625–31.
Shrader, H. L. "The Chicken-of-Tomorrow Program: Its Influence on 'Meat-Type' Poultry Production." *Poultry Science* 31, no. 1 (January 1952): 3–10.
Shrimpton, D. H. "The Use of Chlortetracycline (Aureomycin) to Retard the Spoilage of Poultry Carcasses." *Journal of the Science of Food and Agriculture* 8 (August 1957): 485–89.
Sieburth, J. M., et al. "Effect of Antibiotics on Intestinal Microflora and on Growth of Turkeys and Pigs." *Proceedings of the Society for Experimental Biology and Medicine, Society for Experimental Biology and Medicine* 76, no. 1 (January 1951): 15–18.
Simões, Roméo Rocha, et al. "Seagulls and Beaches as Reservoirs for Multidrug-Resistant *Escherichia coli*." *Emerging Infectious Diseases* 16, no. 1 (January 2009): 110–12.
Singer, Randall S. "Urinary Tract Infections Attributed to Diverse ExPEC Strains in Food Animals: Evidence and Data Gaps." *Frontiers in Microbiology* 6 (2015): 28. doi:10.3389/fmicb.2015.00028.
Singer, Randall S., et al. "Modeling the Relationship Between Food Animal Health and Human Foodborne Illness." *Preventive Veterinary Medicine* 79, no. 2–4 (May 2007): 186–203.
Singer, Randall S., and Charles L. Hofacre. "Potential Impacts of Antibiotic Use in Poultry Production." *Avian Diseases* 50, no. 2 (June 2006): 161–72.
Singh, Pallavi, et al. "Characterization of Enteropathogenic and Shiga Toxin-Producing *Escherichia coli* in Cattle and Deer in a Shared Agroecosystem." *Frontiers in Cellular and Infection Microbiology* 5 (April 1, 2015).

Skov, Robert L., and Dominique L. Monnet. "Plasmid-Mediated Colistin Resistance (*mcr-1* Gene): Three Months Later, the Story Unfolds." *Eurosurveillance* 21, no. 9 (March 3, 2016).

Sloane, Julie. "I Turned My Father's Tiny Egg Farm Into a Poultry Powerhouse and Became the Face of an Industry." *Fortune Small Business*, September 1, 2003. http://money.cnn.com/magazines/fsb/fsb_archive/2003/09/01/350797/.

Smaldone, Giorgio, et al. "Occurrence of Antibiotic Resistance in Bacteria Isolated from Seawater Organisms Caught in Campania Region: Preliminary Study." *BMC Veterinary Research* 10 (July 15, 2014): 161.

Smith, E. L. "The Discovery and Identification of Vitamin B_{12}." *British Journal of Nutrition* 6, no. 1 (1952): 295–299.

Smith, H. W. "Why Has Swann Failed?" Letter to the editor. *British Medical Journal* 280, no. 6230 (June 21, 1980): 1537.

Smith, H. W., and M. A. Lovell. "*Escherichia coli* Resistant to Tetracyclines and to Other Antibiotics in the Faeces of U.K. Chickens and Pigs in 1980." *Journal of Hygiene* 87, no. 3 (December 1981): 477–83.

Smith, J. L., et al. "Impact of Antimicrobial Usage on Antimicrobial Resistance in Commensal *Escherichia coli* Strains Colonizing Broiler Chickens." *Applied and Environmental Microbiology* 73, no. 5 (March 1, 2007): 1404–14.

Smith, K. E., et al. "Quinolone-Resistant *Campylobacter jejuni* Infections in Minnesota, 1992-1998. Investigation Team." *New England Journal of Medicine* 340, no. 20 (May 20, 1999): 1525–32.

Smith, Page, and Charles Daniel. *The Chicken Book*. Athens: University of Georgia Press, 2000.

Smith, R., and J. Coast. "The True Cost of Antimicrobial Resistance." *British Medical Journal* 346, no. 11 (March 11, 2013): f1493.

Smith, S. P., et al. "Temporal Changes in the Prevalence of Community-Acquired Antimicrobial-Resistant Urinary Tract Infection Affected by *Escherichia coli* Clonal Group Composition." *Clinical Infectious Diseases* 46, no. 5 (March 1, 2008): 689–95.

Smith, Tara C., et al. "Methicillin-Resistant *Staphylococcus aureus* in Pigs and Farm Workers on Conventional and Antibiotic-Free Swine Farms in the USA." *PLoS ONE* 8, no. 5 (May 7, 2013): e63704.

Smith, Tara C., and Shylo E. Wardyn. "Human Infections with *Staphylococcus aureus* CC398." *Current Environmental Health Reports* 2, no. 1 (March 2015): 41–51.

Sneeringer, Stacey, et al. "Economics of Antibiotic Use in U.S. Livestock Production." Economic Research Report. Washington, D.C.: Economic Research Service, U.S. Department of Agriculture, November 2015. https://www.ers.usda.gov/webdocs/publications/err200/55528_err200_summary.pdf.

Sobel, Jeremy, et al. "Investigation of Multistate Foodborne Disease Outbreaks." *Public Health Reports* 117, no. 1 (February 2002): 8–19.

Solomons, I. A. "Antibiotics in Animal Feeds—Human and Animal Safety Issues." *Journal of Animal Science* 46, no. 5 (1978): 1360–1368.
Song, Qin, et al. "Optimization of Fermentation Conditions for Antibiotic Production by Actinomycetes YJ1 Strain against *Sclerotinia sclerotiorum*." *Journal of Agricultural Science* 4, no. 7 (May 21, 2012).
Soule, George. "Chicken Explosion." *Harper's Magazine* 222 (April 1961): 77–79.
Souverein, Dennis, et al. "Costs and Benefits Associated With the MRSA Search and Destroy Policy in a Hospital in the Region Kennemerland, the Netherlands." *PLOS ONE* 11, no. 2 (February 5, 2016): e0148175.
Spake, Amanda. "Losing the Battle of the Bugs (Cover)." *U.S. News & World Report*, May 10, 1999.
———. "O Is for Outbreak (Cover)." *U.S. News & World Report*, November 24, 1997.
Stamm, W. E. "An Epidemic of Urinary Tract Infections?" *New England Journal of Medicine* 345, no. 14 (October 4, 2001): 1055–57.
Stevenson, G. W., and Holly Born. "The 'Red Label' Poultry System in France: Lessons for Renewing an Agriculture-of-the-Middle in the United States." In *Remaking the North American Food System: Strategies for Sustainability*, edited by C. Clare Hinrichs and Thomas A. Lyson, 144–62. Lincoln: University of Nebraska Press, 2007.
Stokstad, E. L. R. "Antibiotics in Animal Nutrition." *Physiological Reviews* 34, no. 1 (1954): 25–51.
Stokstad, E. L. R., and T. H. Jukes. "Effect of Various Levels of Vitamin B_{12} Upon Growth Response Produced by Aureomycin in Chicks." *Proceedings of the Society for Experimental Biology and Medicine. Society for Experimental Biology and Medicine* 76, no. 1 (January 1951): 73–76.
———. "Further Observations on the 'Animal Protein Factor.'" *Proceedings of the Society for Experimental Biology and Medicine* 73, no. 3 (March 1, 1950): 523–28.
———. "The Multiple Nature of the Animal Protein Factor." *Journal of Biological Chemistry* 180, no. 2 (September 1949): 647–54.
Stokstad, E. L. R., et al. "The Multiple Nature of the Animal Protein Factor." *Journal of Biological Chemistry* 180, no. 2 (September 1, 1949): 647–54.
Stone, I. F. "Fumbling with Famine." *Nation*, March 23, 1946.
Striffler, Steve. *Chicken: The Dangerous Transformation of America's Favorite Food*. New Haven, CT: Yale University Press, 2007.
Strom, Stephanie. "Into the Family Business at Perdue." *New York Times*, July 31, 2015.
———. "Perdue Sharply Cuts Antibiotic Use in Chickens and Jabs at Its Rivals." *New York Times*, July 31, 2015.
Subcommittee on Dairy and Poultry of the Committee on Agriculture, House of Representatives. *Impact of Chemical and Related Drug Products and Federal Regulatory Processes. Hearings Before the Subcommittee on Dairy and Poultry of the Committee on Agriculture, House of Representatives*, 95th Cong., 1st sess. (1977).

Subcommittee on Health of the Committee on Labor and Public Welfare and the Subcommittee on Administrative Practice and Procedure of the Committee on the Judiciary, U.S. Senate. *Preclinical and Clinical Testing by the Pharmaceutical Industry, 1976. Joint Hearings,* 94th Cong., 2nd sess. (1975).

Subcommittee on Legislation Affecting the Food and Drug Administration of the Committee on Labor and Public Welfare, U.S. Senate. *Mandatory Poultry Inspection. Hearings, on S. 3176, a Bill to Amend the Federal Food, Drug, and Cosmetic Act, so as to Prohibit the Movement in Interstate or Foreign Commerce of Unsound, Unhealthful, Diseased, Unwholesome, or Adulterated Poultry or Poultry Products*, 84th Cong., 2nd sess. (May 9, 10, 1956).

Subcommittee on Oversight and Investigations, House Committee on Interstate and Foreign Commerce, on Food and Drug Administration. *Antibiotics in Animal Feeds, Hearings,* 95th Cong., lst sess. (September 19, 23, 1977). http://hdl.handle.net/2027/umn.31951d00283261m.

Sun, M. "Antibiotics and Animal Feed: A Smoking Gun." *Science* 225, no. 4668 (September 21, 1984): 1375.

———. "In Search of Salmonella's Smoking Gun." *Science* 226, no. 4670 (October 5, 1984): 30–32.

———. "New Study Adds to Antibiotic Debate." *Science* 226, no. 4676 (November 16, 1984): 818.

———. "Use of Antibiotics in Animal Feed Challenged." *Science* 226, no. 4671 (October 12, 1984): 144–46.

Sunde, Milton. "Seventy-Five Years of Rising American Poultry Consumption: Was It Due to the Chicken of Tomorrow Contest?" *Nutrition Today* 38, no. 2 (2003): 60–62.

Surgeon-General's Office, United States. "Report of the Surgeon-General of the Army to the Secretary of War for the Fiscal Year Ending June 30, 1921." Washington D.C.: Government Printing Office, June 30, 1921.

Swann, Michael Meredith, and Joint Committee on the Use of Antibiotics in Animal Husbandry and Veterinary Medicine. *Report Presented to Parliament by the Secretary of State for Social Services, the Secretary of State for Scotland, the Minister of Agriculture, Fisheries and Food and the Secretary of State for Wales by Command of Her Majesty.* London: HMSO, November 1969.

Swartz, Morton N. "Human Diseases Caused by Foodborne Pathogens of Animal Origin." *Clinical Infectious Diseases* 34, Suppl. 3 (June 1, 2002): S111–22.

Tarr, Adam. "California Firm Recalls Chicken Products Due to Possible *Salmonella* Heidelberg Contamination." U.S. Department of Agriculture, July 12, 2014. https://www.fsis.usda.gov/wps/portal/fsis/topics/recalls-and-public-health-alerts/recall-case-archive/archive/2014/recall-044-2014-release.

Tarr, H. L. A., et al. "Antibiotics in Food Processing, Experimental Preservation of Fish and

Beef With Antibiotics." *Journal of Agricultural and Food Chemistry* 2, no. 7 (1954): 372–75.

Tartof, S. Y., et al. "Analysis of a Uropathogenic *Escherichia coli* Clonal Group by Multilocus Sequence Typing." *Journal of Clinical Microbiology* 43, no. 12 (December 1, 2005): 5860–64.

Teillant, Aude, et al. "Potential Burden of Antibiotic Resistance on Surgery and Cancer Chemotherapy Antibiotic Prophylaxis in the USA: A Literature Review and Modelling Study." *Lancet Infectious Diseases* 15, no. 12 (December 2015): 1429–37.

Ternhag, Anders, et al. "Short- and Long-Term Effects of Bacterial Gastrointestinal Infections." *Emerging Infectious Diseases* 14, no. 1 (January 2008): 143–48.

Thatcher, F. S., and A. Loit. "Comparative Microflora of Chlor-Tetracycline-Treated and Nontreated Poultry with Special Reference to Public Health Aspects." *Applied Microbiology* 9 (January 1961): 39–45.

Thorpe, Cheleste M. "Shiga Toxin-Producing *Escherichia coli* Infection." *Clinical Infectious Diseases* 38, no. 9 (May 1, 2004): 1298–1303.

"305,000 K-12 Students in Chicago Offered Chicken Raised Without Antibiotics." *Sustainable Food News,* November 1, 2011. https://www.sustainablefoodnews.com/printstory.php?news_id=14362.

Threlfall, E. J., et al. "High-Level Resistance to Ciprofloxacin in *Escherichia coli.*" *Lancet* 349, no. 9049 (February 8, 1997): 403.

Threlfall, E. J., et al. "Increasing Spectrum of Resistance in Multiresistant Salmonella Typhimurium." *Lancet* 347, no. 9007 (April 13, 1996): 1053–54.

Threlfall, E. J., et al. "Plasmid-Encoded Trimethoprim Resistance in Multiresistant Epidemic *Salmonella* Typhimurium Phage Types 204 and 193 in Britain." *British Medical Journal* 280, no. 6225 (May 17, 1980): 1210–11.

Threlfall, E. J., et al. "Increasing Incidence of Resistance to Trimethoprim and Ciprofloxacin in Epidemic *Salmonella* Typhimurium DT104 in England and Wales." *Eurosurveillance* 2, no. 11 (November 1997): 81–84.

———. "Multiresistant *Salmonella* Typhimurium DT 104 and *Salmonella bacteraemia.*" *Lancet* 352, no. 9124 (July 25, 1998): 287–88.

———. "Spread of Multiresistant Strains of *Salmonella* Typhimurium Phage Types 204 and 193 in Britain." *British Medical Journal* 2, no. 6143 (October 7, 1978): 997.

Titus, Andrea. "The Burden of Antibiotic Resistance in Indian Neonates." Center for Disease Dynamics, Economics and Policy, August 18, 2012. http://www.cddep.org/blog/posts/visualization_series_burden_antibiotic_resistance_indian_neonates.

Tobey, Mark B. "Public Workshops: Agriculture and Antitrust Enforcement Issues in Our 21st Century Economy." Washington, D.C.: U.S. Department of Justice, March 2012. https://www.justice.gov/atr/events/public-workshops-agriculture-and-antitrust-enforcement-issues-our-21st-century-economy-10.

Toossi, Mitra. "A Century of Change: The U.S. Labor Force, 1950-2050." *Monthly Labor*

Review 125 (2002): 15.
"Town and Country Market." *(Ukiah, CA) Daily Journal,* August 22, 1956. Advertisement.
Trasande, L., et al. "Infant Antibiotic Exposures and Early-Life Body Mass." *International Journal of Obesity* 37, no. 1 (January 2013): 16–23.
Travers, Karin, and Barza Michael. "Morbidity of Infections Caused by Antimicrobial-Resistant Bacteria." *Clinical Infectious Diseases* 34, Suppl. 3 (June 1, 2002): S131–34.
"Trouble on the Farm." *Economist,* November 15, 1969.
Trust for America's Health. "Comment on the Judicious Use of Medically Important Antimicrobial Drugs in Food-Producing Animals—Draft Guidance." Regulations.gov, August 24, 2010. https://www.regulations.gov/document?D=FDA-2010-D-0094-0365.
Tucker, Anthony. "Anti-Anti-Antibiotics." *Guardian (Manchester),* January 30, 1968.
———. "Obituary: ES Anderson: Brilliant Bacteriologist Who Foresaw the Public Health Dangers of Genetic Resistance to Antibiotics." *Guardian (Manchester),* March 22, 2006.
Tucker, Robert A. "History of the U.S. Food and Drug Administration." Interview with Donald Kennedy, Ph.D., June 17, 1996. http://www.fda.gov/downloads/AboutFDA/WhatWeDo/History/OralHistories/SelectedOralHistoryTranscripts/UCM265233.pdf.
"Two Hands for Donald Kennedy." *New York Times,* July 2, 1979.
"Two Years Pass, Nothing Done." *Sunday Times (London),* April 28, 1968.
Tyson Foods. "Tyson Foods' New Leaders Position Company for Future Growth." News release, February 21, 2017. http://www.tysonfoods.com/media/news-releases/2017/02/tyson-foods-new-leaders-position-company-for-future-growth.
"Tyson Fresh Meats Launches Open Prairie Natural Pork." TysonFoods.com. February 22, 2016. http://www.tysonfoods.com/media/news-releases/2016/02/natural-pork-launch.aspx.
United Nations Secretary-General. "Secretary-General's Remarks to High-Level Meeting on Antimicrobial Resistance [as Delivered]." United Nations, September 21, 2016. https://www.un.org/sg/en/content/sg/statement/2016-09-21/secretary-generals-remarks-high-level-meeting-antimicrobial.
United Press International. "Now Using Antibiotics to Keep Meat Fresh." *Pantagraph,* August 12, 1956.
———. "Science Finding Ways to Stall Food Spoilage." *Ottawa Journal,* November 10, 1956.
"USDA Takes New Steps to Fight *E. coli*, Protect the Food Supply." U.S. Department of Agriculture, September 13, 2011. https://www.usda.gov/wps/portal/usda/usdahome?contentidonly=true&contentid=2011/09/0400.xml.
U.S. Department of Agriculture. *A Graphic Summary of Farm Animals and Animal Products (Based Largely on the Census of 1940).* Washington, D.C.: 1943. http://hdl.handle.net/2027/uva.x030450594.
U.S. Department of Agriculture, Bureau of Agricultural Economics, and Bureau of the Census, U.S. Department of Commerce. "United States Census of Agriculture 1950: A Graphic Summary." 1952. http://agcensus.mannlib.cornell.edu/AgCensus/getVolumeT-

woPart.do?volnum=5&year=1950&part_id=1081&number=6&title=Agriculture%20 1950%
20-%20A%20Graphic%20Summary.

U.S. Department of Agriculture, Food Safety and Inspection Service. "Nationwide Broiler Chicken Microbiological Baseline Data Collection Program, July 1994–June 1995." April 1996. http://agris.fao.org/agris-search/search.do?recordID=US201300313983.

U.S. Department of Agriculture, National Agricultural Statistics Service. "Agricultural Resource Management Survey Broiler Highlights 2011." Accessed December 9, 2016. https://www.nass.usda.gov/Surveys/Guide_to_NASS_Surveys/Ag_Resource_Management/ARMS_Broiler_Factsheet/.

———. "Poultry Slaughter 2014 Annual Summary." February 2015. http://usda.mannlib.cornell.edu/MannUsda/viewDocumentInfo.do?documentID=1497.

———. "Poultry Slaughter 2015 Annual Summary." February 2016. http://usda.mannlib.cornell.edu/MannUsda/viewDocumentInfo.do?documentID=1497.

U.S. Government Accountability Office. "Animal Agriculture: Waste Management Practices." Washington, D.C., July 1, 1999. http://www.gao.gov/products/RCED-99-205.

U.S. Poultry & Egg Association. "Industry Economic Data." Accessed May 31, 2015. https://www.uspoultry.org/economic_data/

Van Boeckel, Thomas P., et al. "Global Trends in Antimicrobial Use in Food Animals." *Proceedings of the National Academy of Sciences of the United States of America* 112, no. 18 (May 5, 2015): 5649–54.

Van Cleef, B. A. G. L., et al. "High Prevalence of Nasal MRSA Carriage in Slaughterhouse Workers in Contact with Live Pigs in the Netherlands." *Epidemiology and Infection* 138, no. 5 (May 2010): 756–63.

Van Loo, Inge, et al. "Emergence of Methicillin-Resistant *Staphylococcus aureus* of Animal Origin in Humans." *Emerging Infectious Diseases* 13, no. 12 (December 2007): 1834–39.

Van Rijen, M. M. L., et al. "Methicillin-Resistant *Staphylococcus aureus* Epidemiology and Transmission in a Dutch Hospital." *Journal of Hospital Infection* 72, no. 4 (August 2009): 299–306. doi:10.1016/j.jhin.2009.05.006.

Van Rijen, M. M. L., et al. "Increase in a Dutch Hospital of Methicillin-Resistant *Staphylococcus aureus* Related to Animal Farming." *Clinical Infectious Diseases* 46, no. 2 (January 15, 2008): 261–63.

Vasquez, Amber M., et al. "Investigation of *Escherichia coli* Harboring the *mcr-1* Resistance Gene—Connecticut, 2016." *Morbidity and Mortality Weekly Report* 65, no. 36 (September 16, 2016): 979–80.

Vaughn, Reese H., and George F. Stewart. "Antibiotics as Food Preservatives." *Journal of the American Medical Association* 174, no. 10 (1960): 1308–1310.

Velázquez, J. B., et al. "Incidence and Transmission of Antibiotic Resistance in Campylobacter Jejuni and Campylobacter Coli." *Journal of Antimicrobial Chemotherapy* 35, no. 1 (January 1995): 173–78.

Vermont Department of Health. "Disease Control Bulletin September 1998: Salmonella Typhimurium DT104." Accessed February 18, 2016. http://www.healthvermont.gov/pubs/disease_control/1998/1998-09.aspx.
Veterinary Correspondent. "Hazards in Feed Additives." *Times (London)*, March 3, 1969.
Vickers, H. R., L. Bagratuni, and S. Alexander. "Dermatitis Caused by Penicillin in Milk." *Lancet* 1, no. 7016 (February 15, 1958): 351–52.
Vidaver, Anne K. "Uses of Antimicrobials in Plant Agriculture." *Clinical Infectious Diseases* 34, Suppl. 3 (June 1, 2002): S107–10.
Vieira, Antonio R., et al. "Association Between Antimicrobial Resistance in *Escherichia coli* Isolates From Food Animals and Blood Stream Isolates From Humans in Europe: An Ecological Study." *Foodborne Pathogens and Disease* 8, no. 12 (December 2011): 1295–1301.
Vincent, Caroline, et al. "Food Reservoir for *Escherichia coli* Causing Urinary Tract Infections." *Emerging Infectious Diseases* 16, no. 1 (January 2010): 88–95.
"Viruses Begin to Yield." *New York Times*, July 23, 1948.
Vitenskapkomiteen for mattrygghet (Norwegian Scientific Committee for Food Safety). "The Risk of Development of Antimicrobial Resistance With the Use of Coccidiostats in Poultry Diets," December 14, 2015. http://www.english.vkm.no/eway/default.aspx?pid=278&trg=Content_6390&Content_6390=6393:2093761::0:6745:1:::0:0.
Voetsch, Andrew C., et al. "FoodNet Estimate of the Burden of Illness Caused by Nontyphoidal Salmonella Infections in the United States." *Clinical Infectious Diseases* 38 Suppl. 3 (April 15, 2004): S127-134.
Vos, Margreet C., and Henri A. Verbrugh. "MRSA: We Can Overcome, but Who Will Lead the Battle?" *Infection Control and Hospital Epidemiology* 26, no. 2 (2005): 117–120.
Voss, Andreas, et al. "Methicillin-Resistant *Staphylococcus aureus* in Pig Farming." *Emerging Infectious Diseases* 11, no. 12 (December 2005): 1965-1966.
Vukina, T., and W. E. Foster. "Efficiency Gains in Broiler Production Through Contract Parameter Fine Tuning." *Poultry Science* 75, no. 11 (November 1996): 1351–58.
Walker, Homer W., and John C. Ayres. "Antibiotic Residuals and Microbial Resistance in Poultry Treated with Tetracyclines." *Journal of Food Science* 23, no. 5 (1958): 525–31.
Walker, J. C. "Pioneer Leaders in Plant Pathology: Benjamin Minge Duggar." *Annual Review of Phytopathology* 20, no. 1 (1982): 33–39.
Wang, Zuoyue. *In Sputnik's Shadow: The President's Science Advisory Committee and Cold War America*. New Brunswick, NJ: Rutgers University Press, 2008.
Warren, Don C. "A Half-Century of Advances in the Genetics and Breeding Improvement of Poultry." *Poultry Science* 37, no. 1 (January 1958): 3–20.
Watanabe, T. "Infective Heredity of Multiple Drug Resistance in Bacteria." *Bacteriological Reviews* 27 (March 1963): 87–115.
Watanabe, T., and T. Fukasawa. "Episome-Mediated Transfer of Drug Resistance in Enterobacteriaceae. I. Transfer of Resistance Factors by Conjugation." *Journal of Bacteriology*

81 (May 1961): 669–78.
Watts, J. Craig. “Easing the Plight of Poultry Growers.” *(Raleigh, NC) News and Observer,* August 24, 2011.
WBOC-16. “Somerset County Approves New Poultry House Regulations.” August 10, 2016. http://www.wboc.com/story/32732399/somerset-county-approves-new-poultry-house-regulations.
Wegener, H. C., et al. “Use of Antimicrobial Growth Promoters in Food Animals and *Enterococcus faecium* Resistance to Therapeutic Antimicrobial Drugs in Europe.” *Emerging Infectious Diseases* 5, no. 3 (June 1999): 329–35.
Weiser, H. H., et al. “The Use of Antibiotics in Meat Processing.” *Applied Microbiology* 2, no. 2 (March 1954): 88–94.
Welch, H. “Antibiotics in Food Preservation; Public Health and Regulatory Aspects.” *Science* 126, no. 3284 (December 6, 1957): 1159–61.
———. “Problems of Antibiotics in Food as the Food and Drug Administration Sees Them.” *American Journal of Public Health and the Nation's Health* 47, no. 6 (June 1957): 701–5.
Werner, F. J. M., and SDa Executive Board. “Usage of Antibiotics in Livestock in the Netherlands in 2012.” Utrecht: SDa Autoriteit Dirgeneesmiddelen, July 2013. http://www.autoriteitdiergeneesmiddelen.nl/en/home.
Wertheim, H. F. L., et al. “Low Prevalence of Methicillin-Resistant *Staphylococcus aureus* (MRSA) at Hospital Admission in the Netherlands: The Value of Search and Destroy and Restrictive Antibiotic Use.” *Journal of Hospital Infection* 56, no. 4 (April 2004): 321–25.
Westgren, Randall E. “Delivering Food Safety, Food Quality, and Sustainable Production Practices: The Label Rouge Poultry System in France.” *American Journal of Agricultural Economics* 81, no. 5 (December 1, 1999): 1107–11.
“Whale Steak for Dinner.” *Science News-Letter* 70, no. 20 (1956): 315–15.
White, David G., et al, eds. *Frontiers in Antimicrobial Resistance: A Tribute to Stuart B. Levy.* Washington, D.C.: American Society for Microbiology, 2005.
White-Stevens, Robert, et al. “The Use of Chlortetracycline-Aureomycin in Poultry Production.” *Cereal Science Today*, September 1956.
“Why Did These 30 Babies Die? Asks MP.” *Sunday Times (London)*, April 13, 1969.
“Why Has Swann Failed?” Editorial. *British Medical Journal* 280, no. 6225 (May 17, 1980): 1195–96.
Williams Smith, H. “The Effects of the Use of Antibiotics on the Emergence of Antibiotic-Resistant Disease-Producing Organisms in Animals.” In *Antibiotics in Agriculture: Proceedings of the University of Nottingham Ninth Easter School in Agricultural Science,* edited by M. Woodbine, 374–88. London: Butterworths, 1962.
“With Its New Farm and Home Division, Cyanamid Is Placing Increasing Stress on Consumer Agricultural Chemicals.” *Journal of Agricultural and Food Chemistry* 5, no. 9

(September 1957): 712–13.
Witte, W. "Impact of Antibiotic Use in Animal Feeding on Resistance of Bacterial Pathogens in Humans." *Ciba Foundation Symposium* 207 (1997): 61–71.
———. "Selective Pressure by Antibiotic Use in Livestock." *International Journal of Antimicrobial Agents* 16 Suppl. 1 (November 2000): S19-24.
Woodbine, Malcolm, ed. *Antibiotics in Agriculture: Proceedings of the 9th Easter School in Agricultural Science, 1962, University of Nottingham*. London: Butterworths, 1962.
"Woody Breast Condition." Poultry Site, September 16, 2014. http://www.thepoultrysite.com/articles/3274/woody-breast-condition/.
World Health Organization. "The Evolving Threat of Antimicrobial Resistance: Options for Action." Geneva: World Health Organization, 2012. http://apps.who.int/iris/bitstream/10665/44812/1/9789241503181_eng.pdf.
———. "The Public Health Aspects of the Use of Antibiotics in Food and Feedstuffs: Report of an Expert Committee [Meeting Held in Geneva from 11 to 17 December 1962]." WHO Technical Report. Geneva, 1963. http://www.who.int/iris/handle/10665/40563.
———. "Use of Quinolones in Food Animals and Potential Impact on Human Health." Geneva, 1998. http://www.who.int/foodsafety/publications/quinolones/en/.
Wrenshall, Charlton Lewis, et al. Method of treating fresh meat. U.S. Patent 2942982 A, filed November 2, 1956, and issued June 28, 1960. http://www.google.com/patents/US2942982.
Wright, E. D., and R. M. Perinpanayagam. "Multiresistant Invasive *Escherichia coli* Infection in South London." *Lancet* 1, no. 8532 (March 7, 1987): 556–57.
Wulf, M., and A. Voss. "MRSA in Livestock Animals: An Epidemic Waiting to Happen?" *Clinical Microbiology and Infection* 14, no. 6 (June 2008): 519–21.
Wulf, M. W. H., et al. "Infection and Colonization With Methicillin Resistant *Staphylococcus aureus* ST398 versus Other MRSA in an Area With a High Density of Pig Farms." *European Journal of Clinical Microbiology and Infectious Diseases* 31, no. 1 (January 2012): 61–65.
Wulf, Mireille, et al. "Methicillin-Resistant *Staphylococcus aureus* in Veterinary Doctors and Students, the Netherlands." *Emerging Infectious Diseases* 12 no. 12 (December 2006): 1939–41.
Wulf, M. W. H., et al. "MRSA Carriage in Healthcare Personnel in Contact With Farm Animals." *Journal of Hospital Infection* 70, no. 2 (October 2008): 186–90.
Xavier, Basil Britto, et al. "Identification of a Novel Plasmid-Mediated Colistin-Resistance Gene, *mcr-2* , in *Escherichia coli*, Belgium, June 2016." *Eurosurveillance* 21, no. 27 (July 7, 2016).
Yao, Xu, et al. "Carbapenem-Resistant and Colistin-Resistant *Escherichia coli* Co-Producing NDM-9 and MCR-1." *Lancet Infectious Diseases* 16, no. 3 (March 2016): 288–89.
Yong, Dongeun, et al. "Characterization of a New Metallo-β-Lactamase Gene, *bla*NDM-1,

and a Novel Erythromycin Esterase Gene Carried on a Unique Genetic Structure in *Klebsiella pneumoniae* Sequence Type 14 from India." *Antimicrobial Agents and Chemotherapy* 53, no. 12 (December 2009): 5046–54.

You, Y., et al. "Detection of a Common and Persistent *tet*(L)-Carrying Plasmid in Chicken-Waste-Impacted Farm Soil." *Applied and Environmental Microbiology* 78, no. 9 (May 1, 2012): 3203–13.

You, Yaqi, and Ellen K. Silbergeld. "Learning from Agriculture: Understanding Low-Dose Antimicrobials as Drivers of Resistome Expansion." *Frontiers in Microbiology* (2014).

Zuidhof, M. J., et al. "Growth, Efficiency, and Yield of Commercial Broilers From 1957, 1978, and 2005." *Poultry Science* 93, no. 12 (December 1, 2014): 2970–82.

Zuraw, Lydia. "FSIS Emails Reveal 'Snapshot' of Foster Farms Investigation." *Food Safety News,* June 16, 2015. http://www.foodsafetynews.com/2015/06/fsis-emails-reveal-snapshot-of-foster-farms-investigation/.